Patricia Korella

Resilienztrainings erfolgreich leiten

Der Seminarfahrplan

managerSeminare Verlags GmbH – Edition Training aktuell

Patricia Korella
Resilienztrainings erfolgreich leiten
Der Seminarfahrplan

2. Aufl. 2025
Endenicher Str. 41, D-53115 Bonn
Tel.: 0228-977910
info@managerseminare.de
www.managerseminare.de/shop

Printed in Germany

ISBN: 978-3-949611-12-4

Herausgeber der Edition Training aktuell:
Ralf Muskatewitz, Jürgen Graf, Nicole Bußmann

Lektorat: Sadia Oumohand
Cover: mangostock/Depositphotos.com
Illustrationen: Patricia Korella
Druck: Beltz Grafische Betriebe, Bad Langensalza

Das Buch wurde gedruckt auf enviro®polar und CircleOffset White. Die Papiere erfüllen die Auflagen der Umweltzeichen „Blauer Engel (RAL-UZ 72)“ und „EU-Umweltzeichen (ECO-Label)“. Die mit dem Druck verbundenen CO_2-Emissionen werden vom Verlag kompensiert und fließen in unterschiedliche Aufforstungsprojekte zum Klimaschutz. Nähere Informationen finden Sie unter: www.managerseminare.de/verlag/umwelt

Inhalt

Dankbar sein – Danke sagen 9
Vorwort 11
Einleitung 12

Teil 1: Theorie – Resilienz im Überblick

Resilienz: die neue Zukunftskompetenz? 16

Definitionen von Resilienz 19

Resilienz in der Forschung 22

Pionierstudie: Kauai-Studie von Emmy Werner und Ruth Smith ... 22
Entwicklungsstufen der Resilienzforschung 23
Forschung im Arbeitskontext 25

Bekannte Resilienzmodelle und -konzepte der Trainingspraxis ... 28

Die Strategie der Stehauf-Menschen 28
Der Resilienzparcours 29
7 Schlüssel für mehr innere Stärke 30
Das Resilienz-Zirkel-Training 30
Resilienzfaktoren nach Reivich und Shatté 31
Weitere Modelle 31

Begriffe rund um Resilienz 33

Resilienzfaktor Optimismus 33
Resilienzfaktor Akzeptanz 37
Resilienzfaktor Lösungsorientierung 39
Resilienzfaktor Selbstregulation (Emotionsregulation) 41
Resilienzfaktor Selbstverantwortung 44
Resilienzfaktor Netzwerkorientierung 46
Resilienzfaktor Zukunftsorientierung 47

Kausalanalyse 52
(Psychosoziale) Krise 52
Salutogenese statt Pathogenese 55
Risiko- und Schutzfaktoren 58
Selbstwirksamkeit(-serwartung) 59

Teil 2: Praxis – Der Seminarfahrplan

Seminarkonzeption 64

Zielgruppe 64
Zielsetzungen und Erwartungen 65
Zeitstrukturen 66
Umsetzungsgestaltung 66

Zweitägiges Seminarkonzept in Präsenz

Der erste Seminartag im Überblick 72

Ankommen und Kennenlernen 73

Kennenlernrunde 73
Lernziele 76
Unser Umgang miteinander 77
Agenda 78

Resilienz – Worüber sprechen wir? 79

Reflexion: „Was macht mich stark?“ 82

Trainerinput: Resilienz und Forschung 84

Die sieben Resilienzfaktoren 87
Follow-up zur Übung „Was macht mich stark?“ 93

Resilienz in Bezug auf Change und VUCA (inkl. BANI) 95

Change und die sieben Phasen des emotionalen Erlebens 95
Die „VUCA-Welt“ 98

Definition von Stress und Stressoren 100

Definitionen 101
Die Stressampel 104

Übung: „Meine Rollen, Aufgaben und Verantwortlichkeiten“ ... 106

Eigene Stressverstärker erkennen und relativieren 109

Übung: „Über das Band gehen“ 109
Video „Auswirkungen von Stress“ 110
Stressverstärker.. 111
Sei perfekt!.. 114
Beeil dich!... 115
Streng dich an!.. 116
Mach es allen recht! 117
Sei stark!... 118

Reduktion von Stressoren – Aufbau von Ressourcen.............. 122

Einstieg und Aktivierungsübung 122
Übung: Stressoren mindern – Ressourcen aufbauen............... 124

Tagesrückblick 126

Der zweite Seminartag im Überblick.................................. 128

Stimmungsabfrage und Fragen zum Einstieg in Tag 2 129

Resilienzfaktor Selbstregulation 130

Definition von Selbstregulation (Reiz und Reaktion)............. 132
Selbsttest zur Emotionskontrolle 134
Die Selbstregulationstheorie nach Bandura.......................... 134
Rezept zur Selbstregulation 140

Stress abbauen und Gelassenheit entwickeln........................ 141

Die 5-A-Strategie 142
Exkurs: Circle of Influence... 145
Love it, change it, or leave it.. 148

Einflussfaktoren bei der Entscheidungfindung 151

Reflexion (Gruppenarbeit)... 152
Entscheidungsfindung.. 153
Denksysteme 155
Heuristiken 157
Entscheidertypen 159
Bewegung – Weg von/Hin zu 161
Voraussetzungen für die Entscheidungsfindung 163
Vorgehensweise bei der Entscheidungsfindung 163

Methoden zur Entscheidungsfindung 166

Mein Resilienzbaum 175

Feedback und Verabschiedung 179

Live-Online-Training

Planung und Vorbereitung 186

Grundlegende Vorbereitungen 186
Teilnehmenden-Anspruch 188
Vorabimpuls: Überraschungspaket 188
Umsetzungsgestaltung 189
Kurzer Hinweis zum Medieneinsatz im Live-Online-Seminar 190

Live-Online-Tagestraining im Überblick 191

Tageseinstieg und Aktivierung 192

Kennenlern-Übung Wohlfühlorte 193
Drei Fragen an die Teilnehmenden 194

Resilienz – Worüber sprechen wir? 196

Resilienzdefinition und Resilienz in der Forschung 197
Resilienztest 197

Aktivierender Einstieg mit Entspannungsübungen 201

Verknüpfung Stress und Resilienz 203

Die Stressampel 204
24-Stunden-Tortendiagramm und Lebensrad 204

Aktivierung nach der Mittagspause 209

Krisen-ABC 210

Keep cool – ABC des Wohlbefindens 212

Rechts-links-Stimulation zum Stressabbau 213

Ressourcen aktivieren 215

Zitronenexperiment 215
Berlin-Ressourcenliste 216

Mein Resilienz-Schutzschild 218

Feedback und Verabschiedung 220

Teil 3: Methodentools

Optimismus 224

Brief an das Glück 224
Seile des Glücks 228
Der Optimisten-Energieriegel 231

Akzeptanz 236

Der Esel und der Brunnen 236
7 Schritte zur Akzeptanzentwicklung 238
Not-to-do-Liste 243

Lösungsorientierung 246

Kopfstandmethode (Umkehrmethode) 246
One-Pager-Sheet der systemischen Fragestellungen 249
Kollegiale Fallberatung 255

Selbstregulation 261

Das Gefühlsrad 261
Körperübungen zur Stimmungsverbesserung 267
Meine Hot Buttons 270

Selbstverantwortung 274

Möhren der Verführung 274
Meine vielen „Selbsts" im Sinne der Selbstverantwortung 278
Denkstress abbauen – „Stop Overthinking" 281

Netzwerkorientierung 286

Netzwerk-Radar-Sichtung 287
Berufliche Vernetzungs- und Kommunikationsmatrix 292
Freude im Miteinander mit der ABC-Methode 297

Zukunftsorientierung ... 300
Löffelliste (Bucket List) ... 300
Retrospektiven ... 303
Werte – mein innerer Handlungskompass ... 308

Stichwortverzeichnis ... 312

Download-Ressourcen

- Was macht mich stark? (Seite 82)
- Meine Rollen (Seite 107)
- **Selbsttest** Innere Antreiber (Seite 112)
- Antreiber-Steckbriefe (Seite 113)
- Wertequadrat (Seite 121)
- Stressoren mindern – Ressourcen aufbauen (Seite 125)
- Mein wichtigster Tagesimpuls (Seite 127)
- **Selbsttest** Selbstregulation (Seite 135)
- Rezept zur Selbstregulation (Seite 140)
- Abbildung Entscheidungsfindung (Seite 154)
- **Selbsttest** Entscheiderypen (Seite 160)
- Vorlage Resilienzbaum (Seite 176)
- Bearbeitungsfragen „Mein Resilienzbaum" (Seite 176)
- **Selbsttest** Resilienzfaktoren (Seite 198)
- Vorlage 24-Stunden-Tortendiagramm (Seite 206)
- Vorlage Lebensrad (Seite 207)
- Berlin-Ressourcenliste (Seite 217)
- Abschlussfragen Resilienz-Schutzschild (Seite 219)
- Geschichte von Esel und Brunnen (Seite 237)
- 7 Schritte zur Akzeptanz (Seite 239)
- Kopfstandmethode (Seite 247)
- One-Pager-Sheet der systemischen Fragestellungen (Seite 253)
- Arbeitsblatt Gefühlsrad (Seite 263)
- Umgang mit Hot Buttons (Seite 271)
- Vorlage Möhren der Verführung (Seite 277)
- Begriffliste zum Bearbeiten (Seite 279)
- Begriffliste „Selbst" (Seite 279)
- Vorlage Netzwerk-Radar-Sichtung (Seite 288)
- Vernetzungs- und Kommunikationsmatrix (Seite 294)
- Feedback-Karten (Seite 295)
- Vorlage Rückblick vs. Vorausschau (Seite 304)
- Quellen- und Linkliste

Dankbar sein – Danke sagen

Dankbar sein, eine Fähigkeit, die ich in den letzten Jahren mehr und mehr zu schätzen gelernt habe. Sie trägt für mich durch Etablierung von Alltagsritualen stark zu meiner eigenen Resilienz bei.

In diesem Zusammenhang möchte ich jenen Menschen DANKE sagen, die mich im Prozess der Buchentstehung unterstützt haben. Dankbar bin ich meinen Teilnehmenden, die mir durch ihr Feedback und das Sich-Einlassen auf die Übungen geholfen haben, die Konzepte weiterzuentwickeln. Von ihnen zu erfahren, welche Impulse für sie wichtig waren, sind Schätze für jeden Trainierenden. Dankbar bin ich meinem Trainernetzwerk. Von Ihnen kamen viele Impulse und es gab immer wieder den kritischen Austausch und die Unterstützung, wenn ich mal nicht weiterwusste. Dankbar bin ich auch meinem Mann, der viele Stunden auf mich verzichten musste und mich oft als Sparringspartner auf neue Impulse gebracht hat. In der Endgestaltung des Buches gilt mein Dank Frau Oumohand, die den letzten Feinschliff vorgenommen hat, sowie Herrn Muskatewitz für seine Geduld in Bezug auf die Umsetzung.

Vorwort

Mein erster Kontakt mit Resilienz war der Artikel „Rückschläge besser wegstecken – Karrierefaktor Resilienz“ aus dem Jahr 2007, veröffentlicht in managerSeminare. Resilienz, was für ein Wort, dachte ich damals. Mit Interesse las ich den Artikel weiter, denn wer möchte nicht Krisen und schwierige Situationen meistern und sogar gestärkt daraus hervorgehen. Ich war begeistert und suchte nach mehr Informationen und Lektüre. Damals gab es noch kaum Veröffentlichungen in deutscher Sprache.

Die Fachliteratur unterscheidet heute verschiedene Modelle: individuelle Resilienz und systemische respektive organisationale Resilienz. Gerade auch in Unternehmens- und Teamprozessen wird Resilienz immer mehr in den Fokus gestellt. Im aktuellen Krisenkontext wird das Konzept der Resilienz genutzt, um die Ereignisse aus verschiedenen Perspektiven zu betrachten, wie zum Beispiel mit der Fragestellung: Wie kann eine kontinuierliche Anpassung an die Herausforderungen erfolgen?

Schwerpunkt meiner Trainertätigkeit liegt in der Betrachtung des Individuums, der eigenen persönlichen Resilienzentwicklung. Wie kann ich als Mensch in der sich immer schneller wandelnden Umwelt meine psychische Gesundheit behalten? Auf Grundlage des Konzeptes der Kauai-Längsschnitt-Studie der Amerikanerin Emmy Werner entstanden erste Umsetzungsformate. Neue Forschungserkenntnisse, Modelle und Methoden, Kundenrückmeldungen und -wünsche haben zu einer kontinuierlichen Weiterentwicklung beigetragen. Aspekte von Gesundheitserhaltung und Stressmanagement gehen dabei nahtlos ineinander über.

Aus den Rückmeldungen der Teilnehmenden habe ich oft gemerkt, dass bei dem einen der eine Ansatz hilfreich war, und beim anderen eine andere Übung für Klärung gesorgt hat. In manchen Fällen sind es lediglich Nebensätze, die einen Aha-Effekt auslösen. Große Bedeutung kommen dem Dialog sowie der Reflexion der eigenen Erfahrungen zu. Schaue ich mir heute die sieben Faktoren des Resilienzkonzeptes an, so stelle ich fest, dass es genau diese Faktoren waren und sind, die mich wachsen lassen und mir helfen, herausfordernde Situationen zu meistern.

Einleitung

Herangehensweise

Grundlage für die thematischen Inhalte dieses Buches sind die Fragestellungen und Herausforderungen, mit denen sich die Teilnehmenden auseinandersetzen und die sich in den Kundenwünschen widerspiegeln. Ziel bei der Zusammenstellung der Inhalte ist es, eine Verständnisgrundlage zu schaffen, Übungen auszuwählen, die zur eigenen Reflexion einladen, dazu einen Perspektivwechsel vorzunehmen sowie Veränderungsprozesse in Gang zu setzen.

Das hier vorgestellte Seminarkonzept ist in meiner Praxis erprobt und hat sich über viele Jahre bewährt. Es wird immer wieder an die neusten Erkenntnisse angepasst. Es greift nicht jeden einzelnen Resilienzfaktor auf und ist je nach Seminarrahmenbedingungen veränderbar. Entsprechend wird das Konzept jeweils an die Rahmenbedingungen, Gegebenheiten und Teilnehmerstruktur angepasst.

Sie erhalten ein Konzept für ein zweitägiges Training in Präsenz. Ferner für ein online durchgeführtes Training als eintägiges Konzept. Im Anhang finden Sie dann noch zu jeder der sieben Resilienzfaktoren je drei weitere Übungen, um Ihr eigenes Konzept zusammenzustellen. So können Sie entsprechend den Bedürfnissen der Kunden und Ihren persönlichen Vorlieben die Übungen auswählen.

Zielgruppe des Buches

Das Buch ist für Trainierende geschrieben, die am Anfang ihrer Überlegungen für ein Seminarkonzept zur Thematik Resilienz stehen. Dieses Buch liefert Ihnen die Grundlagen für Trainings sowohl in Präsenz als auch online. Auf den Methodenteil am Ende können Sie zurückgreifen, wenn Sie entsprechende Anpassungen am Seminarfahrplan, beispielsweise für Ausschreibungen, vornehmen möchten. Erfahrene Trainierende finden in diesem Buch neue Impulse, eine thematische Übersicht von Methoden zu den meisttrainierten Resilienzfaktoren und vielleicht auch eine andere Herangehensweise an einzelnen Themenstellungen.

Zum Gendern

Gendern ist immer wieder eine Herausforderung in der Sprache. Dieses Buch ist für alle Interessierten, die das Thema Resilienz für sich entdeckt haben und nach verschiedenen Impulsen für ihre Seminarumsetzung suchen. Es sind bevorzugt neutrale Formulierungen genutzt worden, die möglichst den Lesefluss nicht beeinträchtigen.

Download-Ressourcen

Für Ihre Seminarumsetzung erhalten Sie als Download-Material unterschiedliche Arbeitshilfen (Visualisierungen, Arbeitsblätter und PowerPoint-Folien sowie eine praktische Linkliste). Die Kennzeichnung erfolgt durch das Download-Symbol. Den Download-Link finden Sie in der hinteren Umschlagsklappe bzw. auf Seite 2 in der digitalen Ausgabe.

Teil 1: Theorie – Resilienz im Überblick

Resilienz: die neue Zukunftskompetenz?

Resilienz hat sich in den letzten Jahren zu einer Schlüsselkompetenz entwickelt, um den zunehmenden Herausforderungen der Arbeitswelt (New Work) wie Digitalisierung, Komplexität, Beschleunigung und Überschneidungen von Lebensräumen zu begegnen. Wir erleben einen Paradigmenwechsel, wie es ihn seit der industriellen Revolution nicht gegeben hat. Oft überholt dabei die Veränderungsgeschwindigkeit unserer Lebensbereiche unsere Anpassungsfähigkeit. Viele Menschen fühlen sich häufig getrieben, um Schritt zu halten mit den Herausforderungen im Business und damit, Beruf und Privatleben in Einklang zu bringen.

In der Arbeitswelt sprechen wir in diesem Zusammenhang von der VUCA-Welt. VUCA ist ein englisches Akronym und setzt sich aus den vier Begriffen Volatility (Unbeständigkeit), Uncertainty (Unsicherheit), Complexity (Komplexität) und Ambiguity (Mehrdeutigkeit) zusammen. In unserer Welt ist neues Denken und Handeln gefragt. Prozesse, Erfahrungen und Strukturen kommen auf den Prüfstand. Wir sprechen nicht mehr von einem Veränderungsprozess (Change), sondern von einer Transformation, die tiefgreifender ist und viele Unsicherheiten birgt. Genau diese Unsicherheiten lösen bei den meisten Stress aus; umso wichtiger ist es, für sich und die eigene Gesundheit zu sorgen und das eigene Kompetenzprofil zu stärken.

Der Zukunftsforscher Matthias Horx sagt dazu:
„Was generell steigt, ist der Verantwortungsgrad und die Selbstständigkeit innerhalb der klassischen Arbeitsverhältnisse. Klassische Befehlshierarchien sind heute einfach zu steif, zu langsam, um mit Komplexität fertig zu werden. Man braucht lebendige Teams, agile Belegschaften. Das geht nur, wenn man sinnhaft kommunizieren kann, wenn die Vision, die emotionale Zielsetzung des Unternehmens, deutlich wird. Unternehmen, die ihren inneren Zukunftssinn sichtbar machen, können, nach außen zu den Kunden und nach innen zu den Mitarbeitern, florieren. Das ist die eigentliche Resilienz."

Sehen wir uns die Begrifflichkeiten der VUCA-Welt an, dann benötigen wir als Individuen entsprechende Kompetenzen, um auf der Handlungsebene erfolgreich mit den Anforderungen umgehen zu können. Unser Reflexionsprozess bedeutet dabei, immer entsprechend den Erfordernissen abzuwägen, Entscheidungen zu treffen, mitzugestalten und unser Handeln zu verantworten.

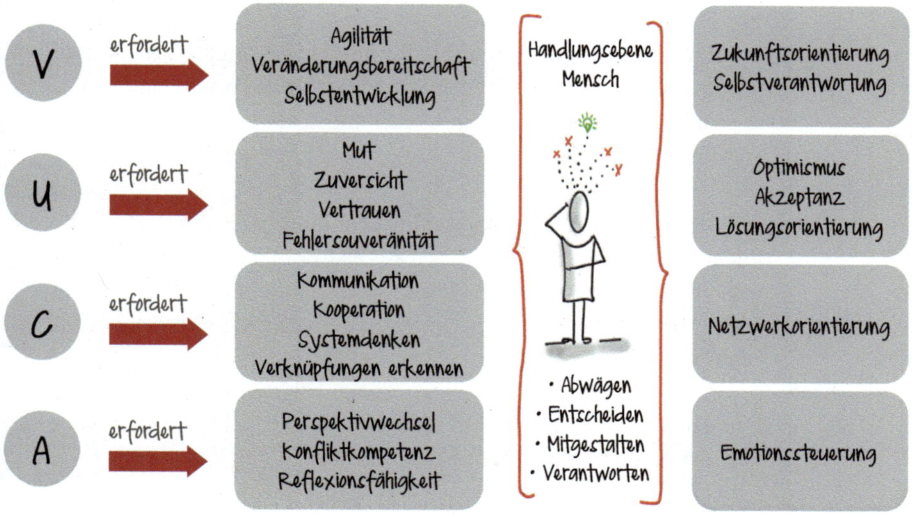

Abb.: VUCA und Zusammenhänge mit den Resilienzfaktoren

Bezogen auf das Individuum geht es um die Fragen:

- Über welche Fähigkeiten und Ressourcen muss ein Mensch verfügen, um den Herausforderungen gewachsen zu sein?
- Wie gelingt es uns, in der Handlungsfähigkeit zu bleiben und für Ausgleich zu sorgen?
- Wo stehen wir mit unseren eigenen Bedürfnissen? Sind wir selbst noch in der Lage, uns zu spüren und zu wissen, was wir wollen?

Die Faktoren der Resilienz stärken uns in Bezug auf die Haltungen und die Entwicklung der eigenen Fähigkeiten.

Mittlerweile erleben wir die Folgen aus den Veränderungen und Belastungen der VUCA-Welt und um diese besser verstehen zu können, gesellt sich das Akronym „BANI" zur VUCA-Welt hinzu. BANI gibt uns einen Hinweis darauf, welche Fähigkeiten von uns gefragt sind, um auf die Belastungen im persönlichen wie beruflichen Kontext zu reagieren. Die Buchstaben stehen für:

B = Brittle – Brüchigkeit: Brüchigkeit steht für Unanpassungsfähigkeit von Strukturen an die sich schnell verändernden Herausforderungen. Systeme sind an ihren Belastungsgrenzen angekommen und brechen zusammen.

A = Anxious – Ängstlichkeit: In dieser nicht mehr vorhersehbaren Welt geht uns die Sicherheit verloren und wir fallen in den Angstmodus. In Unternehmen führt es dazu, dass oft keine Entscheidungen getroffen werden. Im persönlichen Bereich verfallen wir in die Schockstarre und gestalten nicht mehr aktiv unser Leben.

N = Non-linear – Nicht linear: In unserer immer komplexeren Welt führen Veränderungen zu nicht mehr vorhersehbaren Folgen. Man könnte auch sagen, es handelt sich um chaotische Zustände. Damit wird der Mechanismus von Ursache und Wirkung außer Kraft gesetzt.

I = Incomprehensible – Unverständlich: Die Konsequenz aus nicht linearen, oder härter ausgedrückt: aus chaotischen Zuständen, ist, dass wir vieles nicht mehr verstehen können. Wenn wir an das Kohärenzgefühl (Seite 56 f) denken, ist für unsere Gesunderhaltung die Verstehbarkeit ein wichtiger Faktor.

Eine Antwort, wie wir auf BANI reagieren können, gibt uns der Autor und Futurist Jamais Cascio mit dem RAAT-Modell.

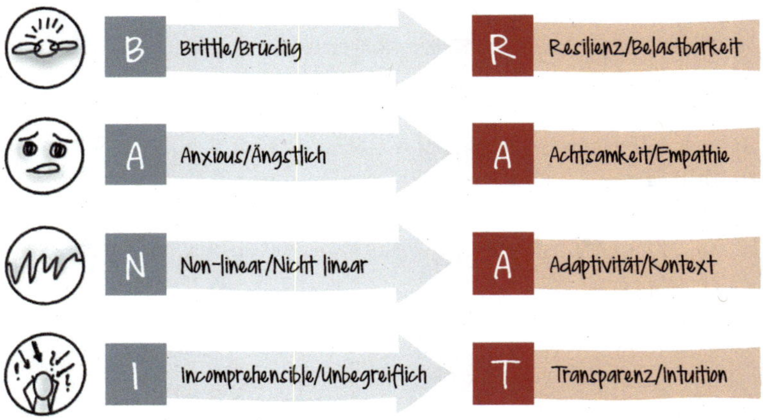

Abb.: RAAT-Modell

Quellen

- https://stephangrabmeier.de/bani-vs-vuca (abgerufen am 08.08.2023)
- https://digitalisierungscoach.com/2021/12/13/bani-ist-nicht-der-nachfolger-von-vuca-und-ich-erklare-warum (abgerufen am 08.08.2023)
- https://synapsenstau.de/bani-vuca/ (abgerufen am 08.08.2023)
- https://www.raiffeisen.at/ooe/de/firmenkunden/rundum-service-fuer/unternehmensgruender/trendforscher-matthias-horx.html (abgerufen am 24.02.2021)

Definitionen von Resilienz

Grundsätzlich gilt es, erst einmal festzustellen, dass noch keine allgemein verbindliche Definition von Resilienz vorliegt. Die meisten Ansätze gründen ihre Definition auf der Bedeutung des Wortes im Lateinischen (resilire = zurückspringen, abprallen) oder im Englischen (resilience = Elastizität, Spannkraft), oder aber auf dem Gebrauch des Begriffs im Deutschen im Sinne von Widerstandskraft/Widerstandsfähigkeit.

Ursprünglich kommt der Begriff Resilienz aus der Materialwissenschaft. Er beschreibt die Fähigkeit eines Stoffes, nach einer Verformung unter Druck- oder Zugeinwirkung wieder in seine alte Form zurückzukehren. Metaphorisch wird hier gern das Bild eines Schwammes oder Fußballs genutzt. Im Sprachgebrauch finden wir viele verschiedene Metaphern, wie z.B. Stehaufmännchen, Fels in der Brandung, Bambusprinzip oder Immunsystem der Seele, um nur einige zu nennen.

Hier ein paar Beispiele für Definitionen, die jedoch nicht den Anspruch auf Vollständigkeit erheben:

„Als Resilienz bezeichnet man in der Psychologie die Fähigkeit zu Belastbarkeit und innerer Stärke. Vor allem in der therapeutischen Arbeit wird verstärkt Wert darauf gelegt, Resilienz auszubilden und damit psychischen Störungen und anderen persönlichen Problemen vorzubeugen."

W. Stangl: Online Lexikon für Psychologie und Pädagogik, 2024

„Resilienz ist die psychische Widerstandsfähigkeit gegenüber biologischen, psychischen und psychosozialen Entwicklungsrisiken."

C. Wustmann, 2004. in: K. Fröhlich-Gildhoff: Resilienz

„Resilienz versetzt uns in die Lage, Anpassungsprozesse vorzunehmen, körperliche, mentale, soziale und gesellschaftliche Krisen zu meistern."

E. G. Amann, A. Egger: Micro-Inputs-Resilienz

„Die Stärke, die es Menschen offensichtlich ermöglicht, Lebenskrisen ohne langfristige Beeinträchtigung zu meistern, wird Resilienz genannt."
M. Gruhl: Strategie der Stehauf-Menschen

„Unter Resilienz wird die Fähigkeit von Menschen verstanden, Krisen im Lebenszyklus unter Rückgriff auf persönliche und sozial vermittelte Ressourcen zu meistern und als Anlass für Entwicklung zu nutzen."
W. Enderlin: Resilienz – Gedeihen trotz widriger Umstände

„Resilienz – so heißt die seelische Kraft, die Menschen dazu befähigt, Niederlagen, Unglücken und Schicksalsschlägen besser und schneller standzuhalten. Das Wort, v. lateinischen resilio (abprallen, zurückspringen) abgeleitet, kommt aus der Physik u. bezeichnet in der Materialforschung hochelastische Werkstoffe, die nach jeder Verformung wieder ihre ursprüngliche Form annehmen."
K. Maehrlein: Die Bambus-Strategie

Die meisten Konzepte und Aussagen sind sich im Kern darüber einig, dass resiliente Menschen die emotionale Stärke haben, an Stress, Krisen und Schicksalsschlägen nicht zu zerbrechen, sondern aktiv mit den Herausforderungen umzugehen und sich durch das Erlernen von neuen Fähigkeiten und Verhaltensmustern weiterzuentwickeln.

„Betrachtet man Resilienz als Ergebnis des Zusammenspiels verschiedener Einflussfaktoren, sind mehrere zentrale Charakteristika zu beachten:

- *Resilienz ist dynamisch: Die individuellen Merkmale, die eine resiliente Entwicklung bzw. einen resilienten Umgang mit Stressoren erleichtern, entwickeln sich prozesshaft im zeitlichen Verlauf und im Kontext der Mensch-Umwelt-Interaktion.*
- *Resilienz ist variabel: Personen, die zu einem bestimmten Zeitpunkt ihres Lebens relativ resilient sind, können zu anderen Zeitpunkten wesentlich vulnerabler erscheinen. Besonders im Kindes- und Jugendalter sind verschiedene Phasen erhöhter Vulnerabilität im Entwicklungsverlauf zu unterscheiden (Scheithauer und Peterman 1999).*
- *Resilienz ist situationsspezifisch: Personen, die sich gegenüber einem bestimmten Stressor (z.B. Verkehrsunfall) resilient zeigen, können angesichts anderer Stressoren (z.B. Tod des Ehepartners) durchaus größere*

Bewältigungsprobleme aufweisen. Dabei scheint weniger die Stärke des Stressors bedeutsam als vielmehr die eigene Wahrnehmung desselben und dessen subjektive Bedrohlichkeit [...].

- *Resilienz ist multidimensional: Anpassungs- und Bewältigungsleistungen können in verschiedenen Lebensbereichen unterschiedlich ausgeprägt sein. Es ist möglich, dass eine Person in einem Bereich (zum Beispiel intellektuelle Leistungsfähigkeit) gute Bewältigungskompetenzen zeigt, in anderen Feldern (z.B. soziale Kompetenzen) jedoch größere Anpassungsprobleme aufweist.“* (Bundeszentrale für gesundheitliche Aufklärung)

Übergreifend finden wir Parallelen zur Resilienz auch in den Konzepten der Salutogenese (Aaron Antonovsky), Logotherapie und Existenzanalyse (Viktor Frankl), den Ansätzen der Positiven Psychologie (Abraham Maslow/Martin Seligmann) und dem Stress-Coping-Modell (Richard Lazarus). Es geht um die Verknüpfungen, das Zusammenspiel von Nervensystem, Hormonsystem, Immunsystem und deren Auswirkungen. Zahlreiche Studien belegen, dass (neuro-)biologische, psychische und soziale Ressourcen Schutzfaktoren sind, den Anpassungsprozess an Belastungen positiv beeinflussen und damit stressbedingte Erkrankungen reduzieren.

Quelle

- Bengel, Jürgen; Lyssenko, Lisa (2012): Resilienz und psychologische Schutzfaktoren im Erwachsenenalter – Stand der Forschung zu psychologischen Schutzfaktoren von Gesundheit im Erwachsenenalter. Forschung und Praxis der Gesundheitsförderung, Band 43. Köln, Bundeszentrale für gesundheitliche Aufklärung. https://www.npg-rsp.ch/fileadmin/npg-rsp/Themen-Bibliothek/Bengel_2012_Resilienz_und_Gesundheitsfoerderung.pdf (abgerufen am 05.03.2022)

Resilienz in der Forschung

Zu Beginn ging man davon aus, dass Resilienz angeboren ist. Im Rahmen der verschiedenen Studien spricht man heute davon, dass Resilienz ein „dynamischer Anpassungs- und Entwicklungsprozess" (Wustmann, 2016) ist, der durch Interaktionsprozesse zwischen Individuum und Umwelt (Lösel und Bender, 2008) stattfindet.

Pionierstudie: Kauai-Studie von Emmy Werner und Ruth Smith

Die US-amerikanische Entwicklungspsychologin Emmy Werner wird von den meisten als Pionierin der Resilienzforschung gesehen. Mit der Veröffentlichung ihrer Kauai-Langzeitstudie (1955-1999), die sie mit Ruth Smith durchführte, erlangte sie internationale Bekanntheit. Im Rahmen dieser Studie wurden alle Kinder (698 Teilnehmende) des Geburtsjahrganges 1955 der Insel Kauai (Hawaii) über 40 Jahre in ihrem persönlichen Entwicklungsprozess begleitet. Ein Drittel der Kinder hatte ein sogenanntes hohes Entwicklungsrisiko, da sie z.B. geburtsbedingten Komplikationen ausgesetzt waren, in chronischer Armut lebten und/oder mit Gewalt, Alkoholismus und Kriminalität konfrontiert wurden.

Die Fragen von Emmy Warner waren:
- Wie werden sich die Risikokinder über die Jahre hinweg entwickeln?
- Welche Chancen haben sie für ein erfülltes Leben?

Ein interdisziplinäres Team von Sozialarbeitern, Krankenschwestern, Kinderärzten und Psychologen prüfte die Entwicklungen im Alter von 1, 2, 10, 18, 32 und 40 Jahren. Trotz der widrigen Umstände entwickelte sich ein Drittel der Risikokinder zu verantwortungsbewussten, leistungsstarken und fürsorglichen Erwachsenen. Im Alter von 40 Jahren gab es in der Gruppe der ursprünglichen Risikokinder z.B. die wenigsten chronischen Gesundheitsprobleme, keinen Bedarf an Sozialhilfe, keine Konflikte mit dem Gesetz, eine positive Zukunftserwartung und hohe soziale Kompetenz. Emmy Werner stellte fest, dass die resilienten Kinder über Schutzfaktoren verfügten, die die negativen Einflüsse milderten. Auf Basis dieser Erkenntnisse beruhen viele Aspekte der Resilienzkonzepte bzw. -faktoren. Eine Vertiefung zur Thematik der Schutzfaktoren finden Sie auf Seite 58f.

Entwicklungsstufen der Resilienzforschung

Die Resilienzforschung hat sich im Laufe der Zeit unter verschiedenen Fragestellungen und Blickwinkeln mit der Thematik auseinandergesetzt.

Zu Beginn der Forschung (**1. Stufe**) standen die Fragestellungen: Was ist Resilienz? Wie kann man sie messen? Was bewirkt etwas? Hierbei ging es um die Identifikation der Schutzfaktoren und Schlüsselkompetenzen.

In der **2. Stufe** ging es eher um die Prozesse, um das „Wie". Es ging um die Fragestellungen: Wie kommt es zu Resilienz? Welche Einflüsse wirken sich als Schutz aus? Wie wird die positive Entwicklung im Risikokontext gefördert? Es galt, die Komplexität der Thematik zu erfassen.

Die **3. Stufe** befasst sich mit den Möglichkeiten der Präventionsmaßnahmen zur Förderung von Resilienz. Kann man Resilienz fördern und wenn ja, wie? In der Positiven Psychologie beispielsweise wird unter Berücksichtigung folgender Fragestellung geforscht: Wie kann das psychische Wohlbefinden eines Menschen erhöht werden? Martin Seligmann, der Vorreiter und Begründer der Positiven Psychologie, hat mit seiner Kollegin Dr. Karen Reivich das Penn Resilience Program entwickelt. Bei dem Trainingsprogramm geht es um die Prävention von posttraumatischen Belastungsstörungen bei Kindern. Ein späterer Einsatz fand unter anderem im amerikanischen Militär statt.

Ein praktisches Beispiel aus dem militärischen Bereich: Zur Stärkung der psychischen Widerstandskraft von Soldaten und deren Angehörige führte die US-amerikanische Armee im Jahre 2008 das Comprehensive Soldier and Family Fitness (DSF2)-Programm ein. Es geht um die Entwicklung einer stärkenorientierten Herangehensweise, um mit belastenden Erlebnissen umzugehen und zu wachsen. Den Kern des Master Resilience Trainings (MRT) bildet das sogenannte „MRT-Schild", welches hilft, bestimmte Fähigkeiten und Fertigkeiten zu stärken und damit Resilienz aufzubauen. Inhalte sind Themen des persönlichen Energiemanagements, das Vermeiden von Denkfallen, die konstruktive Gesprächsführung, Problemlösungsstrategien und das Erkennen und Nutzen eigener Persönlichkeitsstärken. Dadurch findet eine gesamte Stärkung der Persönlichkeit des Menschen statt.

Die **4. Stufe** trägt den technologischen und wissenschaftlichen Entwicklungen in Genetik, Neurowissenschaft und Neuroimaging (bildgebende Verfahren der Hirnforschung) Rechnung. Es geht um die Entwicklung von Mehrebenenmodellen in der Erforschung der Einflussfaktoren auf die menschliche Anpassung

Im fachübergreifenden Leibniz-Institut in Mainz arbeiten Neurowissenschaftler, Mediziner und Psychologen interdisziplinär in der Resilienzforschung zusammen. Einer der beiden Forschungsschwerpunkte ist das neurowissenschaftliche Verstehen der Resilienzmechanismen, der Fähigkeit zur Aufrechterhaltung oder Wiederherstellung psychischer Gesundheit trotz mentaler oder physischer Belastungen. In diesem Zusammenhang sind zwei besondere Langzeitstudien zu erwähnen:

- Mainzer Resilienz-Projekt (MARP)
- Longitudinal Resilience Assessment (LORA)

Der zweite Schwerpunkt beschäftigt sich mit der Entwicklung und Implementierung von Interventionen. Wie können Lebensumfelder resilienzfördernd verändert werden? Welche Präventivmaßnahmen sind unterstützend? Wie können Strategien zur Neubewertung von Alltagssituationen eingeübt werden? Dabei werden methodische Ansätze auch unter Einbeziehung der modernen Medien entwickelt und auf ihre Wirksamkeit geprüft.

Quellen

- Annen, Hubert (2012): Psychische Widerstandskraft: Wesentliche Faktoren und Konsequenzen für die militärische Ausbildung und Führung, MILAK-Frühjahrstagung vom 3. März 2012. MILAK-Schrift 14. Birmensdorf, Militärakademie an der ETH Zürich.
- Berndt, Christina (2015): Resilienz. Das Geheimnis der psychischen Widerstandskraft – Was uns stark macht gegen Stress, Depressionen und Burn-out. München, dtv.
- Fröhlich-Gildhoff, Klaus; Rönnau-Böse, Maike (2019): Resilienz. 5. Auflage. München, Ernst Reinhardt Verlag.
- Masten, Ann S. (2016): Resilienz: Modelle, Fakten und Neurobiologie. Paderborn, Junfermann Verlag.
- https://lir-mainz.de/strategie (abgerufen am 06.08.2024)
- https://lir-mainz.de/mainzer-resilienz-projekt-marp (abgerufen am 06.08.2023)
- https://pubmed.ncbi.nlm.nih.gov/32683526/ (abgerufen am 27.11.2023)

Forschung im Arbeitskontext

Aktuelle Entwicklungen in der Arbeitswelt fordern verstärkt die Auseinandersetzung nicht nur mit der individuellen, sondern auch mit der organisationalen Resilienz. Wie können sich Unternehmen so aufstellen, dass sie sich an die immer schneller verändernden Marktbedingungen und Erfordernisse anpassen können?

Zu diesem Zweck wurden vom Bundesministerium für Bildung und Forschung Maßnahmen auf dem Gebiet „Präventive Maßnahmen für die sichere und gesunde Arbeit von morgen" gefördert.

Eines von über 30 bundesweit geförderten Verbundprojekten ist das Projekt „Stärke – starke Beschäftigte und starke Betriebe", welches sich u.a. damit auseinandersetzt, wie Motivation, Innovation, Kreativität und Leistungsfähigkeit der Beschäftigten langfristig erhalten und gefördert werden können.

Der aus dieser Arbeit entstandene Resilienzkompass ist ein praxisorientierter Leitfaden, der Unternehmen beim Ausbau ihrer Anpassungsfähigkeit unterstützt.

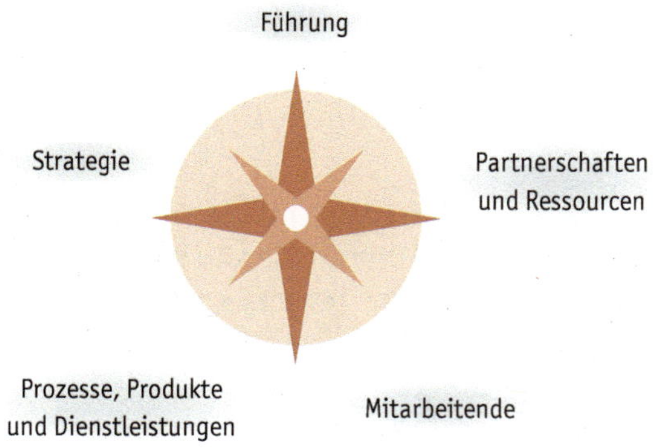

Abb.: Handlungsfelder des Resilienzkompasses

Ein weiteres Projekt ist „Stark in Alltag und Arbeit – Resilienz auf individueller und kollektiver Ebene". Ziel bei dieser Entwicklung des Resilienzmanagements ist es, Instrumente zu nutzen, die zum einen die individuelle und Teamresilienz fördern und die zum anderen die Nutzung bzw. Entwicklung betrieblicher Ressourcen ermöglichen. Die Umsetzung erfolgt durch ein schrittweises Vorgehen von Diagnose über Intervention zu Integration.

In diesem Schaubild ist das Ergebnis des Projektes als Resilienzmodell zusammengefasst, welches zwischen Ressourcen und Prozessen unterscheidet. Entsprechend sind Prozesse zu entwickeln, die die Ressourcen stärken und dadurch wiederum das resiliente Verhalten in den Prozessen fördern.

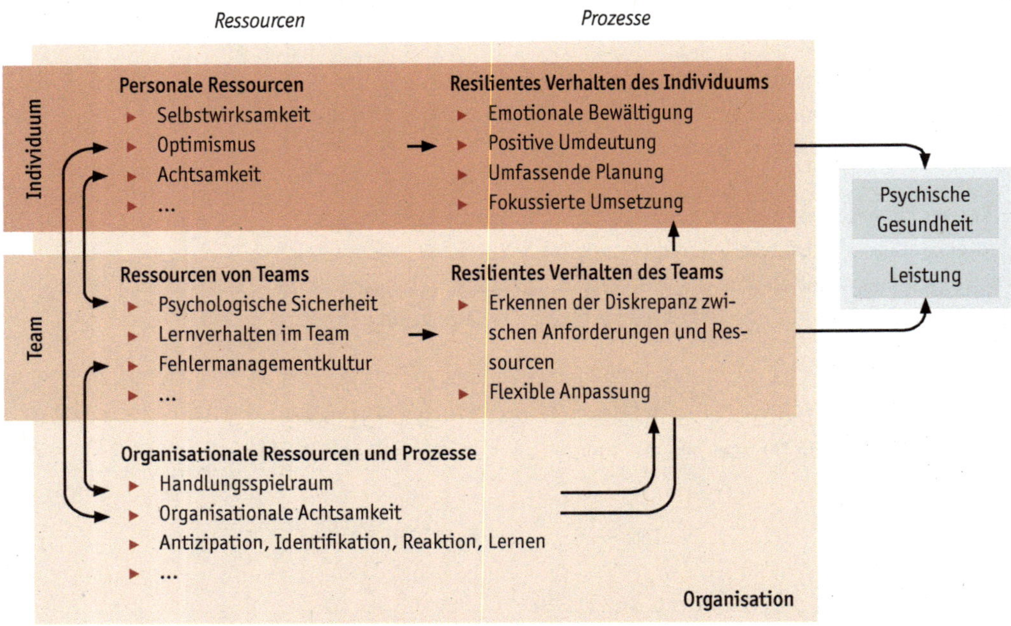

Abb.: Resilienz im Arbeitskontext (Quelle: Soucek, 2022)

Um Veränderungen in Unternehmen nachhaltig gestalten zu können, erarbeitete die Internationale Organisation für Standardisierung (ISO) 2017 erstmals eine ISO-Norm (ISO 22316) mit Empfehlungen zur Entwicklung von organisationaler Resilienz auf neun Handlungsfeldern:

- Teilung der Unternehmensvision und Zielsetzung
- Beeinflussung und Verstehen des internen und externen Umfeldes
- Ermutigende Führungskräfte
- Resilienzfördernde Kultur (Kommunikation und Verhaltensweisen)
- Informationen und Wissen teilen (Fehlerkultur, gemeinsames Lernen)
- Verfügbarkeit von Ressourcen für schnelle Anpassungsprozesse
- Koordinierte Unternehmensbereiche, die sich an den strategischen Zielen ausrichten
- Kontinuierliche Verbesserung dadurch, dass Ergebnisse evaluiert, Chancen erkannt und Kriterien für die Zukunft definiert werden
- Veränderungen vorwegnehmen (antizipieren) und managen

Quellen

- https://www.bmbf.de/foerderungen/bekanntmachung-947.html (abgerufen am 06.08.2023)
- https://staerke-projekt.de/de/staerke (abgerufen am 07.02.2022)
- https://www.resilire.de/index.php (abgerufen am 07.02.2022)
- https://www.iso.org/standard/50053.html (abgerufen am 27.02.2024)
- https://kultivierer.ch/resiliente-unternehmen/ (abgerufen am 07.02.2022)
- https://www.bing.com/videos/riverview/relatedvideo?q=ISO-Norm%2022316&mid=9F75967C01DE396748629F75967C01DE39674862&ajaxhist=0 (abgerufen am 27.02.2024)
- https://gesundearbeit-mega.de/fokusgruppe-1-innovative-f%c3%bchrung-und-pr%c3%a4ventionsorientierte-personalentwicklung (abgerufen am 07.02.2022)
- https://gesundearbeit-mega.de/sites/gesundearbeit-mega.de/files/common/191112_fokusgruppenbroschuere_final.pdf (abgerufen am 07.02.2022)

Bekannte Resilienzmodelle und -konzepte der Trainingspraxis

Auf dem Trainingsmarkt gibt es viele verschiedene Anbieter und Modelle bzw. Konzepte, die im Laufe der letzten Jahre entstanden sind. Diese basieren häufig auf einer Kombination aus wissenschaftlichen Erkenntnissen und persönlichen Erfahrungen, Hintergründen und Entwicklungen. Je nach persönlichem Kontext werden unterschiedliche Schwerpunkte gesetzt und Metaphern oder Symbole für die bessere Verständlichkeit genutzt. Im Mittelpunkt aller Konzepte steht, den Menschen Hilfestellungen für ihre eigenen Entwicklungsprozesse zu geben, um mit ihren Herausforderungen umzugehen, neue Handlungsoptionen entwickeln zu können und Balancen wieder herzustellen. Je nach Arbeitsgebiet erfolgt dann noch die Verknüpfung mit der Team- und/oder organisationalen Resilienz.

Die hier aufgeführten Konzepte sind nach meiner Wahrnehmung die am Markt bekanntesten. Anhand der Kurzbeschreibungen können Sie sich einen Überblick verschaffen und entscheiden, ob und wo Sie für sich oder in Ihren Seminaren in die Tiefe gehen möchten.

Die Strategie der Stehauf-Menschen

Die Strategie von Monika Gruhl lehnt sich an die Kauai-Studie an und definiert ein systemisches Konzept von Eigenschaften und Fähigkeiten. Dabei geht es um die drei Eigenschaften bzw. Grundhaltungen: Optimismus, Akzeptanz und Lösungsorientierung. Die vier Fähigkeiten sind: sich selbst regulieren, Verantwortung übernehmen, Beziehungen gestalten und Zukunft gestalten.

In dem Konzept geht es um das Zusammenspiel der Faktoren und die Entwicklung von Schritten zur eigenen Resilienzbalance.

Der Resilienzparcours

Bei der Arbeit mit dem Resilienzparcours von Sylvia Kéré Wellensiek gibt es zwei Ausrichtungen. Zum einen die auf den individuellen Kernprozess, wo sich der Mensch als solcher reflektiert. Die zweite Ausrichtung schaut auf die Balancen im Team, wo es um den sozialen Kernprozess geht. In den dabei verwendeten Methoden bestehen Ähnlichkeiten, jedoch sind diese wiederum auf den jeweiligen Kontext („Ich" oder „Team") angepasst.

Der Resilienzparcours beinhaltet für beide Ausrichtungen jeweils zehn Schritte:

Individueller Kernprozess (Ich)	Sozialer Kernprozess (Team)
Das Energiefass	Das Teamfass
Der Rollenkuchen	Rollen- und Aufgabenklärung im Team
Grenzen setzen – wahren – öffnen	Grenzen im Team setzen – wahren – öffnen
Innere Antreiber	Innere und äußere Antreiber im Team
Achtsamer Tagesablauf	Achtsamer Tages- und Wochenablauf
Blickpunktwechsel	Blickpunktwechsel im Team
Gesprächsampel	Teamampel
Veränderbare/unveränderbare Welt	Ausrichtung auf Handlungsspielräume
Das Wertenetz	Gemeinsames Wertequadrat
Raus aus dem Hamsterrad	Raus aus der Box

„Das Besondere an dem Konzept der Resilienz ist der proaktive Blick sowie der Fokus auf Ressourcen statt Defizite."
Sylvia Kéré Wellensiek

In der aktuellen Veröffentlichung „Logbuch Resilienz" (Wellensiek, 2020), welches zur Eigenarbeit einlädt und sich als Arbeitsbuch versteht, umfasst der Trainingsparcours zwölf Lernstufen, die in drei Trainingsphasen untergliedert sind.

Achtsame Selbststeuerung

1. Tiefe Kraftquellen
2. Rollenklarheit
3. Die Resilienz-Schatztruhe
4. Das Resonanz-Prinzip

Bewusste Beziehungsgestaltung
5. Der Beziehungsgarten
6. Achtsame Grenzen
7. Klare Gespräche
8. Tragendes Netzwerk

Konsequenz in Entscheidung und Umsetzung
9. Tun und lassen
10. Wertvolle Anker
11. Entscheidungssicherheit
12. Neue Lebensqualitäten

7 Schlüssel für mehr innere Stärke

Frau Prof. Dr. Jutta Heller verwendet in ihrem Modell die Symbolik von Schlüsseln. Die meisten von ihren genutzten Übungen basieren auf Techniken der Neurolinguistischen Psychologie (NLP). Die Resilienzfaktoren oder Schlüssel lauten: Akzeptanz, Optimismus, Selbstwirksamkeit, Verantwortung, Netzwerkorientierung, Lösungsorientierung und Zukunftsorientierung.

Das Resilienz-Zirkel-Training

Das Resilienz-Zirkel-Training (RZT) baut auf dem Bambus-Prinzip® von Ella Gabriele Amann auf. Die Bambus-Metapher steht hier für die Flexibilität und die Gestaltung des Anpassungsprozesses, sich in stürmischen Zeiten nicht brechen zu lassen, sondern sich mit dem Wind zu wiegen. Das Konzept umfasst acht Kompetenzfelder:

- Improvisationsvermögen und Lernbereitschaft
- Optimismus, positive Selbsteinschätzung
- Akzeptanz und Realitätsbezug
- Lösungsorientierung und Kreativität
- Selbstregulation und Selbstfürsorge
- Selbstverantwortung und Selbstwirksamkeit
- Beziehungen und Netzwerke
- Zukunftsgestaltung-Visionen, Aufträge, Werte

Ziel des integrativen Resilienzcoachings ist es, durch erweitertes Kompetenzbewusstseins des Klienten seine Handlungsfähigkeit in Krisensituationen sicherzustellen.

Resilienzfaktoren nach Reivich und Shatté

Den amerikanischen Psychologen Karen Reivich und Andrew Shatté zufolge zeichnen sich hoch resiliente Menschen in besonderer Weise durch hohe Ausprägung der folgenden Faktoren aus:

- Emotionssteuerung
- Impulskontrolle
- Kausalanalyse
- Realistischer Optimismus
- Selbstwirksamkeitsüberzeugung
- Reaching-out / Zielorientierung
- Empathie

Die Grunderkenntnis dieses Modells ist, dass unsere Emotionen und Verhaltensweisen in schwierigen Situationen „nicht durch Ereignisse selbst ausgelöst werden, sondern durch die Art und Weise, wie wir diese Ereignisse interpretieren". Für dieses Resilienzkonzept wird der Ansatz des ABC-Modells des US-amerikanischen Psychologen Albert Ellis, das von der (unbewussten) Bewertung von Wahrnehmungen ausgeht, genutzt.

Weitere Modelle

In der folgenden Übersicht finden Sie noch weitere Modelle. Sie können dort ergänzende Impulse und Ansätze für Ihre Arbeit finden.

- Sieben Säulen der Resilienz (Varianten von Ursula Nuber und Dr. Franziska Wiebel)
- 10 Life Skills (WHO Trainingskonzept 1997)
- Schutzfaktoren der Resilienz (Bundeszentrale für gesundheitliche Aufklärung, Jürgen Bengel und Lisa Lyssenko)
- Stufenmodell der Resilienz (Al Siebert)
- Acht Zauberstäbe der Resilienz (Gabriele Koslowski)
- Bambus-Strategie (Katharina Maehrlein)
- Der R-Faktor (Micheline Rampe)
- FiRE-Modell (Kollektiv Leadership Choices)
- BRAIN-Modell (Uwe Rühl)
- Wurzelmodel der Resilienz (Stefan Spiecker)

Abschließend lässt sich sagen, dass sich bei allen Resilienzmodellen zwar die Anzahl und Begrifflichkeiten für die verwendeten Faktoren unterscheiden, es aber doch hohe Übereinstimmungen gibt. Im Kern geht es um den achtsamen Umgang mit sich selbst, die bewusste Gestaltung von Beziehungen und Netzwerken sowie eine proaktive Herangehensweise beim Umgang mit Herausforderung in Bezug auf Entscheidungen und Umsetzungen. Die dabei verwendeten Metaphern oder Symbole zeigen die unterschiedlichen Herangehensweisen auf und setzen dadurch differenzierte Schwerpunkte.

Quellen

- Mourlane, Denis (2013): Resilienz. Die unentdeckte Fähigkeit der wirklich Erfolgreichen. 4. Auflage. Göttingen, BusinessVillage-Verlag.
- Reivich, Karen; Shatté, Andrew (2003): The Resilience Factor. 7 Keys To Finding Your inner Strength and Overcoming Life's Hurdles. (Kindle Übersetzung). New York, Three Rivers Press.
- Rampe, Micheline (2005): Der R-Faktor – Das Geheimnis unserer inneren Stärke. München, Knaur Taschenbuch.
- Gruhl, Monika (2008): Die Strategie der Stehauf-Menschen. Resilienz – so nutzen Sie Ihre inneren Kräfte. Freiburg, Herder Verlag.
- Heller, Jutta (2023): Resilienz – 7 Schlüssel für mehr innere Stärke. München, Gräfe und Unzer.
- Wellensiek, Sylvia Kéré (2020): Logbuch Resilienz. Weinheim/Basel, Beltz Verlag.
- Wellensiek, Sylvia Kéré; Schwarz, Kristen (2018): Der Resilienzparcours. Weinheim, Beltz Verlag.
- https://juttaheller.de/resilienz/resilienz-abc/abc-modell/ (abgerufen am 08.08.2023)
- https://www.resilienz-akademie.com/resilienzmodelle-im-vergleich/ (abgerufen am 08.08.2023)

Begriffe rund um Resilienz

Um der Vielfalt der Begrifflichkeiten rund um Resilienz einen Raum zu geben, finden Sie hier Ausführungen und Hintergründe für die praktische Arbeit. Dabei liegt die Konzentration auf den Hauptbegrifflichkeiten, die eng mit Resilienz verbunden sind und die häufig rund um Resilienz genannt werden.

Steigen wir ein mit den **sieben Resilienzfaktoren**, um die es sich in diesem Buch hauptsächlich dreht.

Resilienzfaktor Optimismus

Resiliente Menschen zeichnen sich häufig durch Optimismus aus. Doch worüber sprechen wir, wenn wir von Optimismus sprechen? Der Begriff stammt vom lateinischen Wort optimum, „das Beste". Die Endung „-ismus" steht für das Vorgehen und Handeln auf eine bestimmte Art und Weise. Übertragen wir das auf den Menschen, dann hat ein Optimist eine zuversichtliche lebensbejahende Einstellung und geht in seinen Handlungen vom Erreichen seiner Ziele aus.

Im Alltag erkennen wir einen Optimisten oft schon an seinen Äußerungen:
- „Das wird schon"
- „Wir bekommen das hin"
- „Uns gelingt es, die Situation zu meistern"

Der Optimist ist lösungsorientiert und sucht auch in negativen Ereignissen nach Möglichkeiten zur positiven Veränderung. In seinem langfristigen Denken geht er davon aus, dass sich die Geschehnisse zum Guten entwickeln und gibt die Hoffnung nicht auf. Seine positive Grundeinstellung und sein Denken ermöglichen ihm seine Visionen. Er kann sich das Ziel und deren Erreichung vorstellen. Für ihn sind schwierige Situationen Herausforderungen, die entsprechende Anstrengungen abverlangen.
Es gibt verschiedene Konzepte von Optimismus. Die bekanntesten stelle ich hier kurz vor.

Optimismus als Persönlichkeitseigenschaft

- **Dispositionaler Optimismus:** Nach der Definition von Scheier und Carver (1985) ist Optimismus ein Persönlichkeitsmerkmal und beschreibt eine generalisierte positive Grundhaltung bezüglich der Einschätzung zukünftiger Ereignisse. Optimisten glauben, dass selbst schwierige Situationen eine positive Entwicklung nehmen. Wie dies geschieht, ob durch Glück, Zufall oder durch eigene Anstrengungen, hat dabei keine Relevanz. Verglichen mit Pessimisten sind die zuversichtlichen Optimisten beim Eintreten von Hindernissen bereit, ihre Anstrengungen zu steigern und nicht vorschnell aufzugeben. Erscheint jedoch das Erreichen eines Zieles unwahrscheinlich, so können sie schneller loslassen und sich neuen Aufgaben zuwenden. Verschiedene Studien deuten darauf hin, dass sich dispositionaler Optimismus positiv auf die physische wie auch auf die psychische Gesundheit auswirkt.

- **Optimistischer Attributionsstil/gelernter Optimismus:** Im Rahmen seiner Forschungen stellte Martin Seligmann u.a. die Frage: „Warum begegnen manche Menschen dem Leben eher optimistisch, während andere dem Leben eher pessimistisch gegenübertreten?" Die Erklärung dafür sieht Seligmann in der Zuschreibung (Attribution) von Ursachen zu bereits eingetretenen Ereignissen. Erfolg wird demnach auf internale, stabile oder globale Ursachen zurückgeführt. Bei Misserfolg hingegen werden eher externale, variable oder spezifische Ursachen verantwortlich gemacht.

  Die Zuschreibungen lassen sich in die drei Dimensionen Dauerhaftigkeit, Geltungsbereich und Personalisierung unterscheiden.

  Dauerhaftigkeit (stabil/variabel): Der Pessimist stuft negative Ursachen als dauerhaft ein, positive dagegen als vorübergehende Erscheinung. Der Optimist hingegen dreht es genau um und stuft Negatives als vorübergehend ein und Positives als dauerhaft. Beispiel für einen Optimisten wäre: „Ich habe immer Glück und Talent, nur heute war ich mal erschöpft." Beim Pessimisten hingegen würde der Satz lauten: „Nie habe ich Glück und mein Talent ist auch gering, doch heute hatte ich mal einen guten Tag."

  Geltungsbereich (global/spezifisch): Bei Fehlschlägen oder negativen Ereignissen neigen Pessimisten zur Generalisierung, z.B.: „Ich bin schwierig." Der Optimist würde hingegen sagen „Ich bin für ihn schwierig" und macht statt einer globalen Zuschreibung eine spezifische Zuschreibung.

Personalisierung (internal/external): Pessimisten geben sich bei Fehlschlägen oder unangenehmen Erlebnissen selbst die Schuld (internal). Dies führt auf Dauer häufig zu einem schwachen Selbstwertgefühl. Optimisten suchen die Ursachen dagegen eher bei den Umständen oder anderen Personen (external). Entsprechend verfügen sie eher über ein starkes Selbstwertgefühl. Bei erfreulichen Ereignissen gilt hier ebenfalls wieder die Umkehr der Zuschreibung.

Optimismus als situationsspezifische Erwartung

- **Unrealistischer Optimismus:** Der US-amerikanischen Psychologen Neil Weinstein befragte mehr als 300 Studierende zu zukünftigen Lebensereignissen. Er bat sie, diese in Bezug auf die Wahrscheinlichkeit des Eintretens in ihrem Leben einzuschätzen. Im Ergebnis zeigten sich die Befragten überoptimistisch. Sie gingen davon aus, dass positive Ereignisse wie gute Gesundheit oder ein hohes Einkommen eher ihnen selbst zuteilwürden und negative wie eine Kündigung, Scheidung oder Erkrankung eher den anderen widerfahren. Im Umkehrschluss kann dies bedeuten: Wer davon ausgeht, dass einem selbst nichts Negatives widerfährt, achtet beispielsweise nicht ausreichend auf seine Gesundheit in Bezug auf Ernährung oder Belastungen.

- **Überdurchschnittlichkeitssyndrom:** Werden Menschen gebeten, sich im Vergleich zum gleichaltrigen Durchschnitt einzuschätzen, schätzen sie ihre eigenen positiven Merkmale oft als stärker und ihre eigenen negativen Merkmale oft als schwächer ein. Laut mehreren Studien halten sich Menschen für sportlicher, schlauer, interessanter, gerechter oder besser aussehend als der Durchschnitt. Diesen Effekt bezeichnet man als Überduchschnittlichkeitssyndrom („Above Average Effect"). Ursache für das verzerrte Urteil ist häufig die Motivation, durch stark optimistische Selbsteinschätzung den eigenen Selbstwert zu erhalten oder zu steigern („Motivated Reasoning"). Umgekehrt kann jedoch auch genauso ein „Unterdurchschnittlichkeitssyndrom" auftreten. Davon betroffene Menschen schätzen sich vor allem in Bereichen, in denen sie nur wenig Fähigkeiten oder Kompetenzen haben, eher unterdurchschnittlich ein. Beide Syndrome werden durch eine zu selbstbezogene Urteilsstrategie verursacht. Das heißt, die Person fokussiert bei Vergleichen zu anderen sehr stark auf ihre eigenen Stärken bzw. Schwächen und ignoriert die Merkmale der Vergleichspersonen. Werden beim Vergleichen die persönlichen Stärken zu stark in den Fokus genommen, zeigt sich das in einem Überdurchschnittlichkeitssyndrom, wird den persönlichen Schwächen übermäßig viel Aufmerksamkeit geschenkt, dann liegt ein Unterdurchschnittlichkeitssyndrom vor.

Eine umfangreiche Längsschnittstudie (Taylor et al., 2003) zeigte auch positive Folgen des Überdurchschnittlichkeitssyndroms auf. Die Versuchspersonen mit Überdurchschnittlichkeitssyndrom hatten insgesamt eine bessere psychische Gesundheit und wurden auch im Freundeskreis positiver bewertet. Bis heute gehen die Meinungen auseinander, ob das Überduchschnitttlichkeitssyndrom eine negative Verzerrung der Wirklichkeit oder ein Anzeichen für eine gesunde Psyche ist ist.

In angemessener Intensität hat Optimismus vor allem positive Auswirkungen auf unser Leben, unsere Gesundheit und unsere Resilienz: Optimisten setzen sich in Stresssituationen aktiv mit den Herausforderungen auseinander und akzeptieren unkontrollierbare Ereignisse eher. Optimisten verhalten sich gesünder, haben einen eher positiven Genesungsverlauf und ein stärkeres Immunsystem. Sie stufen ihre Lebensqualität höher ein und ihre soziale Integration ist besser. Eine Vielzahl von Untersuchen stellte einen positiven Zusammenhang zwischen Optimismus, subjektivem Wohlbefinden und Lebenszufriedenheit fest.

In Bezug auf Resilienz sorgt Optimismus auf verschiedenen Ebenen durch aktives Bewältigungsverhalten für eine stabilere Gesundheit:

Abb.: Auswirkungen von Optimismus auf die Gesundheit und die effektive Stressbewältigung

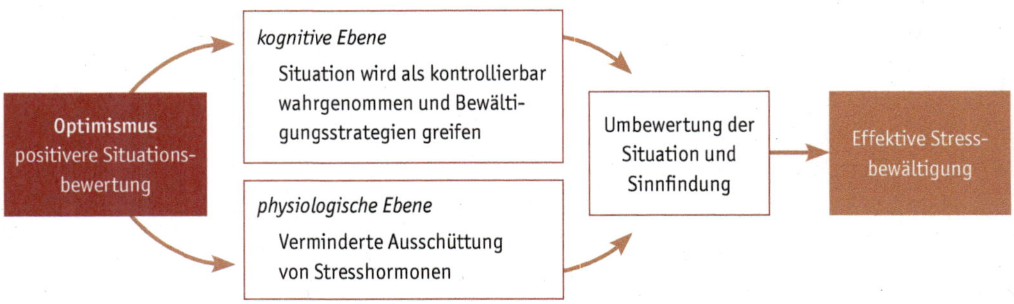

Quellen

- Carver, C. S.; Scheier, M. F. (2002): Optimism. In: Snyder, C. R.; Lopez S. J. (Hrsg.): Handbook of positive psychology, S. 231–243. Oxford, Oxford University Press.
- Scheier, M. F.; Carver, C. S. (1985): Optimism, coping, and health: Assessment and implications of generalized outcome expectancies. In: Health Psychology, 4(3), S. 219–247.
- Taylor, S. E.; Lerner, J. S.; Sherman, D. K.; Sage, R. M.; McDowell, N. K. (2003): Portrait of the self-enhancer: well adjusted and well liked or maladjusted and friendless? In: Journal of Personality and Social Psychology 84(1), S. 165-76.

- Seligman, Martin E. P. (2002): Der Glücks-Faktor – Warum Optimisten länger leben. Köln, Bastei Lübbe.
- https://www.gluecksarchiv.de/inhalt/optimismus.htm (abgerufen am 06.08.2023)
- Weber, Hannelore; Rammsayer, Thomas (Hrsg.) (2005): Handbuch der Persönlichkeitspsychologie und Differentiellen Psychologie. Göttingen, Hogrefe Verlag.
- https://kops.uni-konstanz.de/bitstream/handle/123456789/11200/Renner_Optimismus.pdf?sequence=1 (abgerufen am 06.08.2023)

Resilienzfaktor Akzeptanz

Akzeptanz bedeutet das Annehmen oder auch Anerkennen von Umständen, Tatsachen und Gegebenheiten. Akzeptanz bedeutet hingegen nicht, mit allem einverstanden zu sein, was oft missverstanden wird. Gerade das Annehmen von Unerwartetem, Negativem und Unveränderbarem stellt uns oft vor Herausforderungen und ist mit negativen Emotionen wie Wut, Verzweiflung, Angst, Verleugnung oder Ärger verbunden. Doch was passiert, wenn wir in diesem Zustand verharren und gegen das Geschehene rebellieren? Wir sind dann nicht in der Lage, aktiv zu werden, da wir im Widerstand sind oder das Geschehene leugnen. Ferner befinden wir uns in einer ständigen Anspannung, was sich langfristig gesundheitlich auswirken kann. Wir verschwenden unsere wertvolle Energie auf den Widerstand, was wiederum Stress auslöst. Im Stress haben wir keinen guten Zugriff auf unsere mentalen Ressourcen. Wir befinden uns in einer energieverzehrenden Abwärtsspirale. Erst wenn wir die Realität annehmen, haben wir die Chance auf erfolgreiche Veränderungen.

Akzeptanz üben

Wichtige Schritte, um Akzeptanz zu üben, ist die Auseinandersetzung mit dem Geschehenen, um nicht aus Wut, Mangel oder Ärger heraus zu reagieren. Hierzu drei Gedankenansätze:

- **Was ist es, was wir akzeptieren sollten?** Spüren Sie nach, um was es sich handelt. Sind es Verhaltensweisen von uns oder anderen, Ereignisse die wir als belastend empfinden, Emotionen, die wir nicht verstehen, von uns oder von anderen, Anforderungen, die an uns gestellt werden oder Gegebenheiten, die wir nicht nachvollziehen können? Was genau macht die Akzeptanz schwierig?

- **Meine Subjektivität der Akzeptanz:** Wie nehme ich die jeweilige Situation wahr? Wie bewerte ich die Ereignisse? Wie ist mein Empfinden, was sind meine Emotionen? Gerade die eigenen Emotionen in Bezug auf Unveränderbares, wie beispielsweise der Tod eines geliebten Menschen oder der Verlust des Arbeitsplatzes geben mir einen Hinweis, welche Bedürfnisse verletzt wurden. Auf Basis des Reflexionsprozesses kann ich dann für mich ermitteln, was es braucht, um wieder in die Balance zu kommen.

- **Mein Kontext – meine Rahmenparameter:** Meine individuellen Umstände, Ressourcen und Möglichkeiten können mich in meiner Akzeptanz unterstützen oder blockieren. Nehmen wir an, ich habe nur eine mittlere Schulbildung und möchte mich beruflich weiterentwickeln. Die aktuellen Stellenangebote am Markt erfordern jedoch ein Studium oder eine gleichwertige Qualifikation. Ich kann mich darüber aufregen, ärgern oder es verfluchen, doch dies bringt mich meinem Ziel nicht näher. Gelingt es mir, die Herausforderung anzunehmen, meine Komfortzone zu verlassen und nach Möglichkeiten zu suchen, wie ich beispielsweise durch Weiterbildung dem Ziel näherkomme, habe ich die Chance, mein Ziel zu erreichen. Akzeptanz ist somit die Grundlage für erfolgreiche Veränderungen, um unsere Energien nicht an den falschen Stellen zu vergeuden.

Wieso haben wir jedoch häufig ein Problem damit, etwas zu akzeptieren? Akzeptanz hat etwas mit **Kontrollverlust** zu tun. Sie hatten eine Idee für eine Präsentation und jetzt bekommen Sie eine neue Ausgangssituation. Schon sind Ihre Pläne hinfällig. Sie sind an dieser Stelle nicht der Entscheider. Akzeptanz bedeutet **loslassen**. Sie freuen sich darauf, das Unternehmen auf einem großen Kongress zu repräsentieren. Leider erkranken Sie kurz vor dem Reiseantritt. Die Chance ist vertan, dabei wäre das so wichtig gewesen für den nächsten Karriereschritt. Akzeptanz fordert die **Auseinandersetzung** mit dem Thema, um **Veränderungen** aktiv anzugehen. Sie haben eine gute Position im Unternehmen und ein gut eingespieltes Team. Sie fühlen sich wohl, doch das Unternehmen entscheidet, Ihren Standort zu schließen. Allen Mitarbeitern wird eine neue Stelle am 200 Kilometer entfernten Standort angeboten.

An diesen Beispielen wird deutlich, wie verschiedene Resilienzfaktoren ineinandergreifen und welche Bedeutung der Akzeptanz zufällt, um aktiv werden zu können.

Die verschiedenen Resilienzfaktoren und die daraus entstehenden Handlungen sind häufig durch Visualisierung besser zu verstehen:

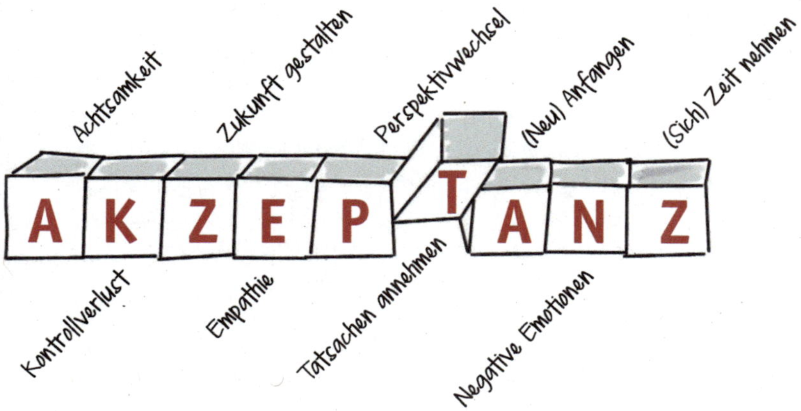

Abb.: Beispiel für kreative Wortassoziationen zu „Akzeptanz"

Resilienzfaktor Lösungsorientierung

Bei der Lösungsorientierung geht es um die Suche von Lösungsalternativen. Wir sollten uns nicht von Beginn an durch eine einschränkende Bewertung in RICHTIG oder FALSCH eingrenzen lassen, sondern die Offenheit auch für neue uns vielleicht noch nicht vorstellbare Ideen entwickeln.

Was macht die Haltung der Lösungsorientierung als Resilienzfaktor aus? Resiliente Menschen verwenden ihre Energie auf die Suche nach Lösungen und bleiben nicht in der Problemorientierung verhaftet. Statt die Ursache des Problems zu analysieren, schauen sie nach neuen Ideen und Ansätzen zur Lösung. Sie sehen die Chancen in der Situation. Das Problem steht nicht im Mittelpunkt.

Der in den 80er-Jahren entwickelte lösungsfokussierte Ansatz von Steve de Shazer und Insoo Kim Berg, der Probleme lediglich als Symptome für etwas bezeichnet, was nicht funktioniert, und davon ausgeht, dass die notwendigen Ressourcen zur Bewältigung des Problems bereits vorhanden sind, bildet eine Grundlage für den Umgang mit den ganz eigenen Herausforderungen.

In der Buchveröffentlichung von Steve de Shazer und Yvonne Dolan mit dem Titel „Mehr als ein Wunder" (2008) werden die wesentlichen Lehrsätze einer Beratung vorgestellt. In Anlehnung daran habe ich die fünf Grundprinzipien zur Lösungsorientierung zusammengefasst und vereinfacht.

Die fünf Grundprinzipien der Lösungsorientierung

1. **Trennung von Problem und Lösung – was ist Ihr Ziel?**
Die Lösung eines Problems hängt nicht immer zwangsläufig mit dem Problem zusammen. Steve de Shazer verwendete zur Erläuterung der Thematik das Bild eines komplizierten Schlosses und eines Dietrichs. Hierbei stand das Schloss symbolisch für das Problem, welches der Klient mit dem ihm zur Verfügung stehenden Mittel nicht öffnen kann. Die Lösung liegt jedoch nicht im Schloss (Problem), sondern im Finden des passenden Schlüssels. Oft gibt es aber nicht den einen passenden Schlüssel, sondern die Lösung kann eine einfache Form haben, wie die Verwendung eines Dietrichs, der auch andere komplizierte Schlösser öffnen kann. Übertragen auf unseren Alltag bedeutet es, dass wir, statt unsere Zeit in die Analyse des Problems zu investieren, uns darauf fokussieren, wie unser Zielzustand sein soll. Was wäre in dieser Situation wünschenswert? Durch diese veränderte Betrachtungsweise befinden wir uns in einem guten Zustand, das heißt, wir setzen Energie und Kreativität frei.

2. **Die Sprache der Lösungsentwicklung – formulieren Sie positiv!**
Worte sind mächtig und können unseren Fokus lenken. Es macht einen Unterschied, ob wir fragen „Wieso ist es für Sie so schwierig?“ oder ob wir fragen „Worin liegt Ihre größte Hoffnung für eine Veränderung?“. Die Verwendung einer positiven Sprache ist daher von hoher Bedeutung bei der Suche nach Lösungen. Sprache hilft uns beim Fokussieren auf das Gelingen sowie bei der Entwicklung unseres inneren Dialogs, der uns Stärke und Kraft gibt, damit wir uns den Veränderungen stellen können.

3. **Kleine Schritte – Wirkung von Veränderungen**
Nehmen wir nur kleinste Veränderungen vor, um unser Problem zu lösen, so wirken wir in einem System und verändern damit auch unser Umfeld. Sie haben sich entschieden, Ihre berufliche Arbeitszeit zu reduzieren und mehr Zeit für sich zu haben. Mit diesem Schritt passieren nicht nur Veränderungen in Ihren Abläufen und Zuständigkeiten, sondern auch in Ihrem privaten und beruflichen Umfeld. Wie sind dort die Reaktionen? Wie wird dort Ihre Entscheidung beurteilt? Was für Konsequenzen hat die Entscheidung? Dieses gilt es, bei der Suche nach Lösungen mit zu berücksichtigen.

Ressourcenorientierung – nutzen Sie, was da ist!
Was sind die Fähigkeiten, Potenziale oder Ressourcen, die Ihnen bisher geholfen haben, Situationen gut zu meistern? Häufig sind wir in belastenden Situationen abgeschnitten von unseren eigenen Ressourcen. Diese gilt es wiederzuentdecken und für die Bewältigung der Aufgabenstellungen zu nutzen. Manchmal hilft es auch, vorhandene Kompetenzen aus anderen Aufgabenfeldern leicht zu modifizieren und auf neue Aufgabenstellungen zu übertragen. Ein Beispiel hier wäre: Sie haben privat Ihr Haus renoviert. Jetzt sollen Sie im Beruf Ihr erstes Projekt leiten. Nutzen Sie hier Ihre planerischen Kenntnisse aus der Hausrenovierung und übertragen Sie die Grundprinzipien auf Ihr Projekt. Durch Denken aus verschiedenen Richtungen können hier neue Potenziale entdeckt werden.

Kontinuität der Veränderungen – Probleme sind etwas Normales
Veränderungen sind Bestandteil unseres Alltagsgeschehens und gehören zum menschlichen Leben. Unsere Umwelt verändert sich kontinuierlich und fordert uns heraus, uns mit neuen Anforderungen auseinanderzusetzen und uns anzupassen. Die aus den Veränderungen entstehenden Probleme sind nicht selten Vorboten von etwas Neuem. Wie können wir dem Neuen begegnen? Was bedarf es an veränderten oder neuen Kompetenzen? Wichtig ist, hier eine differenzierte Betrachtung vorzunehmen, um mit den Veränderungen umgehen zu können.

Insgesamt nutzen resiliente Menschen die Fähigkeit zum divergenten Denken, um gewohnte Verhaltensmuster zu verlassen, Alternativen zu finden und wirksame neue Lösungskompetenzen zu entwickeln.

Quellen

- de Shazer, Steve; Dolan, Yvonne (2016): Mehr als ein Wunder. 5. Auflage. Heidelberg, Carl-Auer Verlag.
- https://downloads.eo-bamberg.de/5/411/1/98020651988338573362.pdf (abgerufen am 23.08.2023)

Resilienzfaktor Selbstregulation (Emotionsregulation)

Gute Selbstregulation fördert Selbstbestimmung und Wohlbefinden. Die eigenen Stimmungen, Gefühle und Emotionen selbst und aktiv in den verschiedensten Lebenssituationen zu regulieren und zu steuern, ist eine

Herausforderung. Doch sind wir wirklich immer in der Lage dazu? Um diese Frage zu beantworten, ist es sinnvoll, sich mit unseren Wahrnehmungs- und Bewertungsprozessen, unserem Gehirn sowie unseren Emotionen auseinanderzusetzen.

Wir alle erleben in unserer Berufswelt unterschiedliche Alltagssituationen und werden mit verschiedensten Herausforderungen konfrontiert. Der eine sagt: „Oh, eine neue Aufgabe. Ich freue mich auf die Herausforderung." Beim anderen löst der Gedanke an die Aufgabe bereits Magendruck aus. Hintergrund dieser Reaktionen ist unsere ganz eigene Bewertung der Situation, den damit oft unbewusst verknüpften Emotionen und daraus entstehenden Reaktionen auf körperlicher und psychischer Ebene.

Selbstregulation bedeutet an dieser Stelle, sich seiner Gedanken auf Basis der eigenen Werte, Motive und Bedürfnisse bewusst zu sein. Das eigene Denken zu hinterfragen, verschiedenste Blickwinkel auf Situationen, Menschen und sich selbst zuzulassen. Dabei erleben wir uns selbst oft auch mit unterschiedlichen Energiezuständen, um den Herausforderungen zu begegnen. Entscheidend ist, wie wir eine Situation erleben und sie einstufen. Bewerten wir sie als positiv oder negativ, eher ungefährlich oder bedrohlich, als förderlich für die Erreichung unserer Ziele oder als hemmend? Ein weiterer Aspekt ist, ob wir der Meinung sind, über die nötigen Mittel zur Bewältigung zu verfügen. Die durch unsere Gedanken über die Situation dann entstehenden Emotionen sorgen für unser subjektives Empfinden (Freude, Ängste etc.), verändern unser Verhalten und lösen physiologische Reaktionen in uns aus (z.B. die Erhöhung des Herzschlages). Je überzeugter wir eine Situation als nicht bewältigbar einstufen, desto mehr geraten wir in Stress. Hier schlägt dann die Urzeitfalle – Erstarren, Flucht oder Angriff – zu, die uns die Situation erschwert und bis hin zum Kontrollverlust führen kann.

Was passiert? In unserer vorderen Großhirnrinde, unmittelbar hinter der Stirn gelegen, befindet sich der präfrontale Kortex. Er ist unser zentrales kognitives Steuerzentrum und zuständig dafür, Impulse unter Kontrolle zu halten. Wird er durch auftretende Belastungen (Stress) in seiner Funktion außer Kraft gesetzt, dann bricht emotionales und impulsives Verhalten durch. Hintergrund ist eine erhöhte Produktion von Noradrenalin und Dopamin im Hirnstamm, ausgelöst durch die Amygdala, unserem Angstzentrum. Die Noradrenalin- und Dopaminmoleküle docken an die Rezeptoren von Nervenzellen an, die die Signalübertragung zwischen den Neuronen beeinträchtigen. Dadurch wird das übrige Nervensystem alarmiert und verstärkt die Gedächtnisinhalte, die mit Angst und anderen Emotionen verbunden sind. Wir haben dann keinen Zugriff mehr auf unser rationales logisches Denken.

In dieser Situation ist es wichtig, Mechanismen zur Entspannung zu kennen, um sich wieder in einen guten Zustand zu bringen. Noch besser ist es, möglichst gar nicht erst in den Zustand der Überforderung zu kommen, sondern durch das Trainieren von Achtsamkeitspraktiken vorbeugend etwas für die eigene Selbststeuerung zu tun. Der mentale Umgang mit Gefühlen und Stimmungen, die Emotionsregulation, ist daher eine wichtige Fähigkeit bei der Entwicklung der Selbstregulation.

Selbstregulation entwickeln

Aber wie kann ich auf Emotionen Einfluss nehmen? Im Folgenden finden Sie einen ersten schrittweisen Ansatz zur Entwicklung der Selbstregulation und damit der Förderung der Selbstbestimmung.

- **Situationen verlassen:** Gehen Sie schrittweise vor. Schauen Sie sich die Situation genau an. Kennen Sie den Hot Button? Das ist ein meist unbeabsichtigtes Verhalten anderer Menschen, auf das wir individuell „wie auf Knopfdruck" sofort emotional und oft übertrieben reagieren. Wurde dieser Hot Button gedrückt? Kennen Sie Ihre Bedürfnisse in der Situation? Wie ist Ihr persönlicher Energiepegel? Sind Sie ausgeruht und entspannt oder bereits ausgepowert? Falls Sie an dieser Stelle die Möglichkeit haben, verändern Sie die Situation, z.B. durch eine kurze Unterbrechung in kritischen Gesprächssituationen. Werden Sie selbst aktiv! Sorgen Sie für sich!

- **Aufmerksamkeit fokussieren und lenken:** Hinterfragen Sie, worauf jetzt gerade Ihre Aufmerksamkeit liegt. Was kennzeichnet sonst noch die Situation? Woran haben Sie noch nicht gedacht? Nehmen Sie einen Perspektivwechsel vor! Manchmal hilft es, einfach nur aufzustehen und ein Fenster zu öffnen, um neue Aspekte wahrzunehmen. Seien Sie aufmerksam bei jenen Veränderungen, die sich durch Ihr angepasstes Verhalten ergeben.

- **Bewertungen hinterfragen – Gedanken verändern:** Auf Basis unserer Bedürfnisse, Werte, Prägungen und Erfahrungen bewerten wir in Millisekunden Situationen. Nutzen Sie die Möglichkeit der Neubewertung. Wie würden Sie in einem Tag, einer Woche, einem Monat oder in einem Jahr darüber denken? Hat das, worüber Sie sich gerade aufregen, dann noch die Wertigkeit? Hat die Einschätzung vielleicht etwas mit Ihren Erwartungen und Vorstellungen zu tun? Was würde XYZ tun? Die

Erfahrungen haben gezeigt: Wenn wir uns rückblickend Situationen anschauen, findet eine andere Bewertung statt als in dem Moment, in dem wir uns in der Ohnmacht fühlen.

- **Tauschen Sie sich aus:** Nutzen Sie die Möglichkeiten, sich mit einer Ihnen nahestehenden Person zu Ihren Belastungen auszutauschen. Dieser Austausch kann Sie in Ihrem Perspektivwechsel unterstützen. Neue Gedankenansätze entstehen oft durch das Einbringen anderer Erfahrungshintergründe.

- **Reaktionen steuern – selbstbestimmt handeln:** Sie haben durch die Selbstanalyse und -bewertung in Rückkopplung ein umfassenderes Bild entwickelt und eine erste Orientierung vorgenommen. Durch diese bewusste Auseinandersetzung können Sie entscheiden, wie Sie reagieren wollen bzw. was in Bezug auf Ihre Bedürfnisse und Wünsche eine für Sie adäquate Reaktion ist. Nutzen Sie in der schrittweisen Vorgehensweise die Chance, nicht von Ihren Emotionen gesteuert zu werden, sondern selbst Gestalter zu sein.

Je mehr Sie sich Ihrer Emotionen bewusst sind, desto mehr lernen Sie im Laufe der Zeit, Ihre Emotionen zu steuern und dadurch selbstbestimmt zu handeln, trotz Ihrer Belastungen.

Quellen

- https://de.linkedin.com/learning/resilienz-entwickeln/funfte-saule-selbstregulation-einfuhrung?autoplay=true&trk=learning-course_tocItem&upsellOrderOrigin=lynda_redirect_learning (abgerufen am 06.08.2023)
- https://lexikon.stangl.eu/7274/emotionsregulation (abgerufen am 06.08.2023)
- https://www.resilienz-akademie.com/regulation-bei-stress/ (abgerufen am 06.08.2023)
- Grossarth-Maticek, Ronald (2003): Selbstregulation, Autonomie und Gesundheit – Krankheitsfaktoren und soziale Gesundheitsressourcen im sozio-psycho-biologischen System. Berlin/New York, De Gruyter.

Resilienzfaktor Selbstverantwortung

Selbstverantwortung bedeutet, Verantwortung zu übernehmen für das, was wir tun und auch für das, was wir nicht tun. Selbst zu entscheiden, wie wir unser Leben gestalten wollen, ohne die Verantwortung dafür abzugeben. Jeden Tag entscheiden wir in vielen Situationen über unser Verhalten und über das, was das Verhalten anderer mit uns macht. Wenn wir z.B. erleben, dass unsere Führungskraft wiederholt keine Zeit für unser Anliegen hat, können wir uns darüber ärgern. Wir können aber auch verschiedene Möglichkeiten der Ansprache ausprobieren. Wir können einen Termin einstellen. Vielleicht besteht die Möglichkeit, im nächsten Meeting das Thema anzusprechen. Statt in die Opferrolle zu fallen und anderen die Schuld zu geben, geht es darum, aktiv Wahlmöglichkeiten zu suchen und sich diese bewusst zu machen.

Es gibt jedoch auch Situationen im Leben, wo wir keine Wahlmöglichkeiten haben, sondern Ereignisse außerhalb unserer Verantwortlichkeit passieren. Können wir Gegebenheiten nicht ändern, dann sind wir dafür auch nicht verantwortlich. Wir können jedoch bestimmen, wie wir damit umgehen. Auch resilienten Menschen passiert es, dass sie sich machtlos fühlen und kurz in das Verharren oder die Opferrolle verfallen. Das ist völlig in Ordnung. Dann gilt es, einen realistischen Blick darauf zu werfen und sich jene Möglichkeiten zu vergegenwärtigen, die uns vielleicht doch Einfluss erlauben auf das Geschehen oder zumindest auf das persönliche Empfinden.

Es gibt auch Lebenssituationen, in denen es von Vorteil ist, die Füße stillzuhalten. Was ist damit gemeint? Wir benötigen auch immer wieder Phasen der Ruhe und der Reflexion, aus denen wir Kraft und neue Ideen schöpfen können. Wenn wir uns mit Aktivitäten, Situationen oder Menschen nicht wohlfühlen, ist es wichtig, auf die eigenen Empfindungen zu hören. Situationen zu verlassen oder Verhaltensweisen zu ändern, um wieder achtsam im Umgang mit uns selbst zu sein. Für unser eigenes Wohlbefinden zu sorgen und darauf zu achten, dass wir unsere Werte und Ideale leben, egal wie vielleicht andere darüber denken oder dies bewerten. Wir sind für die Gestaltung unseres Lebens und Erlebens selbst verantwortlich, auch wenn es manchmal Kraft und Anstrengung kostet.

Eine Metapher dazu: „Jeder ist seines Glückes Schmied." Ein Eisen zu schmieden, kostet Kraft. Es erfordert Handwerkszeug und Feuer. Wir benötigen eine Vorstellung davon, was für uns Glück bedeutet. Glück ist nicht schnell geschmiedet; es benötigt Ruhephasen und Zeit. Es müssen Schritte nach und nach bearbeitet werden. Manchmal gibt es auch Rückschläge und Frustrationen. Dinge müssen überdacht, geändert oder neu begonnen werden. Es ist ein sich kontinuierlich wiederholender Prozess, das Glück jeden Tag für sich zu finden.

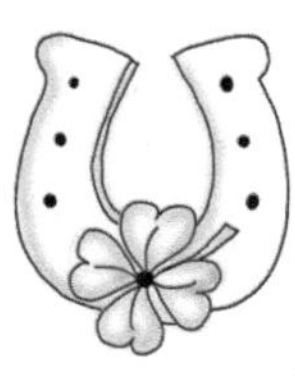

Resilienzfaktor Netzwerkorientierung

„Sage mir, mit wem du umgehst, so sage ich dir, wer du bist; weiß ich, womit du dich beschäftigst, so weiß ich, was aus dir werden kann."
Johann Wolfgang von Goethe

Bereits Goethe hat in der oben zitierten Aussage den Resilienzfaktor Netzwerkorientierung im Sinne der Gestaltung von Beziehungen auf den Punkt gebracht. Es geht darum, wie wir Menschen begegnen, wie wir mit ihnen kommunizieren und wie wir im Miteinander agieren. Die Qualität unserer Beziehungsgestaltung spielt eine entscheidende Rolle in der eigenen Resilienzentwicklung. Gerade dieser Faktor ist von unschätzbarer Bedeutung, was die Kauai-Studie (Seite 22 f) gezeigt hat, da wir insbesondere im Kindesalter durch andere Menschen geprägt werden. Wir können unsere Beziehungsnetzwerke nicht immer frei wählen, wir können jedoch mit zunehmendem Alter entscheiden, mit wem wir uns umgeben und in welcher Intensität wir im Kontakt miteinander sein wollen.

Es ist ein menschliches Grundbedürfnis, im Kontakt mit anderen zu sein, von ihnen Wertschätzung und Anerkennung zu erhalten. Welchen Einfluss diese Punkte im beruflichen Kontext auf die Qualität der Zusammenarbeit haben, zeigen die verschiedensten Untersuchungen (z.B. Gallup Engagement Index zur Arbeitsplatzqualität). Wir suchen nach Sicherheit, Unterstützung und dem Gefühl der Zugehörigkeit. Finden wir es nicht in unserer eigenen Familie, so geben oft Ersatzsysteme wie Freunde, Arbeitsumfeld oder Verein uns das, wonach wir suchen. Resiliente Menschen erkennen, welche Kontakte ihnen guttun und welche eher weniger. Sie begegnen anderen aufmerksam, sind interessiert an deren Empfinden und Erleben. Sie besitzen die Fähigkeit, mit unterschiedlichen Charakteren zu agieren und in Konflikten auszugleichen. In der Kommunikation zeichnen sie sich dadurch aus, dass sie empathisch sind, sich in die Situation des anderen hineinversetzen und ihn dadurch wirkungsvoll unterstützen können. Für sie steht Nehmen und Geben in Balance. Gleichzeitig können sie sich selbst aber auch abgrenzen und klar ihre eigenen Bedürfnisse benennen. Ihnen ist es wichtig, einen respektvollen Umgang zu gestalten, in dem jeder die gleiche Wertigkeit hat.

Der Resilienzfaktor Netzwerkorientierung bedarf unserer besonderen Aufmerksamkeit, da er aufgrund unserer verschiedenen Rollen und Anforderungen schnell aus dem Gleichgewicht geraten kann. Im Alltag und im beruflichen Miteinander nehmen wir uns oft nicht mehr die Zeit, unser Miteinander aktiv und aufmerksam zu gestalten. Statt sich mit dem Kollegen bei einem Kaffee auch mal über persönliche Ereignisse und Erfahrungen auszutauschen, schreiben wir eine E-Mail, nutzen Messenger-Dienste und erfahren eine verkürzte Kommunikation, indem wir Gefühle durch Emojis & Co. zum Ausdruck bringen. So bedienen wir oft viele Kontakte, fühlen uns aber nicht wirklich verstanden und sind gestresst vom Umgang miteinander. Um die eigene Resilienz hier zu stärken, lohnt es sich, sein eigenes Beziehungsnetzwerk genauer unter verschiedenen Qualitätskriterien zu betrachten.

Mögliche Fragestellungen sind:

- Mit wem bin ich wann und wie in Kontakt?
- Wie geht es mir, wenn ich mit dieser Person in Kontakt bin?
- Mit wem wünsche ich mir mehr Kontakt und mit wem weniger?
- Wer gibt mir Energie und wer zieht mir Energie ab?
- Was macht die Qualität unseres Zusammenseins aus?
- Könnte ich auf eine einsame Insel fünf Personen mitnehmen: Welche Personen wären dies und warum?
- Wer gibt mir Halt und nimmt sich die Zeit, mir zuzuhören?
- Wer unterstützt mich und wie werde ich unterstützt?
- Wen unterstütze ich und in welcher Form?
- Von wem erfahre ich welche Hilfestellungen und wem gebe ich welche Art der Hilfestellung?
- Wo fühle ich mich zugehörig?

Unsere Netzwerke können uns auf unterschiedliche Weise unterstützen: Manchmal benötigen wir moralische Unterstützung und es ist gut, sich einfach nur aussprechen zu können. Ein anderes Mal ist es wichtig, Menschen mit Fachkompetenzen für den informativen Austausch im Umfeld zu haben. Das nächste Mal benötigen wir vielleicht die Ressource Zeit und Unterstützung von Personen in unserem Netzwerk, die uns Aufgaben abnehmen können. Das Wissen über ein funktionierendes soziales Netzwerk gibt uns Kraft, innere Stärke und lässt uns viele herausfordernde Lebenssituationen meistern.

Resilienzfaktor Zukunftsorientierung

Die Welt und unser Lebensrahmen befinden sich im Wandel. Denken wir an VUCA, so sprechen wir sogar von Transformation. Wie kann dann eine Zukunftsorientierung aussehen?

Zukunftsorientierung erfordert, sich attraktive und bedeutsame Ziele zu setzen, diese konsequent Schritt für Schritt zu verfolgen und außerdem die Fähigkeit, die Ziele in der Prioritätensetzung flexibel den Widrigkeiten anzupassen. Es geht darum, ausgerichtet an den eigenen Werten, Wünschen und Träumen proaktiv das eigene Leben zu gestalten.

Eine Redensart lautet: „Wer ernten will, muss säen." Übertragen wir das auf die Thematik der Zukunftsorientierung, dann bedeutet dies: Wer etwas erreichen will, muss etwas dafür tun; wer etwas bekommen will, muss die Voraussetzungen dafür schaffen.

Je nach Gestaltung unserer Ziele, die wir in Zukunft erreichen wollen, haben wir es mit unterschiedlichen Zeithorizonten und Energieeinsätzen bzw. Ressourcenbedarf zu tun. Je weiter sich Ziele in der Zukunft befinden, umso eher müssen wir auf dem Weg dorthin mit Zielkorrekturen rechnen. Flexibilität ist in diesem Kontext ein wichtiger Faktor.

In allen unseren Handlungen und Entscheidungen für die Zukunftsorientierung geht es um die Prioritätensetzung für unsere Lebensgestaltung. Hierbei müssen wir uns immer erst unserer wichtigen Ziele und Wünsche im Leben bewusst sein, denn sie sollten genug Raum und Zeit bekommen. Als Metapher bietet sich „Das Glas des Lebens an", das wir nach und nach auffüllen. Hier gilt es, sinnbildlich diese großen Steine, unsere Ziele und Wünsche, als Erstes in das Glas zu füllen. Dann die kleineren „Kieselsteine", z.B. unsere Karriereplanung. Unser Alltag, der durch Sand dargestellt wird, füllt sich in die freien Lücken. Füllen wir den „Sand" jedoch als Erstes in unser „Glas des Lebens", ist das Glas voll und wir haben keine Zeit mehr für unsere aktive Lebensgestaltung.

Hier erste Ideenansätze und Fragestellungen zur Reflexion:

- Was macht mich glücklich und zufrieden?
- Was ist für mich erstrebenswert im Sinne meines Wertebildes und wie will ich diese Werte leben?
- Was gibt meinem Leben Sinn?

Schritt 1 könnte daher eine Analyse der Zufrieden-/Unzufriedenheitsmacher sein, um zu erfahren, wo Änderungswünsche verborgen sind. Mögliche Fragestellungen dafür könnten lauten:

- Bin ich zufrieden mit meiner beruflichen Tätigkeit und den Aufgaben?
- Bin ich zufrieden mit den Pflichten, die ich mir selbst abverlange?
- Bin ich zufrieden mit meinem privaten Umfeld (Partnerschaft, Familie, Freunde)?
- Bin ich zufrieden mit der Art, wie ich lebe, und mit meinen Lebensumständen?
- Bin ich zufrieden damit, wie ich meine Zeit verbringe?

Schritt 2 könnte darin bestehen, die eigenen wichtigsten Lebensrollen (z.B. Mitarbeiter, Führungskraft, Mutter, Ehepartner, Vereinsvorsitzende etc.) zu finden und die entsprechenden Ziele zu formulieren. Denn sie geben uns Orientierung und Ausrichtung und bündeln damit unsere Energie. Das Handeln kann an den Zielen ausgerichtet werden, Resultate können bewertet und gegebenenfalls kann nach- oder gegengesteuert werden. Erreichte Ziele sind Erfolgserlebnisse, bringen neue Energie und stärken das Selbstbewusstsein.

Die Herausforderung liegt darin, Ziele dergestalt zu formulieren, dass wir in die Handlung kommen und etwas Konkretes für die Zielerreichung tun.

Mottoziele

Nach Maja Storch und Frank Krause, den Begründern des Zürcher Ressourcenmodells (ZRM), lassen sich Ziele in Verhaltensziele und Haltungsziele (Mottoziele) kategorisieren. Mottoziele beschreiben in einer allgemeinen Formulierung einen inneren Zustand bzw. eine innere Verfassung. Unsere innere Haltung ist der Dreh- und Angelpunkt unseres Tuns – unabhängig davon, ob es uns bewusst ist oder nicht. Sie spielt somit eine entscheidende Rolle für unsere Motivation. Aktuelle Forschungsergebnisse zeigen, dass mit einem Mottoziel eine stärkere emotionale Bindung zu einem Zielvorhaben hervorgerufen wird. Unser psychisches System stellt uns dadurch mehr Energie bereit für die Zielerreichung.

Kriterien für die Formulierung von Mottozielen sind:

- Ein Mottoziel muss als Annährungsziel formuliert sein.
- Ein Mottoziel muss zu 100 Prozent unter eigener Kontrolle sein.
- Ein Mottoziel muss eine positive Affektbilanz (gutes Gefühl) bis mindestens +70 aufweisen.

Ein Mottoziel könnte z.B. sein: „Ich vertrete meine Meinung, selbstbewusst und ruhig." Haltungsziele sind allgemein statt konkret formuliert und haben viel mit unserer Vorstellung davon zu tun, wie wir sein möchten. Auf der Verhaltensebene findet dann eine Konkretisierung statt: „Vor der nächsten Projektbesprechung atme ich tief durch und lasse mich nicht provozieren, sondern stelle klar und strukturiert den Projektstatus dar." Das Ziel kann auch situationsübergreifend formuliert werden, wie z.B.: „Generell trete ich selbstbewusst auf und bleibe ruhig in herausfordernden Situationen."

„Das ZRM dient allen, die etwas in ihrem Leben ändern möchten."
Maja Storch

Wohlformulierte Ziele

Im NLP (Neurolinguistisches Programmieren) spricht man außerdem von sogenannten wohlformulierten Zielen. Hierfür gibt es 7 Kriterien:

- Ist das Ziel bedeutsam und attraktiv? Handelt es sich um ein intrinsisches Ziel und nicht um ein Ziel, das von außen herangetragen wird?
- Ist das Ziel innerhalb der persönlichen Möglichkeiten erreichbar? Welche persönlichen Handlungsspielräume und Einflussmöglichkeiten sind gegeben?
- Ist die Zielformulierung konkret? Bedarf es gegebenenfalls der Formulierung von Teilzielen? Manchmal ist es wichtig kleinere Ziele zu formulieren, um die Erreichbarkeit des großen Zieles zu erleichtern.
- Das Ziel sollte positiv formuliert sein und dergestalt, als hätten wir es bereits erreicht. Negativ formulierte Ziele wecken in uns negative Vorstellungen. Haben wir ferner eine Verneinung, wie in der Formulierung „Ich möchte nicht mehr unvorbereitet und gehetzt in die Besprechungen gehen", passiert es, dass unser Gehirn das Wort „nicht" verzögert verarbeitet. Wir haben dann einen negativen Satz, der wiederum negativen Gedanken, Bildern und Emotionen Raum gibt. Daher ist die positive Formulierung so wichtig und unsere Zielformulierung müsste lauten: „Ich bin gut vorbereitet und entspannt in den zukünftigen Sitzungen."
- Messbarkeit des Ziels: Wie kann festgestellt werden, ob das Ziel erreicht wurde? Zum Beispiel: „Auf einer Skala von 1 bis 10: Wie entspannt bin ich und wie gut war meine Vorbereitung?" Und die Entspannung merke ich z.B. an meiner Stimmung oder an der Anspannung meiner Nackenmuskulatur.
- Sind ausreichend Ressourcen vorhanden? Kann ich das Ziel mit den eigenen Ressourcen umsetzen? Muss ich mir Unterstützung holen und wenn ja, welche?
- Ist das Ziel ökologisch? Wie wirkt sich mein Ziel im Gesamtsystem aus, in dem ich mich bewege? Ist es kompatibel? Welche Vor- oder Nachteile bzw. Auswirkungen hat meine Veränderung auf andere?

Schritt 3 besteht darin, anhand der so formulierten Ziele Prioritäten zu setzen und die nächsten Handlungsschritte zu formulieren. Die einzelnen Ziele, die wir uns setzen, sollten nicht in Konflikt miteinander stehen. Ferner sollte immer beachtet werden, dass ausreichend Freiräume in den Planungen sind für Unvorhergesehenes und auch für Entspannung, um die Energiespeicher wieder aufzufüllen.

Resiliente Menschen erleben einen Sinn in dem, was sie tun und geben ihren Handlungen Bedeutung durch Disziplin in der Zielverfolgung sowie Flexibilität im Umgang mit Hürden und Veränderungen auf dem Weg zum Ziel. Zukunftsorientierung bedeutet somit auch Zielorientierung.

Quellen

- Storch, Maja; Krause, Frank (2017): Selbstmanagement – ressourcenorientiert: Grundlagen und Trainingsmanual für die Arbeit mit dem Zürcher Ressourcen Modell (ZRM). Bern, Verlag Hans Huber.
- https://www.majastorch.de/wp-content/uploads/2020/04/Storch-Motto-Ziele_2014.pdf (abgerufen am 08.08.2023)
- https://www.majastorch.de/wp-content/uploads/2020/04/ZRM_fit_im_job.pdf (abgerufen am 08.08.2023)
- https://de.linkedin.com/learning/resilienz-entwickeln/siebte-saule-zukunftsorientierung-hilfestellung-1?autoplay=true&trk=learning-course_tocItem&upsellOrderOrigin=default_guest_learning (abgerufen am 08.08.2023)
- https://zrm.ch/images/stories/download/pdf/wissenschftl_arbeiten/seminararbeiten/seminararbeit_baeriswyl_20090903.pdf (abgerufen am 08.08.2023)
- Für die laufende Weiterentwicklung des ZRM empfiehlt sich die Internetseite www.zrm.ch. Unter dem Link „universitäre Arbeiten“ gibt es weiterführende Informationen. Für die Arbeit mit dem Mottoziel ist es hilfreich, das ZRM-Online-Tool näher zu betrachten.

Nach den Resilienzfaktoren folgen nun noch weitere wichtige Konzepte und Begriffe rund um Resilienz, auf die in diesem Buch Bezug genommen wird.

Kausalanalyse

Bei der Kausalanalyse sprechen wir umgangssprachlich von einer Erklärungsanalyse (lat. causa = Ursache). Hintergrund ist, die Beziehung zwischen der Ursache und der Wirkung zu analysieren, um Fehler nicht zu wiederholen und nicht zu früh aufzugeben.

Resiliente Menschen nehmen sich die Zeit für die Analyse der eigenen Situation. Sie sind in der Lage, zeitlich und auch inhaltlich zu differenzieren. Sie hinterfragen auf Basis von Fakten und versuchen, das Verhalten anderer und ihr eigenes zu reflektieren.

Es geht darum, destruktive Denkfallen wie die folgenden zu vermeiden:
- Voreilig Schlussfolgerungen in Bezug auf Verhalten, Gedanken oder Gefühle anderer zu ziehen, ohne etwas darüber zu wissen oder in den Austausch gegangen zu sein.
- Aus einem einmaligen Vorkommnis eine Generalisierung („Das ist immer so") vorzunehmen.
- Schwierigkeiten, Fehler oder Schwächen überzubewerten und im Gegenzug positive Ereignisse abzuwerten.

Auf Basis der Kausalanalyse können wertvolle Erkenntnisse gewonnen werden, die helfen, zukünftig andere Verhaltensweisen zur Bewältigung von Situationen zu nutzen.

(Psychosoziale) Krise

Schnell sagen wir im Alltag „Ich krieg die Krise", was einen Zustand kennzeichnet, in dem wir uns ratlos fühlen, Wut verspüren oder oft einfach nur genervt sind. Eine Krise hat mit dem Verlust des seelischen Gleichgewichtes zu tun, der eintritt, weil wir uns mit (unvorhersehbaren) Ereignissen konfrontiert sehen und wir im ersten Moment nicht wissen, wie wir mit der Situation umgehen sollen oder gar, wie wir diese bewältigen können.

Krisen sind etwas Normales, da jeder Mensch in seinem Leben mit Ereignissen und Problemen konfrontiert wird, die belastend und überfordernd sein können. Krisen bieten positiv betrachtet die Chance zur Persönlichkeitsentfaltung und zur Veränderung. So besteht beispielsweise das chinesische Wort für Krise aus den zwei Schriftzeichen Gefahr und Chance.

Wann wir von einer Krise sprechen, ist stark abhängig von der eigenen subjektiven Bewertung.

In der Literatur wird schwerpunktmäßig zwischen zwei Arten von Krisen unterschieden:

- Die **Veränderungs-/Entwicklungskrise**, die auf Basis unseres normalen Lebenszyklus entsteht, durch das Heranwachsen, die Pubertät, Familiengründung, Klimakterium und das Altern.
- Bei der **traumatischen oder situativen Krise** haben wir es mit plötzlich aufkommenden Situationen zu tun, die unsere psychische Existenz und/oder die soziale Identität und Sicherheit bedrohen. Die Auslöser dafür können vielfältig sein, z.B. der Arbeitsplatzverlust, plötzliche Invalidität, Trennung, Tod eines nahestehenden Menschen, aber auch Wirtschaftskrisen oder Naturkatastrophen.

Bei der Auseinandersetzung mit Krisen durchlaufen wir verschiedene Phasen. Je nach dem gewählten Modell variiert die Anzahl der Phasen und deren Bezeichnung. Ich habe mich hier für eine Kombination der Modelle von Johann Cullberg (1978) und Verena Kast (1989) entschieden mit den vier Phasen Schock, Reaktion, Bearbeitung und Neuorientierung. Die Phasen sind im Erleben und Durchleben nicht immer klar erkennbar voneinander abzugrenzen.

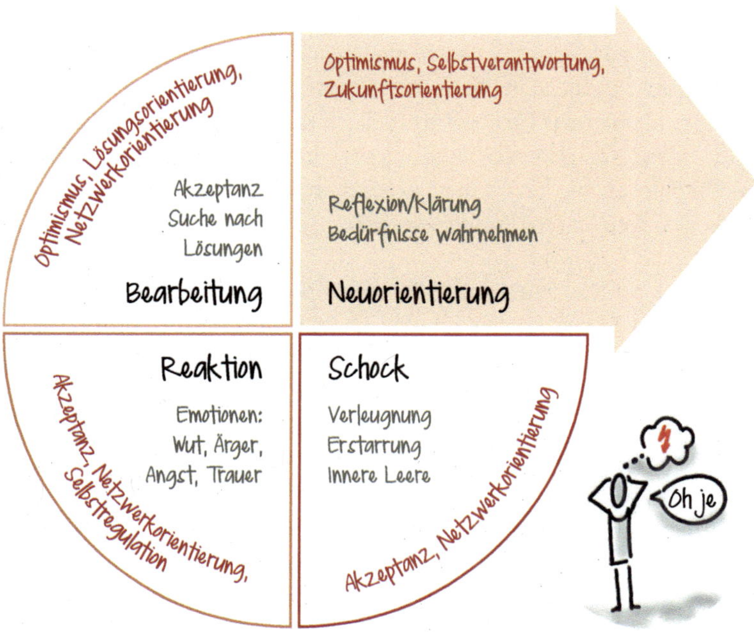

Abb.: Vier Phasen der Krise in Kombination mit den Resilienzfaktoren

Phase	Kennzeichen
Schock	▸ Leugnung/Nicht-wahrhaben-Wollen ▸ Lähmung/Erstarrung/Gefühl der inneren Leere
Reaktion	▸ Aufbrechende, chaotische Emotionen wie Wut, Ärger, Angst, Kummer, Hoffnung, Resignation, Verzweiflung, Trauer, Schuld, Zweifel am Selbstwert
Bearbeitung	▸ Akzeptanz der veränderten Situation oder eines Verlustes ▸ Suche nach Lösungen zur Krisenbewältigung
Neuorientierung	▸ Klarheit zu den eigenen Bedürfnissen und zur Neuausrichtung ▸ Auseinandersetzung und Orientierung in der Umwelt

Tabelle: Phasen der Krise und ihre Kennzeichen

Resilienz in Bezug auf Krisen bedeutet, zu verstehen, welche Phasen wir bei Krisen durchlaufen und wie mögliche Interventionen in jeder Phase aussehen können. In der Schockphase können wir beispielsweise dafür sorgen, dass wir in unserem Netzwerk Unterstützung erhalten und aufgefangen werden. Je nach Art des Schocks können wir gegebenenfalls sogar professionelle Unterstützung oder Begleitung hinzuziehen. In der Phase der aufbrechenden Emotionen können wir uns mit diesen auseinandersetzen, sie zulassen und nicht leugnen. Um sie zu bewältigen, ist die aktive Auseinandersetzung wichtig. Nach Überwindung der zwei schwierigsten Phasen bedeutet die dritte Phase die Übernahme der Selbstverantwortung für die weitere Entwicklung: durch Akzeptanz an der Situation zu wachsen und durch das Loslassen eine Neuorientierung/-ausrichtung zu ermöglichen. Denn in Phase vier geht es um die Vision. Was ist mir für die Zukunft wichtig? Welche Werte will ich leben und wo setze ich welche Prioritäten? Hier zeigt sich auch unser Optimismus. Mit jeder Krise, die wir durchleben und bewältigen, wachsen wir in unseren Kompetenzen und entwickeln unsere Resilienz weiter.

Quellen

- https://www.krisenzentrum-dortmund.de/wissenswertes/psychosoziale-krisen/ (abgerufen am 06.08.2023)
- https://www.resilienz-akademie.com/die-phasen-der-krisenbewaeltigung/ (abgerufen am 06.08.2023)
- https://www.lymphklinik.com/images/download/5-Psychologie-Krisen-meistern.pdf (abgerufen am 06.08.2023)
- https://www.schwabe.at/krise/ (abgerufen am 06.08.2023)
- https://www.uniklinikum-saarland.de/fileadmin/UKS/Einrichtungen/Kliniken_und_Institute/Medizinische_Kliniken/Innere_Medizin_IV/Patienteninfo/Psychologe/KriseninterventionSTUDIENBRIEF.pdf (abgerufen am 06.08.2023)

Salutogenese statt Pathogenese

Bei der Salutogenese (lat. salus: Gesundheit/Wohlbefinden und altgr. genesis: Ursprung/Entstehung) geht es um die Entstehung von Gesundheit. Die Salutogenese steht im Gegensatz zur Pathogenese, bei der es um die Entstehung und Entwicklung von Krankheiten geht.

Das Konzept der Salutogenese geht auf den amerikanisch-israelischen Gesundheitswissenschaftler Aaron Antonovsky zurück. Seine Überlegungen und Fragestellungen führten in den 70er-Jahren zu einem Perspektivwechsel im Gesundheitswesen. Zentraler Punkt seiner Fragestellung war: Wie schafft es ein Organismus, sich gesund zu entwickeln und zu bleiben und welcher Rahmenbedingungen bedarf es hierfür? Damit fand ein Wandel statt, da bisher nur umgekehrt gefragt wurde, warum Menschen erkranken. Oder anders gesagt: Es geht um präventive Gesundheitsförderung statt wie bisher um Krankheitsbekämpfung – weg vom Defizit- und hin zum Ressourcenmodell.

Antonovsky vergleicht Gesundheit mit einem Fluss, der in seinem Verlauf verschiedene Gefahren wie Steine, Strudel und Stromschnellen birgt. Bei der pathogenetischen Sichtweise versucht der Arzt, den Ertrinkenden aus dem Fluss zu ziehen. Bei der salutogenetischen Sichtweise wird der Mensch zu einem guten Schwimmer ausgebildet. Er erfährt die Hintergründe, also wieso er in den Fluss gefallen ist und wie er dies hätte vermeiden können. Es geht um das vorbeugende Verhalten des Menschen mit dem Ziel seiner Gesunderhaltung.

Das Salutogenese-Konzept von Antonovsky beschreibt ein komplexes Gefüge von Bedingungen, die Gesundheit erklären sollen. Im Wesentlichen sind es vier Komponenten:

1. Gesundheits-Krankheits-Kontinuum: Gesundheit und Krankheit werden nicht als gegensätzlich betrachtet, sondern als Kontinuum gesehen. Ein Mensch ist demzufolge mehr oder weniger gesund bzw. mehr oder weniger krank, da er sich kontinuierlich zwischen den Polen bewegt:

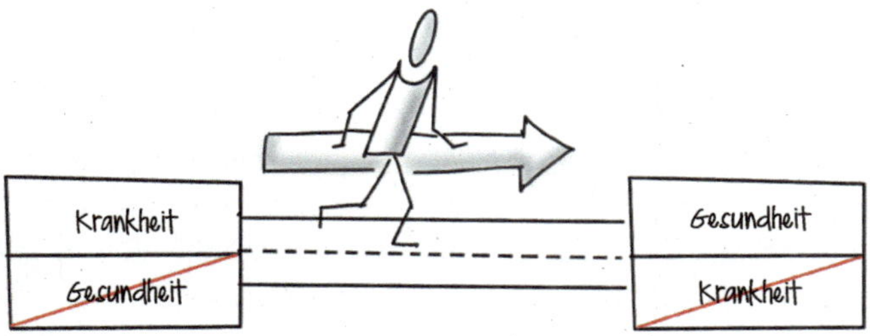

Abb.: Gesundheitskontinuum

Ziel ist es, eine Stärkung oder Vermehrung der gesunden Anteile bzw. Ressourcen zu etablieren bzw. zumindest einen Ausgleich zu den Stressoren oder „kranken Anteilen" zu schaffen. Dies bedeutet, dass selbst Menschen mit schweren oder chronischen Krankheiten die Möglichkeit haben, sich in Richtung Gesundheit zu entwickeln. Und damit sind wir bei den Einflussfaktoren auf Gesundheit und Krankheit.

2. Stress und Stressbewältigung: Antonovsky geht davon aus, dass Stressoren in unserem Leben alltäglich sind und es entscheidend darauf ankommt, welche Bewältigungspotenziale und -strategien dem Individuum zur Verfügung stehen. Die Stressoren unterteilt er in psychosoziale, physikalische oder biochemische Stressoren, die auf den Menschen einwirken und einen körperlichen oder psychischen Spannungszustand erzeugen. Antonovsky geht, wie auch R. S. Lazarus, in seiner Stresstheorie davon aus, dass die subjektive Einschätzung der Stressoren in Kombination mit den möglichen Bewältigungsstrategien über die gesundheitlichen Auswirkungen der Stressoren entscheiden. Gelingt es dem Individuum, seinen Spannungszustand erfolgreich zu bewältigen, bewegt es sich auf dem Kontinuum in Richtung Gesundheit. Gelingt es ihm jedoch nicht, so kann es zur Entstehung von Krankheiten kommen.

3. Widerstandsressourcen: Ein weiteres Kernstück des Konzeptes sind die generalisierten Widerstandsressourcen zur Bewältigung von Stressoren. Diese Ressourcen stellen bedeutsame Kraftquellen dar und beeinflussen eine positive Entwicklung hin zur Entstehung von Lebenszufriedenheit und Lebensqualität. Unterschieden werden die Ressourcen auf den Ebenen:

- **Individuum:** Intelligenz, Bildung, Ich-Stärke
- **Sozialer Nahraum:** Beziehungen zu anderen Menschen
- **Gesellschaftliche Ebene:** Verfügbarkeit von Geld, Arbeit, Wohnung
- **Kulturelle Ebene:** tragfähige Wertorientierung, Moralvorstellungen

Je vielfältiger und ausgeprägter die Ressourcen sind, desto eher sind Menschen in der Lage, auf sie zukommende Belastungen zu bewältigen.

4. Kohärenzgefühl bezeichnet eine Lebenseinstellung die auf Vertrauen in die eigene Handlungsfähigkeit basiert und die drei Aspekte umfasst: Verstehbarkeit, Machbarkeit und Sinnhaftigkeit einer Sache.

- **Verstehbarkeit** meint, dass man die Ereignisse der inneren und äußeren Welt kognitiv als geordnet, vorhersehbar und erklärbar wahrnimmt. Menschen mit einem hohen Kohärenzempfinden sind selbst in unverständlichen Situationen in der Lage, sich zu orientieren, Informationen einzuholen und Erklärungen zu finden. Übertragen wir das auf ein

Beispiel wie Krankheit, so ist es wichtig, Aufklärung und Information zu erhalten, um die Krankheit und mögliche krankheitsspezifische Begleiterscheinungen besser zu verstehen und damit sicher einordnen zu können. Bezogen auf Unternehmenskontexte geht es z.B. in Veränderungsprozessen um die Kenntnis zu den Hintergründen sowie deren Transparenz. Antworten auf Fragestellungen wie „Was passiert konkret?" und „Wie erfolgt die Umsetzung?" sind wichtig im Kommunikationsprozess der entsprechenden Maßnahmen.

- **Machbarkeit** bedeutet, davon überzeugt zu sein, dass Schwierigkeiten lösbar und handhabbar sind und geeignete Bewältigungsressourcen zur Verfügung stehen, um die Aufgaben angemessen umzusetzen. Mit dieser Einschätzung verfällt das Individuum nicht in die Opferrolle, sondern erlebt sich als Gestalter. Wer diese Überzeugung nicht besitzt, fühlt sich oft benachteiligt und ungerecht behandelt. Durch das Erleben von ausgewogenen Belastungen sieht sich das Individuum dagegen weder der Über- noch Unterforderung ausgesetzt.

- **Sinnhaftigkeit** steht dafür, einen Sinn, eine Bedeutung im Leben zu sehen und zu fühlen. Damit wird es als lohnend empfunden, Energie in gestellte Anforderungen zu investieren und aktiv Einfluss auf die Gestaltung von Situationen der einzelnen Lebensbereiche durch klare Werte und Prioritäten zu nehmen. Hier ist der motivationale Aspekt von Bedeutung. Ist dieser Aspekt nur gering ausgeprägt, dann empfindet der Mensch das Leben als Last und jede neue Herausforderung ist eine Qual.

Ein starkes Kohärenzgefühl ermöglicht flexibles Handeln, während ein schwaches zu starren Reaktionen führen kann.

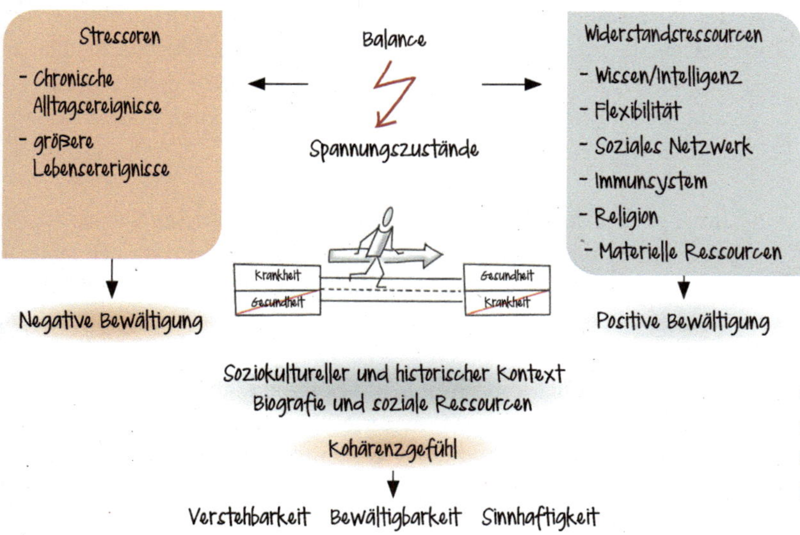

Abb.: Meine Übersetzung des Modells der Salutogenese in verkürzter Komplexitätsdarstellung

Quellen

- https://leitbegriffe.bzga.de/alphabetisches-verzeichnis/salutogenese/ (abgerufen am 08.08.2023)
- http://www.salutogenese.org/files/Rau-SalutogeneseAntonovsky.pdf (abgerufen am 08.08.2023)

Risiko- und Schutzfaktoren

Die Resilienzforschung hat das Ziel, das Verständnis für die Fähigkeit von Individuen und Gemeinschaften zu vertiefen, sich inmitten von Belastungen, Stressoren und herausfordernden Lebensumständen zu erholen und anzupassen. Zentrale Konzepte in diesem Forschungsbereich sind die Risikofaktoren (negative Voraussetzungen), Schutzfaktoren (positive Voraussetzungen) und die Widerstandsressourcen (individuelle Fähigkeiten und Stärken), die gemeinsam die komplexe Dynamik der Resilienz formen.

Risikofaktoren sind Merkmale einer Person oder deren Umwelt, die dazu beitragen, dass bestimmte Erkrankungen, Gesundheitsstörungen oder problematische Verhaltensweisen mit einer erhöhten Wahrscheinlichkeit auftreten. Beispiele für Risikofaktoren sind genetische oder organische Dispositionen, mangelndes Selbstvertrauen, Rollenstress, emotional belastende Arbeitsanforderungen, Konflikte im beruflichen oder privaten Umfeld, Verlust von nahestehenden Personen, Armut, Risiken am Arbeitsplatz, soziale Isolation etc.

Schutzfaktoren haben einen präventiven Charakter und können den Effekt der zum Teil unveränderbaren Risikofaktoren abschwächen oder gar verhindern und die Gesundheit insgesamt verbessern. Schutzfaktoren dürfen nur als solche bezeichnet werden, wenn sie vor dem Auftreten eines Risikofaktors vorhanden sind. Sie sind nicht als Gegenmaßnahme zu Risikofaktoren zu verstehen, sondern sind präventive Schutzvoraussetzungen. Schutzfaktoren können unterschieden werden in innerhalb und außerhalb einer Person liegend:

- **Innere Schutzfaktoren** sind beispielsweise individuelle Lebenskompetenzen, Persönlichkeitsstrukturen und Bewältigungsstrategien, aber auch körperliche Faktoren wie das Immunsystem und die körperliche Verfassung.

- **Äußere Schutzfaktoren** sind z.B. ökologische Faktoren wie Organisationsstrukturen und Umwelt, eine gesunde Ernährung, körperliche Aktivität, aktive Stressbewältigung, familiärer Zusammenhalt, soziale Bindung und ausreichende materielle Ressourcen.

Gerade in Bezug auf Teamresilienz und organisationale Resilienz haben in den letzten Jahren die außerhalb einer Person liegenden Schutzfaktoren an Bedeutung gewonnen. Schutzfaktoren, die zur Teamresilienz beitragen, sind z.B. positive Beziehungen im Team, offene und etablierte Gesprächsrunden/Kommunikation, eine ausgeprägte Lernkultur, das Vorhandensein von Vertrauen, klare Strukturen, Rollenklarheit sowie Sinn- und Zielbewusstsein. Zur Stärkung von Schutzfaktoren für organisationale Resilienz gibt es inzwischen konkrete standardisierte Empfehlungen (Seite 26). Insgesamt lässt sich beobachten, dass sich die Ergebnisse aus der Forschung zu Resilienz und Schutzfaktoren sowie das Modell der Salutogenese zunehmend in den Konzepten zu Präventionsmaßnahmen und Gesundheitsförderung widerspiegeln.

Quellen

- https://leitbegriffe.bzga.de/alphabetisches-verzeichnis/resilienz-und-schutzfaktoren/ (abgerufen am 08.08.2023)
- https://www.infodrog.ch/files/content/lexi/radix_merkblatt_risiko-und_schutzfaktoren-modell.pdf (abgerufen am 08.08.2023)
- https://phzh.ch/de/Dienstleistungen/materialien-fuers-schulfeld/planungshilfen-gesundheit-praevention/glossar/risiko-schutzfaktoren/ (abgerufen am 08.08.2023)
- https://juttaheller.de/resilienz/resilienz-abc/definition-team-resilienz/ (abgerufen am 08.08.2023)
- https://juttaheller.de/resilienz/resilienz-abc/definition-organisationale-resilienz/ (abgerufen am 08.08.2023)

Selbstwirksamkeit(-serwartung)

Das Konzept der Selbstwirksamkeit („Self-Efficacy“) beruht auf der sozial-kognitiven Theorie von Psychologieprofessor Albert Bandura. Selbstwirksamkeit bezeichnet eine individuell ausgeprägte Überzeugung, neue oder schwierige Anforderungssituationen aufgrund eigener Kompetenzen bewältigen zu können. Dies wiederum beeinflusst auf unterschiedliche Art und Weise die eigene Wahrnehmung, Motivation und Leistung. Eine Schlussfolgerung Banduras war es, dass Menschen nur Handlungen beginnen, wenn sie davon überzeugt sind, diese auch erfolgreich ausführen zu können.

Das Konzept der Selbstwirksamkeitsüberzeugung findet heute Anwendung in den unterschiedlichsten Bereichen, wie

- **Gesundheitsprävention:** Mit Überzeugung schaffen es Menschen eher, schädliche Verhaltensweisen zu ändern.

- **Therapie:** Bei hoher Selbstwirksamkeit lassen sich Angststörungen und Depressionen besser bewältigen bzw. treten seltener auf.
- **Sport:** Das Vertrauen in die Selbstwirksamkeit ermöglicht eine Steigerung der Leistung sowie das erfolgreiche Abrufen der Leistung im Wettbewerb.

Bandura spricht von vier Selbstwirksamkeitserwartungen:

- **Physiologische Zustände** und deren Interpretation: Gerade in herausragenden Situationen stellen sich körperliche Stresssignale wie Schweißausbruch, Herzrasen, feuchte Hände oder eine zittrige Stimmführung ein. Menschen mit einer hohen Selbstwirksamkeit interpretieren diese Anzeichen positiv und haben erlernt, sich mit geeigneten Übungen in die Balance zu bringen.

- **Soziale Überzeugung:** Andere teilen einer Person ihren Eindruck zu deren Fähigkeiten mit und ermutigen diese, die neuen Aufgaben und Herausforderungen anzugehen. Durch diesen Zuspruch von außen wird Vertrauen in die eigenen Fähigkeiten gewonnen. Es geht dabei um die Stärkung der Person und nicht darum, die Person zu etwas zu überreden.

- **Modelllernen:** Hiermit ist gemeint, zu beobachten, wie andere durch eigene Anstrengungen Aufgaben bewältigen. Entscheidend dabei ist die Identifikation mit der anderen Person, was bedeutet, dass der Beobachter sich ähnliche Kompetenzen zuschreibt und das Gefühl entwickelt, die Aufgabe ebenfalls bewältigen zu können. Man spricht dabei auch von einer sogenannten stellvertretenden Erfahrung.

- **Eigene Erfahrungen:** Die positive Bewertung der eigenen Erfahrungen ist der wichtigste Einfluss auf die Selbstwirksamkeit. Erfahrungen gesammelt zu haben, wie wir durch eigene Anstrengungen Ziele erreicht haben, spielen hier eine besondere Rolle. Wenn wir unsere Fähigkeiten positiv beurteilen, also der Meinung sind, dass unsere Fachkompetenzen ausreichen oder wir entsprechendes Wissen dazugewinnen können, dann sind das jene Auslöser, die uns in die Handlung bringen.

Das Gegenteil von Selbstwirksamkeit ist die erlernte Hilflosigkeit. Die oft im Kindesalter entwickelte Erfahrung, etwas bewirken, beeinflussen oder gestalten zu können, haben diese Menschen nicht gemacht. Sie wurden vielleicht als Kinder nicht mit Herausforderungen oder Problemen konfrontiert und haben deshalb nicht erlebt, dass ihre eigenen Anstrengungen etwas bewirken können. Hilflosigkeit kann sich andererseits auch einstellen, wenn Kinder erleben, dass sie Anforderungen nicht gerecht werden können, unabhängig von ihren Bemühungen um Erfolg.

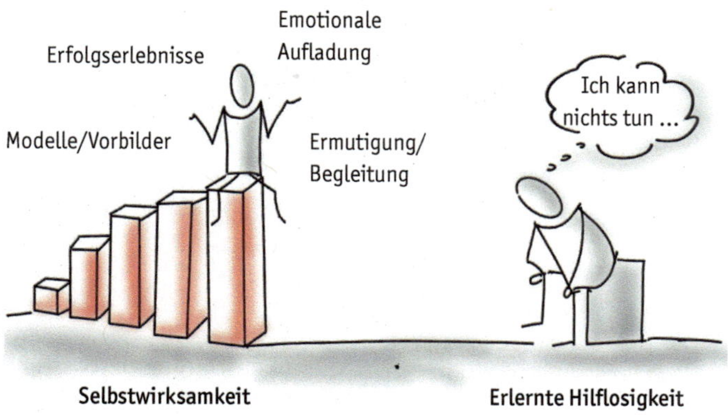

Abb.: Selbstwirksamkeit vs. erlernte Hilfslosigkeit

Quellen

- https://www.psychomeda.de/lexikon/selbstwirksamkeit.html (abgerufen am 08.08.2023)
- https://dorsch.hogrefe.com/stichwort/selbstwirksamkeitserwartung (abgerufen am 08.08.2023)
- https://lexikon.stangl.eu/1535/selbstwirksamkeit-selbstwirksamkeitserwartung (abgerufen am 08.08.2023)
- https://www.pedocs.de/volltexte/2011/3930/pdf/ZfPaed_44_Beiheft_Schwarzer_Jerusalem_Konzept_der_Selbstwirksamkeit_D_A.pdf (abgerufen am 08.08.2023)
- https://www.aok.de/pk/magazin/wohlbefinden/motivation/der-glaube-an-sich-warum-selbstwirksamkeit-wichtig-ist/ (abgerufen am 08.08.2023)

Nun sind Sie gerüstet mit den Grundlagen und kennen die wichtigsten Konzepte rund um Resilienz. Auf diese Informationen können Sie auch bei Ihrer Planung und im Verlauf Ihres Seminars zurückgreifen oder z.B. Ihren Teilnehmenden bei Bedarf oder auf Nachfrage Zusatzinformationen zu einzelnen Themen weitergeben.

Teil 2: Praxis – Der Seminarfahrplan

Seminarkonzeption

Die Entwicklung eines Seminarkonzeptes bietet zu Beginn viel Raum für Gestaltung. Je nachdem, ob Sie ein fertiges Seminarkonzept anbieten oder ein Konzept individuell auf Basis einer Kundenanfrage erstellen, sind verschiedene Aspekte zu beachten. Wichtige Faktoren, über die im Vorfeld eine Klärung stattfinden muss, sind der Seminarrahmen, die Zielgruppe, die damit verbundenen Ziele sowie die Umsetzungsgestaltung. Entscheider ist der Kunde. Für ihn muss das Konzept nachvollziehbar und schlüssig sein.

Ziel ist es, die wichtigsten Kundendaten durch offene und gezielte Fragen in Erfahrung zu bringen. Es empfiehlt sich, eine Checkliste zu den nachstehenden Faktoren zu erstellen, um sämtliche Aspekte auf einen Blick zu haben.

Zielgruppe

In Ihrer Vorarbeit ist es von Bedeutung, dass Sie sich möglichst in die Arbeits- und Lebensbereiche der Zielgruppe hineinversetzen. Der Seminaraufbau und die angewandten Methoden können für die Umsetzung variieren und sollten zur Zielgruppe passen. Entscheidenden Einfluss nehmen Gruppengröße sowie Seminardauer. Die später genutzten Übungen sollten verschiedene Sozialformen des Lernens (Einzel-, Partner- und/oder Gruppenarbeit) beinhalten.

Wichtige Fragestellungen zur Zielgruppe sind daher:

- Wie ist die Organisation aufgestellt und welche Lernkultur (freiwillig/unfreiwillig) herrscht dort?
- Wer sind die Teilnehmenden? (Alter, Geschlecht, Hierarchien)
- Was sind die Tätigkeitsbereiche und wie ist die Arbeitsgestaltung? (Voll- und/oder Teilzeit, Schichteinsatz, Homeoffice)
- Wie ist die Gruppengröße und -zusammenstellung?
- Welche Vorkenntnisse und Erfahrungen zum Thema Resilienz liegen vor?
- Kennen sich die Teilnehmenden bereits im Vorfeld?

Zielsetzungen und Erwartungen

Je nach Auftragskonstellation haben Sie Ihr Konzept angeboten, sich auf eine Ausschreibung beworben oder der Kunde ist mit inhaltlichen Wünschen auf Sie zugekommen.

Typische Wunschthemen und Formulierungen von Kunden sind z.B.:

- Emotionen und deren Regulation
- Kernelemente von Resilienz
- Die sieben Säulen der Resilienz
- Nachhaltig gelassen werden mit Selbstregulation
- Richtige Entscheidungen treffen, um künftig gelassener zu sein
- Wie funktioniert Selbstregulation?
- Ursachen von Ärger sowie stressauslösende Momente besser bewältigen
- Denkmuster und das eigene Verhalten besser verstehen
- In stressigen Situationen einen kühlen Kopf bewahren
- Antreiber kennen und damit umgehen
- Das Immunsystem der Seele stärken
- Gesundheit stärken durch Resilienz
- Kräftigung der inneren Widerstandskraft durch Resilienz
- Entwicklung einer persönlichen Resilienzstrategie

In der konkreten Abstimmung spielt die Zielsetzung eine wichtige Rolle. Dabei können die Erwartungen der einzelnen Akteure (Teilnehmende, Auftraggeber und Sie als Trainer) stark variieren. Besteht die Möglichkeit dazu, dann sollten Sie im Vorfeld eine Umfrage gestalten, in der Sie die Wünsche der Teilnehmenden erfragen.

Fragestellungen dabei könnten sein:

- Welches Ziel wollen Sie mit dem Seminar erreichen?
- Welche Themen sind Ihnen wichtig, die im Seminar aufgegriffen und beantwortet werden sollten?
- Aufgrund welcher Herausforderungen haben Sie sich für das Seminar entschieden?
- Woran würden Sie erkennen, dass das Seminar erfolgreich war?
- Wie ist Ihr Wissensstand zu diesem Themengebiet?

Es sollten nie mehr als fünf Fragen sein, damit im Vorfeld die Bereitschaft der Teilnehmenden gegeben ist, auf Ihre Fragen zu antworten. Ich nutze gern als letzte offene Frage „Was ist Ihnen noch wichtig, mir mitzuteilen?". Die Teilnehmenden können die Möglichkeit nutzen, um Hintergrundinformationen zu kommunizieren, die nicht zu den anderen Fragestellungen passen.

Aus Trainersicht sind folgende Überlegungen wichtig:

- Mit welchen Inhalten können die inhaltlichen Oberbegriffe in Bezug auf Zeit und Teilnehmerstruktur in Präsenz oder digital gefüllt werden?
- Was kann ein sinnvoller didaktischer Aufbau zur Zielerreichung sein?
- Welche Übungen können eingesetzt werden?

Kurse mit einer Dauer von 1-2 Tagen können Impulsgeber für Veränderungen sein. Aus Trainersicht kann geleistet werden, die Teilnehmenden zu animieren, sich mit neuen Perspektiven und Möglichkeiten der eigenen Einflussnahme auseinanderzusetzen. Die wirklichen Veränderungen erfolgen allerdings oft erst in der Praxis durch Etablierung neuer Gewohnheiten. Wenn es zu Ihrer Arbeitsweise passt, laden Sie die Teilnehmenden ein, Ihnen später Informationen zukommen zu lassen, welche Aspekte sich in welcher Form verändert haben. So können Sie für sich herausfiltern, welche Übungen den höchsten Wirkungsgrad besitzen.

Zeitstrukturen

Der Faktor Zeit spielt für den strukturellen und inhaltlichen Aufbau eine große Rolle. Je weniger Zeit zur Verfügung steht, umso klarer müssen die Inhalte abgegrenzt sein. Das kann auch bedeuten, dass nur einzelne Themenbereiche aus der Gesamtthematik Resilienz bearbeitet werden. Gehen wir von einem Tagesseminar aus, so können mögliche Inhalte sein: Die Definition von Resilienz, die Vorstellung des von Ihnen gewählten Resilienzmodells sowie das Herausarbeiten der Bedeutung der Resilienzfaktoren für die eigene Gesundheit. Passend dazu bieten sich Reflexionsübungen zu unseren Rollen und Belastungen in verschiedenen Lebensbereichen sowie Entspannungsübungen an. Bei einem zweitägigen Seminarverlauf können Sie mehr in die Tiefe gehen. Es sind dann auch aufwendigere Übungen möglich. Hier bieten sich Themen wie ein besseres Emotionsmanagement oder Unterstützung bei der Entscheidungsfindung an. Aus der Erfahrung heraus sollte auch stets Raum sein für den Austausch der Teilnehmenden untereinander.

Umsetzungsgestaltung

Das 4-Mat-System des Bildungstheoretikers David Kolb und der Lernforscherin Bernice McCarthy geht davon aus, dass Menschen unterschiedlich lernen und Informationen unterschiedlich verarbeiten. Demnach gibt es vier Grundtypen des Lernens:

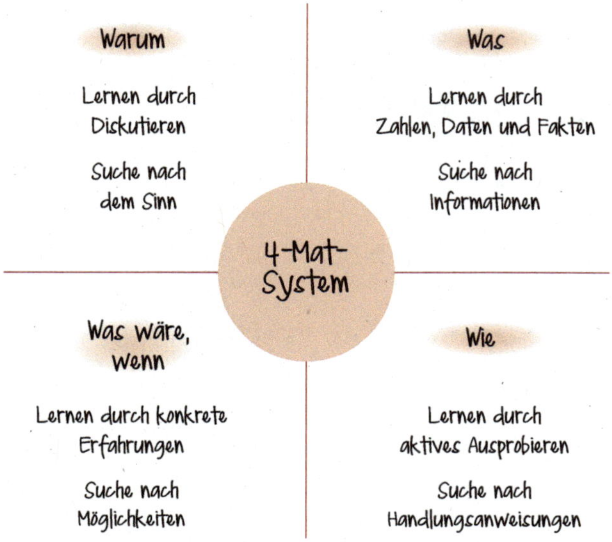

Abb.: 4-Mat-System – Vier Grundtypen des Lernens

- Der **„Warum-Typ"** lernt über den Lernstil „Diskutieren" und will für sich wissen, warum Inhalte für ihn von Interesse sind und welchen Nutzen er davon hat.
- Der **„Was-Typ"** ist der Zahlen-, Daten- und Fakten-Typ. Für ihn sind gut aufbereite Hintergrundinformationen von Bedeutung. Er mag den theoretischen Input in Form eines Vortrages.
- Der **„Wie-Typ"** lernt durch praktische Umsetzung, was dem Lernstil des Coachings entspricht. Für ihn sind praktische Übungen und das Ausprobieren von Bedeutung.
- Für den **„Was-wäre-wenn-Typ"** ist wichtig, das Gelernte in die Zukunft zu transportieren, selbst zu reflektieren und Wirkungsweisen zu entdecken.

Aus diesen Erkenntnissen ergibt sich ein rotierender Kreislauf für die Vermittlung von Inhalten. Ich habe das 4-Mat-System noch um zwei suggestopädische Phasen (Centering und Hinführung) erweitert. Dabei geht es darum, das Lernen durch jene visuellen, kinästhetischen und auditiven Reize aufzubereiten, die das Lernen mit allen Sinnen ermöglichen. So schaffen Sie es, alle Lerntypen gut zu integrieren und die Teilnehmenden je nach Lerntyp aktiv einzubinden. Sie gestalten von Anfang an einen ansprechenden Rahmen für den Austausch und das aktive Miteinander. Daraus ergibt sich der folgende Lernzyklus:

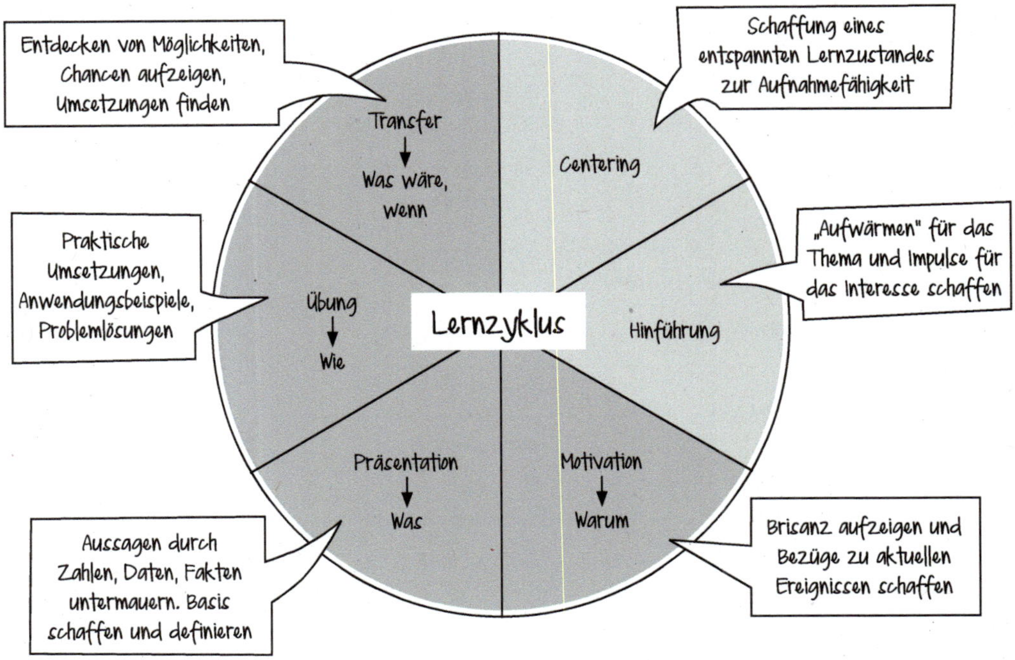

Abb.: Lernzyklus

Präsenz oder digital?

Beide Formate haben ihre Vorteile. Die Präsenz bietet z.B. den Vorteil, mit haptischen Elementen arbeiten zu können. Sie können Räumen eine positive Arbeitsatmosphäre verleihen und haben vielleicht sogar die Möglichkeit, Außenbereiche zu nutzen. Die Teilnehmenden kommen sich so schneller näher. Stimmungen und Empfindungen können in der direkten Interaktion besser wahrgenommen werden.

Das Arbeiten im digitalen Raum bietet andere interessante Umsetzungsmöglichkeiten, z.B. können Sie asynchrone Aufgaben (siehe nächster Punkt) im Vorfeld platzieren. Die Teilnehmenden können sich dann entsprechend ihren Bedürfnissen und Zeitmöglichkeiten individuell mit Themen auseinandersetzen. In der synchronen Zusammenarbeit schauen Sie dann gemeinsam auf die Vorarbeiten. So kann mehr Individualität in die Trainings einfließen. Wichtig im digitalen Raum ist es, aktiv zu werden, die Kamera zu nutzen und die Möglichkeiten der verschiedenen Formen der Zusammenarbeit lebendig zu gestalten.

Immer häufiger finden Seminare auch als Kombination von Präsenz- und digitalen Inhalten statt, im sogenannten Hybrid-Format. Dieses Format erfordert besondere Vorbereitungen im Bereich der technischen Ausstattung und möglichst auch eine weitere Person als Assistenz bei der Umsetzung.

Synchron oder asynchron?

Von synchronem Arbeiten sprechen wir in der Trainingskonzeption, wenn Sie gemeinsam mit den Teilnehmenden in der Zusammenarbeit sind. Die Teilnehmenden tauschen sich im Plenum mit Ihnen aus oder bearbeiten Aufgaben in der Gruppe. Anschließend werden die Ergebnisse im Plenum vorgestellt.

Bei asynchroner Bearbeitung bearbeiten die Teilnehmenden Aufgabenstellungen oder Informationsmaterial eigenständig im Vorfeld des Seminars oder zwischen den Seminarblöcken. Hier können Sie unterschiedliche Formate verwenden und auch unterschiedliche Portale zur Bereitstellung der Materialien nutzen. Mögliche Formate sind: Arbeitsblätter, Videos, Podcasts oder Tests. Ein Beispiel für eine Aufgabenstellung im Vorfeld des Seminars kann sein, dass sich die Teilnehmenden in einer besonderen Form vorab vorstellen. Sie sollten allerdings darauf achten, dass die technischen Hürden nicht zu hoch sind und dass die Teilnehmenden Ihren Inhalten auch folgen können, wenn die Übungen nicht gemacht wurden. Die Erfahrungen zeigen, dass nicht immer alle Teilnehmenden die asynchronen Aufgaben umsetzen.

Zweitägiges Seminarkonzept in Präsenz

Das hier vorgestellte Seminarkonzept beruht auf einer idealen Gruppengröße von 8-12 Teilnehmenden. Die Seminardauer ist auf zwei Tage in Präsenz ausgelegt. Die Zielgruppe sind Mitarbeitende und Führungskräfte aus verschiedensten Wirtschaftsunternehmen, dem öffentlichen Bereich und/oder dem universitären Umfeld. Das Angebot erhalten die Teilnehmenden auf Basis der internen Schulungsmöglichkeiten im Gesundheitsmanagement. Die Teilnahme erfolgt in der Regel freiwillig.

Seminarfahrplan für Tag 1 72

Seminarfahrplan für Tag 2 128

Der erste Seminartag im Überblick

Seite	Thema/Übung	Dauer	Uhrzeit
73	Ankommen | Kennenlernen | Ziele und Vorgehen | Unser Miteinander | Agenda	45 Minuten	9:00 bis 9:45 Uhr
79	Resilienzdefinition, Abgrenzung und Entwicklung	15 Minuten	9:45 bis 10:00 Uhr
82	Reflexion: „Was macht mich stark?“	45 Minuten	10:00 bis 10:45 Uhr
	Pause	15 Minuten	10:45 bis 11:00 Uhr
84	Resilienz und Forschung | 7 Resilienzfaktoren | Reflexion der eigenen Resilienzfaktoren	75 Minuten	11:00 bis 12:15 Uhr
95	Change und VUCA-Welt	15 Minuten	12:15 bis 12:30 Uhr
	Mittagspause	45 Minuten	12:30 bis 13:15 Uhr
100	Stressdefinition | Eigene Stressoren ermitteln	60 Minuten	13:15 bis 14:15 Uhr
	Pause	15 Minuten	14:15 bis 14:30 Uhr
109	Eigene Stressverstärker erkennen und relativieren	75 Minuten	14:30 bis 15:45 Uhr
122	Energie und Lebensfreude gewinnen durch Reduktion von Stressoren und Aufbau von Ressourcen	60 Minuten	15:45 bis 16:45 Uhr
126	Tagesrückblick und Feedback	15 Minuten	16:45 bis 17:00 Uhr
	Ende des Tages		

Ankommen und Kennenlernen

09:00 Uhr

Orientierung

Ziele

- Eine positive Lernatmosphäre schaffen
- Alltagsanknüpfung an unser Thema Resilienz
- Erwartungsklärung
- Erläuterungen zum Lernprozess
- Vereinbarungen treffen über Verhaltensweisen zur Gestaltung einer effizienten und wertschätzenden Zusammenarbeit
- Überblick geben über die Inhalte, Themen und Tagesstruktur

Zeit

- 45 Minuten

Material

- Elemente zur Bodengestaltung (z.B. Blumen, Stehaufmännchen, Teppichkreise für die Stressampel, Resilienzkarten etc.)
- Eigene Resilienzkarten/-bilder oder vorgefertigte Bildkarten (z.B. „75 Bildkarten Resilienztraining", Beltz Verlag)
- Flipcharts zu: Kennenlernen, Lernprozess, Zusammenarbeit, Agenda
- Moderationskarten mit Überschriften zu Fragen/Wünschen an das Seminar
- Moderationskarten und Stifte für Teilnehmende
- Pinnwand
- Gegebenenfalls ein weicher Ball

Kennenlernrunde

Vorbereitungen

Die Vorbereitung des Seminarraums hat eine hohe Bedeutung. Gerade bei diesem Thema lohnt es sich, Zeit zu investieren. Für die erste Übung legen Sie die Resilienzkarten/-bilder innerhalb eines offenen Stuhlkreises auf den Boden. Je mehr Teilnehmende Sie haben, desto mehr Karten legen Sie aus. Wenn es möglich ist, sollten mindestens 40 Karten ausgelegt werden. Auf den Stühlen haben Sie ferner je drei Moderationskarten und einen Moderationsstift platziert. Bei ausreichendem Platz kann um den Stuhlkreis ein Tischkreis in U-Form aufgestellt werden. So besteht später immer noch die Möglichkeit für die Teilnehmenden, sich umzudrehen und Notizen zu machen bzw. diese abzulegen.

Vorgehen

Nach einer Begrüßung steigen Sie als Trainerin in das Seminar mit der Kennenlernrunde ein. Klären Sie zuerst die Anredeform („Sie" oder „Du") mit den Teilnehmenden. Teilnehmende entscheiden sich in den letzten Jahren immer häufiger für das „Du". Jedoch Vorsicht an dieser Stelle; es gibt immer noch Unternehmensstrukturen, in denen das „Sie" gewünscht wird. Nachdem das geklärt wurde, laden Sie die Teilnehmenden ein, aufzustehen, sich die Bilder genauer anzuschauen und ein Bild auszuwählen anhand der Fragestellung: „Was hat das Bild mit meiner momentanen Situation zu tun?" Sollten sich mehrere Teilnehmende für ein Bild interessieren, dann darf das Bild im späteren Prozess gern weitergegeben werden. Möchte ein Teilnehmender zwei Bilder nutzen, ist auch das möglich. Ziel der Übung ist es, im Seminar anzukommen und mit Leichtigkeit in eine erste Reflexion einzusteigen.

Den ersten Schritt können Sie mit einem Flipchart unterstützen, auf dem die Aufgabenstellung ausgeführt ist.

Abb.: Flipchart zur Kennenlernrunde

Bitten Sie außerdem die Teilnehmenden, ihre drei wichtigsten Fragen oder Wünsche an das Seminar auf einer Moderationskarte zu notieren. Auf der jeweiligen Karte sollte auch der Name vermerkt werden, damit die Karten später beim Abgleich mit den Erwartungen noch zugeordnet werden können. Die Vorstellung der Wunschkarten erfolgt im Zusammenhang mit der eigenen Vorstellung.

Wenn alle Teilnehmenden ein Bild gewählt und ihre Karten beschriftet haben, dann starten Sie mit Ihrem Bild und der Trainervorstellung. Sie entscheiden hier, wie offen und in welcher Ausführlichkeit Sie sich vorstellen. Die Erfahrung zeigt, dass die Trainervorstellung oft eine Vorlage für die Offenheit und Länge der Vorstellung der Teilnehmenden ist.

Intro-Vorschlag

„Ein paar Worte zu mir. Patricia Korella, seit 2003 tätig im Bereich Training und Coaching. Ich komme aus Asendorf, einem Ort im Landkreis Diepholz. Die näheren Städte im Umfeld sind Bremen, Hannover und Minden. Mit Resilienz beschäftige ich mich seit 2007. Mich hat immer die Frage getrieben, wie es Menschen gelingt, in Balance und Freude zu sein, angesichts der Herausforderungen und Belastungen, die wir im Alltag meistern müssen. Was macht da den Unterschied aus? Das Bild, welches ich heute gewählt habe, hat mich angesprochen, weil ... Für unser Seminar wünsche ich mir, dass Sie Ihre Themen mit einbringen, Impulse und Hilfestellungen erhalten und wir den Prozess mit Freude und Spaß gestalten. Wer von Ihnen mag sich jetzt vorstellen?"

Methodische Hinweise

Zur Vorstellung gehören auch die Wünsche und Fragen auf den Moderationskarten. Falls es Rückfragen gibt, sorgen Sie für Klärung und verweisen Sie gegebenenfalls schon auf die Agenda und an welcher Stelle die thematische Bearbeitung erfolgt. Um Dynamik in den Ablauf zu bringen, können Sie einen weichen Ball (Koosh-Bälle eignen sich hierzu) als Redeball nutzen. Wer ihn hat, ist gerade im Redemodus. Dies lockert die Atmosphäre auf und es erfolgt nicht die übliche Vorstellung der Reihe nach.

Sie können für die Vorstellungsrunde selbstgefertigte Karten oder fertige Bildkarten (z.B. „75 Bildkarten zum Resilienztraining" von Sylvia Kéré Wellensiek) nutzen. Wenn ich diese Bildkarten verwende, nutze ich die Besonderheit der rückseitig aufgedruckten Sprüche und lasse diese im Training vorlesen. Oft ist es erstaunlich, wie gut die Texte (z.B. „Ich plane aktiv meine Zukunft" oder „Ich kann Dinge mit viel Abstand betrachten") zur tatsächlichen Lebenssituation der Teilnehmenden passen.

Die Teilnehmenden haben nun einen ersten Eindruck voneinander gewonnen. Als Trainerin sind mir die Wünsche der Teilnehmenden klar geworden und diese sind an der Pinnwand unter der Überschrift „Wünsche an das Training" zu den Themenbereichen geclustert aufgehängt. Abhängig von der Raumsituation hängen die Teilnehmenden ihre Karten selbst auf oder Sie übernehmen diese Aufgabe. Wenn Sie die Moderationskarten aufhängen, können Sie sie gleich clustern, sonst muss es im Nachhinein erfolgen.

Quelle

▶ Wellensiek, Sylvia Kéré: 75 Bildkarten zum Resilienztraining. Weinheim, Beltz Verlag.

Lernziele

Erläuterungen

Das Thema Resilienz hat viel mit der eigenen Persönlichkeit der Teilnehmenden zu tun. Um hier eine Brücke zu bauen, ist es hilfreich, darzustellen wie sich ein persönlicher Lernprozess gestalten kann. Eine mögliche Visualisierung könnte wie folgt aussehen:

Abb.: Entwicklungsprozess oder Prozess des Lernens

Beim Lernprozess geht es um die Wertschätzung dessen, was die Teilnehmenden bereits gemeistert haben. Das bedeutet, beim Punkt Reflexion mit unterschiedlichen Übungen auf vergangene Ereignisse zu schauen und die eigenen Stärken zu erkennen. Bei der Entwicklung werden die Teilnehmenden durch frische Impulse, Fragestellungen und Austausch zu neuen Erkenntnissen angeregt. Das Wachsen erfolgt, indem jeder Teilnehmende selbst auswählt, welche Inhalte zu ihm passen und ausprobiert, was später für ihn ein Ansatz zum „Wachsen" sein könnte. Was ist es, was ihm guttut? Es darf bei jedem Teilnehmenden ein anderer Impuls sein, da wir unterschiedliche Bedürfnisse haben.

Vorgehen

Stellen Sie mit Ihren Worten den Prozess des Lernens vor. Nutzen Sie dabei auch Beispiele zum besseren Verständnis.

Intro-Vorschlag

„Sie sind individuelle Persönlichkeiten, an die das Leben schon die unterschiedlichsten Herausforderungen gestellt hat. Sie haben eigene Strategien zur Bewältigung bereits erfolgreich angewandt. Mithilfe des hier vorgestellten Prozesses lernen Sie, diese Fähigkeiten zu erkennen, sodass Sie sie bei zukünftigen Herausforderungen nutzen können. Unter dem Punkt ‚Reflexion' lade ich Sie immer wieder ein, zu verschiedenen Fragestellung auf für Sie herausfordernde Lebenssituationen zu schauen. Es geht dabei nicht immer um dramatische Krisen. Es sind oft die kleinen unerwarteten Heraus-

forderungen, die es gilt, zu bewältigen. Eine beispielhafte Reflexionsfrage könnte hierzu sein: Welche Ressourcen nutzen Sie dabei bereits? Wenn wir über Entwicklung sprechen, sprechen wir von Übungen und Wissen, welches Ihnen helfen kann, einen veränderten Blick auf Situationen Ihres Alltages zu werfen. Vielleicht verstehen Sie aber auch Zusammenhänge und warum Ihr Verhalten so ist, wie es ist. Bei dem Punkt des Wachsens wird es sehr individuell sein, was Ihnen in der Weiterentwicklung Ihrer ganz persönlichen Resilienz hilft. Wichtig ist es hier auch, sich Bestätigung zu holen. Für sich festzustellen: ‚In diesem Punkt bin ich bereits gut aufgestellt und meistere meine Herausforderungen.'"

Unser Umgang miteinander

Erläuterungen

Die Gestaltung des Lernprozesses hängt auch vom Umgang miteinander ab. Den Begriff „Spielregeln", der oft in diesem Kontext verwendet wird, vermeide ich bewusst, da es nicht darum geht, miteinander ein Spiel zu gestalten oder zu meistern, sondern es geht darum, Wertschätzung auszudrücken und Entwicklung zu fördern.

Vorgehen

Erarbeiten Sie mit den Teilnehmenden Grundlagen für die Zusammenarbeit. Erste Punkte, die Ihnen besonders wichtig sind, wie „Freiwilligkeit" und „Vertraulichkeit" sollten Sie bereits auf dem Flipchart notiert haben und kurz erläutern. Im Anschluss fragen Sie die Teilnehmenden, welche Punkte ihnen noch wichtig sind. Hier kommen oft Impulse wie „Respekt", „Offenheit", „Ausreden lassen" oder „Akzeptanz". Bevor Sie die Teilnehmenden zum Commitment zu den Vereinbarungen bitten, empfehle ich, noch den Punkt „Störungen haben Vorrang" zu ergänzen und die Bedeutung zu erläutern.

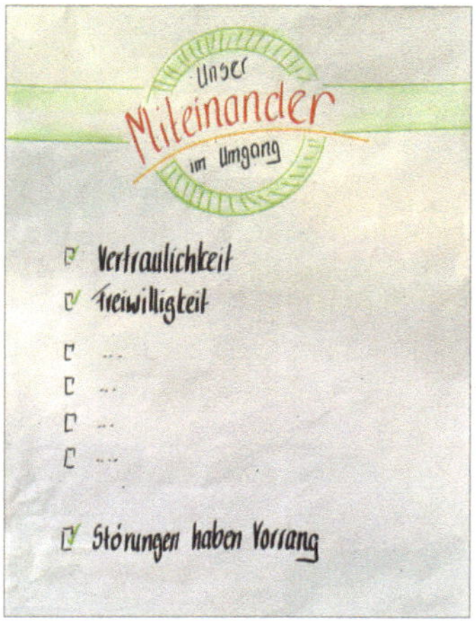

Abb.: Unser Miteinander

Intro-Vorschlag

„Mir ist es wichtig, dass wir eine Basis für unsere Zusammenarbeit in den nächsten zwei Tagen haben. Daher habe ich schon zwei elementare Begriffe hier notiert. Vertraulichkeit in unserem Austausch gibt Ihnen die Möglichkeit, wirklich offen Ihre Themen zu benennen. Nur so haben wir die Chance, Sie unterstützen zu können. Und daran knüpft der nächste Punkt, Freiwilligkeit, an. Sie entscheiden, was Sie hier von sich preisgeben möchten. Sollte daher ein methodischer Ansatz für Sie nicht stimmig sein, sprechen Sie dies

bitte an. Das Seminar soll Sie in Ihrer Entwicklung unterstützen. Welche Aspekte sind Ihnen noch wichtig?" (Sammeln Sie jetzt die Aussagen und geben Sie den Teilnehmenden dafür auch ein wenig Zeit. Lassen Sie gerne erläutern, was genau die Teilnehmenden unter ihrem Punkt verstehen.) *„Als letzten Punkt möchte ich noch ergänzen ‚Störungen haben Vorrang'. Dieser Punkt ist mir wichtig, da es sein kann, dass Sie in folgende Situationen kommen, wie z.B.: Sie erhalten einen wichtigen Geschäftsanruf, Ihr Kind ist krank oder Sie haben persönliche Irritationen, z.B. verstehen Sie eine Aufgabenstellung nicht oder fühlen sich mit der Aufgabe nicht wohl oder Sie brauchen eine Pause. Dann äußern Sie dies bitte. Sie sollen sich wohlfühlen, damit Sie Lust auf neue Erkenntnisse haben."*

Leiten Sie dann zu den nächsten Punkten im Seminarfahrplan über.

Agenda

Erläuterungen

Die Vorstellung der Agenda für die zwei Tage schließt den Part „Ankommen und Kennenlernen" ab. Sie haben hier die Möglichkeit, die Wünsche der Teilnehmenden in Bezug zu den Themen zu setzen und geben ihnen damit Motivation und Sicherheit.

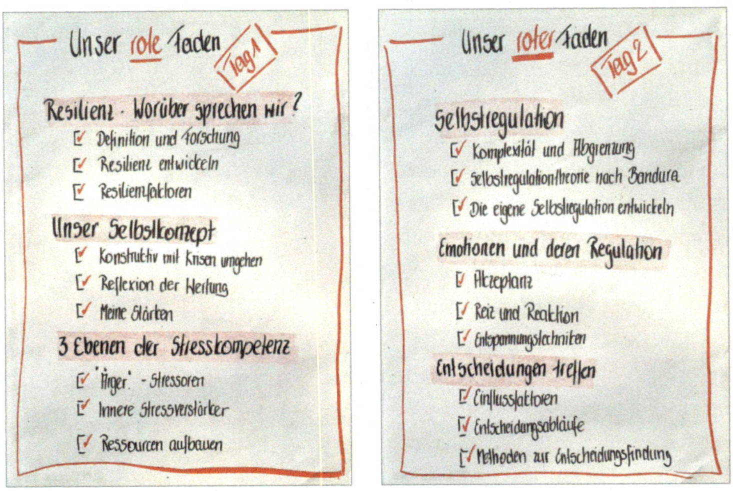

Abb.: Beispiel einer Agenda für Tag 1 und Tag 2 des Seminars

Intro-Vorschlag

„Nun komme ich zu dem, was Sie inhaltlich die nächsten zwei Tage erwartet. Die Umsetzung des Wie hatten wir ja bereits besprochen. Die Pausen sind wie folgt vorgesehen: 10:45 Uhr – 15 Minuten, 12:30 Uhr – 45 Minuten und 14:15 Uhr – 15 Minuten. Dabei handelt es sich um ungefähre Angaben. Ich

habe immer ein Auge auf die Abläufe und unser Miteinander und werde die Planung ggf. daran anpassen. Und falls Sie zwischendurch mal eine Pause benötigen, geben Sie mir bitte einen Hinweis. Wir starten gleich mit unserem ersten Punkt der Agenda ‚Resilienz – Worüber sprechen wir?'" Stellen Sie dann auch die weiteren Punkte der Agenda vorab kurz vor.

Hinweis

Die Vorstellung der Agenda können Sie vielfältig gestalten. Sie können mit Moderationskarten arbeiten, Zeiten notieren oder auch mit kleinen Icons/Zeichnungen die Gestaltung vornehmen. Die Aufteilung in je drei Oberthemen pro Tag mit wiederum jeweils drei Unterpunkten hat sich als leicht zu merkende Denkstruktur bewährt (Dreiertakt, Seite 189). Sie bringen die Inhalte damit klar auf den Punkt und haben eine strukturierte und nachvollziehbare Agenda.

Resilienz – Worüber sprechen wir?

09:45 Uhr

Orientierung

Ziele
- Basis legen mit einer gemeinsamen Definition
- Gedankenaustausch über die Beweggründe der Auseinandersetzung mit Resilienz
- Verdeutlichen, was es bedeutet, Resilienz zu entwickeln

Zeit
- 15 Minuten

Material
- Je nach Möglichkeit und eigener Präferenz Flipcharts oder PowerPoint-Folien
- Ein Schwamm, um die Definition von Resilienz in der Materialkunde zu veranschaulichen

Erläuterungen

Der Einstieg über verschiedene Begriffsdefinitionen zum Thema Resilienz bildet die Grundlage, auf die im weiteren Verlauf des Seminars aufgebaut wird.

Vorgehen und Intro-Vorschläge

Starten Sie auf der ersten PowerPoint-Folie (oder dem ersten Flipchart) mit der Frage „Warum sprechen wir über Resilienz?" und regen Sie so die Teilnehmenden an, sich auf ihr Ziel zu fokussieren und sich zu überlegen, was sie mit dem Seminar erreichen wollen bzw. woran sie Veränderungen erkennen werden. Die rhetorische Frage dient als Überleitung zu den Definitionen von Gesundheit und Resilienz sowie zum Thema Resilienzentwicklung.

„Ich möchte mit Ihnen mit dem Aspekt der Gesundheit in das Thema einsteigen und anschließend die Verbindung zur Resilienz herstellen. Was ist die Definition vom modernen Verständnis von Gesundheit aus der sozialwissenschaftlichen Forschung? Die Definition lautet wie folgt:"

> *„Zustand des objektiven und subjektiven Befindens einer Person, der gegeben ist, wenn diese Person sich in den physischen, psychischen und sozialen Bereichen ihrer Entwicklung im Einklang mit den eigenen Möglichkeiten und Zielvorstellungen und den jeweils gegebenen äußeren Lebensbedingungen befindet."*
> Prof. Dr. rer. pol. Klaus Hurrelmann,
> deutscher Soziologe und Erziehungswissenschaftler

Leiten Sie von der Gesundheitsdefinition zum Thema Resilienz über:

„Die Verknüpfung zur Resilienz liegt dabei in den Möglichkeiten zur Bewältigung der belastenden Lebensbedingungen. Was trägt dazu bei, widerstandsfähig zu sein? Welcher persönlichen Eigenschaften bedarf es? Wie kann ich für mich selbst Resilienz entwickeln und meine psychische Gesundheit stärken? Welche Muster und Angewohnheiten gilt es loszulassen und durch neue sinnvollere Handlungsmöglichkeiten zu ersetzen? Bei der Entwicklung von Resilienz geht es weniger um Verhaltensweisen als vielmehr um die innere Haltung eines Menschen. Resilienztraining ist daher auch Persönlichkeitsentwicklung."

Im Anschluss daran stellen Sie die Ursprungsdefinition von Resilienz aus der Werkstoffkunde vor sowie eine alltägliche Definition aus dem Sprachgebrauch.

„Was bedeutet das in Bezug auf Resilienzentwicklung und worüber sprechen wir dabei? Der Ursprung der Resilienz stammt aus der Werkstoffkunde und steht für Spannkraft." (Zeigen Sie jetzt ein Bild oder nutzen Sie gerne einen Schwamm oder Ball zur Vorstellung. Es geht darum, dass der Gegenstand nach der Belastung, dem Zusammendrücken, wieder in die Ursprungsform zurückgeht.) *„Resilienz wird als Synonym verwendet und steht in Kurzform für Widerstandskraft, Belastbarkeit und/oder Elastizität."*

Hier haben Sie die Möglichkeit, eine eigene Definition vorzustellen oder ein Zitat zu nutzen (siehe auch Seite 19 f), z.B.:

> *„Der Begriff Resilienz (aus dem Englischen: resilience = Spannkraft, Strapazierfähigkeit, Elastizität) bezeichnet die psychische Widerstandsfähigkeit. Bei Kindern und Jugendlichen meint Resilienz eine gesunde und altersgemäße Entwicklung trotz ernsthafter Gefährdungen im Sinne von ungünstigen Lebensumständen oder kritischen Lebensereignissen. Im Erwachsenenalter wird die erfolgreiche Bewältigung stressreicher und potenziell traumatischer Ereignisse als Zielgröße betrachtet."*
>
> Definition der Bundeszentrale für gesundheitliche Aufklärung

Die spannendste Frage für die meisten Teilnehmenden lautet: Wie kann es gelingen, die eigene Resilienz zu entwickeln und zu stärken, um aktiv den heutigen Herausforderungen zu begegnen? Wichtig ist hier, den Teilnehmenden zu vermitteln, dass es sich nicht um einen abgeschlossenen Prozess oder Zustand handelt, sondern dass es darum geht, sich immer wieder neu zu fokussieren und achtsam auf die eigene Entwicklung zu blicken. Resilienz zu entwickeln bedeutet, einen dynamischen Prozess zu gestalten, der zwischen den persönlichen Fähigkeiten und den Anforderungen unseres Alltags und der Umwelt erfolgt. Dabei kann es sein, dass es Lebensbereiche oder -phasen gibt, in denen sich der Mensch selbst als mehr resilient erlebt oder auch mal als weniger resilient. Dies hängt auch immer damit zusammen, um welche Art und Dauer von Belastungen es sich handelt.

Resilienz entwickeln, bedeutet daher, immer wieder erneut …

- den eigenen Standort zu bestimmen und die eigenen Rollen zu klären
- Handlungsspielräume zu schaffen und zu nutzen
- für Lebensbalancen und ein gutes Energielevel zu sorgen
- die eigenen Stärken und Ressourcen zu kennen
- ein gesundes Selbstwertgefühl zu entwickeln

„Resilienz hat in der Wissenschaft eine kontinuierliche Weiterentwicklung erlebt und wird dabei unter unterschiedlichen Aspekten und Fragestellungen beleuchtet. Im Kern geht es dabei immer darum, Methoden und Ansätze zu finden, Resilienz zu entwickeln. Welche Aspekte spielen bei der Entwicklung der eigenen Resilienz eine Rolle?" (Jetzt können Sie die obenstehende Auflistung verwenden oder eigene Aspekte einfügen).

Runden Sie den Themenblock im nächsten Punkt mit einer Reflexion der individuell bereits vorhandenen Resilienzfaktoren ab.

Quellen

- https://www.haufe.de/personal/haufe-personal-office-platin/gesundheit-1-unterschiedliche-definitionen-und-kriterien_idesk_PI42323_HI2645335.html (abgerufen am 15.08.2023)
- https://www.aerzteblatt.de/archiv/200707/Zusammenhang-von-Resilienzund-psychischer-Gesundheit-bei-koerperlichen-Erkrankungen (abgerufen am 15.08.2021)
- https://leitbegriffe.bzga.de/alphabetisches-verzeichnis/resilienz-und-schutzfaktoren/ (abgerufen am 19.08.2021)

10:00 Uhr

Reflexion: „Was macht mich stark?"

Orientierung

Ziele

- Reflexion der eigenen vorhandenen Resilienzfaktoren
- Bewusstseinsentwicklung für die eigenen Bedürfnisse
- Stärkung des Selbstbewusstseins

Zeit

- 45 Minuten

Material

- Arbeitsblatt und/oder Flipchart mit den Fragestellungen
- Moderationskarten und Stifte für die Teilnehmenden

Download: Was macht mich stark?

Erläuterungen

In dieser Übung geht es darum den Teilnehmenden durch verschiedene Schritte – von der Einzelreflexion bis zum Austausch in der Gruppe – bewusst zu machen, wo bereits ihre persönlichen Stärken liegen. Die Teilnehmenden reflektieren für sich herausfordernde Lebenssituationen und wie es ihnen gelungen ist, diese zu überwinden, d.h., welche Fähigkeiten sie angewandt haben, um für sich Lösungen zu finden.

Die Umsetzung erfolgt mit dem „Schneeballverfahren", was bedeutet, zuerst viele Aspekte und Meinungen zu einem Thema zu sammeln und diese dann im Gruppenkonsens zu reduzieren und die für die Gruppe relevantesten zu identifizieren.

In einem ersten Schritt wird jedem Teilnehmenden Zeit für sich gegeben, um drei Fragestellungen zum Umgang mit herausfordernden Situationen selbst zu reflektieren. Da es aber einigen leichter fällt, dies aktiv im Gespräch zu tun, folgt in einem zweiten Schritt der Austausch in Zweiergruppen. Wichtig ist, dass die Teilnehmenden selbst zusammenfinden. Dieser erste Dialog stärkt die Zusammenarbeit und zeigt Teilnehmenden: „Ich bin nicht allein." Oft erlebe ich sehr intensive Gespräche und Austausche auch noch nach der Übung in den Pausen. In Schritt 3 erfolgt dann die Komprimierung auf die wesentlichsten Punkte, die dokumentiert werden. Diese Dokumentation wird im nächsten Übungsschritt aufgegriffen und die Teilnehmenden werden in Bezug auf ihre eigenen Resilienzfaktoren gestärkt. In den jeweiligen Übungsschritten entscheiden die Teilnehmenden jeweils für sich, wie weit sie sich nach außen öffnen wollen und welche persönlichen Lebensereignisse sie als Beispiele nutzen. So können sie für sich den persönlichen Betroffenheitsgrad steuern, was in Unternehmenskontexten wichtig ist.

Intro-Vorschlag

„Sie alle haben schon viele Erfahrungen gemacht und sicherlich die ein oder andere herausfordernde Lebenssituation gemeistert. Um herauszufinden, über welche Stärken Sie bereits verfügen, lade ich Sie ein, die drei Fragestellungen

- *Was bedeutet es für mich, konstruktiv mit Krisen umzugehen?*
- *Was war für mich in der jeweiligen Situation/Veränderung bedeutsam/wichtig?*
- *Welche meiner Stärken habe ich in der jeweiligen Situation genutzt?*

mit einem besonderen methodischen Ansatz zu bearbeiten. Wie gehen wir vor?

***Schritt 1:** Versetzen Sie sich erneut in eine für Sie besondere Situation und notieren Sie Ihre Erkenntnisse zu den Fragestellungen. Der Zeitrahmen dafür beträgt 10 Minuten.*

***Schritt 2:** Suchen Sie sich einen Partner oder eine Partnerin und tauschen Sie sich zu Ihren Erlebnissen, Erfahrungen und Fähigkeiten aus. Achten Sie bitte darauf, dass jeder von Ihnen einen entsprechenden Raum bekommt für seinen Beitrag. Der Zeitrahmen hierfür beträgt 20 Minuten.*

***Schritt 3:** Finden Sie sich jetzt in zwei bis drei Großgruppen zusammen und notieren Sie innerhalb der Gruppen auf Moderationskarten, welche Aspekte Ihnen geholfen haben, Ihre schwierigen Lebenssituationen zu meistern. Verwenden Sie bitte für jeden Aspekt eine Moderationskarte. Das Zeitfenster für diesen Austausch beträgt 10 Minuten.*

Anschließend machen wir eine Pause von 15 Minuten, bis 11:00. Die Karten legen Sie bitte beiseite, sie kommen nach der Pause zum Einsatz.

Gibt es zum Vorgehen von Ihrer Seite noch Fragen? Ich achte auf die Zeit und informiere Sie, wenn der nächste Schritt erfolgen soll. Nutzen Sie für

Ihre ganz persönlichen Notizen das Arbeitsblatt mit den Fragestellungen. Ich wünsche Ihnen einen guten Austausch und bin gespannt auf Ihre Erfahrungen und Rückmeldungen."

Quelle

- https://www.methodenkartei.uni-oldenburg.de/methode/schneeballmethode/ (abgerufen am 15.08.2021)

10:45 Uhr – 11:00 Uhr

– Kaffeepause –

11:00 Uhr

Trainerinput: Resilienz und Forschung

Orientierung

Ziele

- Kauai-Studie als Basis vorstellen
- Die Entwicklungsstufen der Resilienzforschung erläutern
- Die sieben Resilienzfaktoren vorstellen
- Bewusstsein stärken für die eigene vorhandene Resilienz
- Sensibilisieren für eine persönliche Weiterentwicklung

Zeit

- 75 Minuten

Material

- PowerPoint-Folien und/oder Flipcharts
- Große Pappschilder und/oder Tischkarten
- Überschrift für die Pinnwand: „Resilienzfaktoren – Was macht mich stark"
- Moderationskarten und Stifte für jede Gruppe

Erläuterungen

Diesen Part können Sie vielfältig gestalten, je nachdem welche Möglichkeiten Ihnen vor Ort zur Verfügung stehen oder womit Sie sich gerade am wohlsten fühlen. Wenn Sie Lust auf Inszenierung haben und die Resilienzfaktoren „im Raum" haben wollen, bieten sich große Pappschilder (Foam Boards) mit Zeichnungen an. Die Zeichnungen stellen in ihrer Symbolik den Kern des jeweiligen Resilienzfaktors dar. Hier können Sie Ihrer Kreativität freien Lauf lassen. Der Klassiker dagegen ist eine Präsentation mit PowerPoint-Folien. Eine Kombination aus beiden Varianten macht das Seminar erfahrungsgemäß lebendiger.

Abb.: Pappschilder (Foamboards) zu den Resilienzfaktoren

Vorgehen

Als Einstieg in den Theoriepart eignet sich z.B. das Modell der sieben Resilienzfaktoren von Emmy Werner und Ruth Smith. Stellen Sie zunächst z.B. anhand der unten genannten Schlagwörter die Eckdaten und Kernpunkte der Kauai-Studie (siehe auch Seite 22 f) vor und erläutern Sie, weshalb das Modell Relevanz hat bzw. was die Vorzüge des Modells sind.

Die Kauai-Studie

- Langzeitstudie über 40 Jahre von Emmy Werner und Ruth Smith
- Stichprobe: 698 Kinder (Jahrgang 1955)
- Ein Drittel der Kinder, die erheblichen Risiken ausgesetzt waren, entwickelten sich zu zuversichtlichen und leistungsstarken Erwachsenen
- Aus dem Studienergebnis entstand das theoretische Modell der Resilienz

Relevante Kernpunkte:
- **Langfristige Perspektive:** Die Kauai-Studie verfolgte die Lebensverläufe der Teilnehmenden über 40 Jahre, was eine langfristige Perspektive auf Resilienz ermöglicht.
- **Vielfältige Faktoren:** Die Studie berücksichtigt eine Vielzahl von Faktoren, einschließlich individueller, familiärer und sozialer Einflüsse, die zur Entwicklung von Resilienz beitragen.
- **Praxisnahe Implikation:** Die Ergebnisse bieten praktische Anwendungen für die Förderung von Resilienz in verschiedenen Lebensbereichen, sowohl auf individueller als auch auf organisatorischer Ebene.

Führen Sie anschließend die vier Entwicklungsstufen der Resilienzforschung an. Danach werden die sieben Resilienzfaktoren nach dem Modell von Emmy Werner erläutert. Unter dem Aspekt „Was macht mich stark?" erfolgt zum Schluss die Einordnung der Moderationskarten aus der Gruppenarbeit (Seite 82 ff) zu den sieben Resilienzfaktoren.

Intro-Vorschlag

„Grundsätzlich ist Resilienz oder was darunter verstanden wird so alt wie die Menschheit selbst, denn es gab schon immer Bedrohungen, Krisen und Probleme, die es zu bewältigen galt. Systematisch wissenschaftlich erforscht wird Resilienz dagegen erst seit Mitte des letzten Jahrhunderts. Die leitenden Fragestellungen dabei waren, ‚Welche Faktoren sind es, die Menschen stärken?' und ‚Warum gelingt es einigen Menschen, sogar gestärkt aus Krisen und Schicksalsschlägen hervorzugehen?'.

Auf verschiedene einzelne Studien möchte ich an dieser Stelle nicht eingehen, sondern ich möchte Sie mitnehmen auf die Hawaiinsel Kauai, wo die US-amerikanische Entwicklungspsychologin Emmy Werner mit ihrem Team eine 40-jährige Langzeitstudie durchgeführt hat. Dabei wurden alle 698 Kinder des kompletten Jahrgangs 1955 untersucht und diversen Tests in verschiedenen Lebensphasen unterzogen. Emmy Werner gilt als Pionierin der Resilienzforschung und ihre Studie ist die wohl bekannteste im Bereich der Resilienz, daher habe ich mich für dieses Modell entschieden. Kernergebnis der Studie ist, dass es einem Drittel der Kinder, die unter biologischen oder sozialen Risikofaktoren wie Armut, Krankheit, Drogensucht der Eltern oder geringer Bildung aufgewachsen sind, trotzdem gelungen ist, ein erfolgreiches und zufriedenes Leben für sich als Erwachsener aufzubauen. Aus dem Ergebnis der Studie entstand das theoretische Modell der Resilienz mit den sieben Faktoren.

Bevor ich Ihnen diese sieben Faktoren vorstelle, möchte ich noch einen Blick auf die weiteren Entwicklungsschritte der Resilienzforschung mit Ihnen werfen. Wie Sie anhand der Kauai-Studie erkennen können, befasste sich Resilienzforschung ursprünglich damit, wie Kinder es schaffen, trotz widriger Lebensbedingungen sozial kompetent und gesund heranzuwachsen. Im Laufe der Zeit verschob sich der Fokus aber immer mehr auf die Arbeitswelt, wo es gilt, die zunehmenden Belastungen zu meistern. Wie gelingt es uns, sowohl das Privatleben als auch das Berufsleben resilienter, stressfreier und damit gesünder zu gestalten?

Wir sprechen aktuell von vier Entwicklungsstufen der Resilienzforschung. Schauen wir uns die Stufen kurz an.

- ***Stufe 1:** Was ist Resilienz und wie kann man sie messen?*
- ***Stufe 2:** Wie kommt es zu Resilienz? Welche Einflüsse wirken sich als Schutz aus?*
- ***Stufe 3:** Suche nach Möglichkeiten der Präventionsmaßnahmen zur Förderung der Resilienz*
- ***Stufe 4:** Erforschung der Einflussfaktoren auf die menschliche Anpassung*

Diese Entwicklung macht deutlich, warum Resilienz mehr und mehr Einzug hält in das betriebliche Gesundheitsmanagement. Betrachten wir unseren privaten und beruflichen Alltag, so stellen wir eine immer schneller werdende Taktgeschwindigkeit fest, mit der wir uns auseinandersetzen müssen. Die Einflüsse, denen wir uns ausgesetzt sehen, werden immer komplexer und unvorhersehbarer. Jeder und jede Einzelne von uns ist mehr und mehr auf sich selbst zurückgeworfen und muss die eigenen Stärken und Ressourcen kennen, um sich gut aufstellen zu können für den Umgang mit den alltäglichen und den besonderen Herausforderungen."

Methodischer Hinweis

Ob Sie die Entwicklungsstufen (Seite 23 f) vorstellen oder nicht, liegt in Ihrer Entscheidung. Für die Lerntypen „Warum" und „Was" (Seite 67) bieten Sie an dieser Stelle einen Mehrwert, der oft noch nicht so bekannt ist in der öffentlichen Auseinandersetzung mit dem Thema. Im weiteren Vorgehen bietet es sich an, die verschiedenen Resilienzfaktoren vorzustellen. Wenn Sie Fragestellungen und Beispiele mit dem jeweiligen Faktor verbinden, lassen sich die Teilnehmenden gut einbinden. Für die einzelnen Resilienzfaktoren erhalten Sie im Folgenden kurze Moderationsvorschläge. Ergänzend können Sie für die Entwicklung Ihrer Präsentation die Informationen ab Seite 33 nutzen. Sie entscheiden, inwieweit Sie in die Tiefe gehen, welche Aspekte Sie ansprechen und was Ihre Teilnehmenden benötigen. Wählen Sie am besten Beispiele aus Ihrem persönlichen Lebensbereich, da dies authentischer wirkt.

Die sieben Resilienzfaktoren

Stellen Sie den Teilnehmenden nun die sieben Resilienzfaktoren vor:

- Optimismus
- Akzeptanz
- Lösungsorientierung
- Selbstregulation
- Selbstverantwortung
- Netzwerkorientierung
- Zukunftsorientierung

Optimismus
Intro-Vorschlag

„Starten möchte ich mit dem aus meiner Sicht grundlegenden, wichtigsten Faktor, dem Optimismus. Welches Bild kommt Ihnen spontan in den Sinn, wenn Sie an Optimismus denken? Ich habe dann das Bild von einem Glas vor Augen. (Halten Sie hier ein Glas Wasser, welches halb gefüllt ist, in der Hand. Sie können auch ein Bild nutzen.) *Je nach Betrachtungsweise ist das Glas halb voll oder halb leer. Was bedeutet dies in Bezug auf Optimismus? Es geht darum, wie wir auf Ereignisse schauen und welche Einschätzungen wir*

vornehmen. Sehen wir uns in der Lage, die Herausforderungen zu meistern oder sind wir eher in der Problemstellung verhaftet? Unsere Haltung zu den Ereignissen entscheidet über unsere Reaktion und den weiteren Umgang mit der Situation. Schnell merken Sie Optimismus in der Wahl der Sprache. Hören Sie sich selbst eher sagen ‚Das wird schon' oder eher ‚Das gelingt doch niemals'? Anhand der Wortwahl können Sie schon erkennen, ob Sie der Umsetzung eine Chance geben oder nicht."

Methodische Hinweise

Wenn möglich, habe ich tatsächlich ein Glas gefüllt mit Wasser vor mir stehen und halte dieses entsprechend vor mir hoch.

Weitere mögliche Fragestellungen zur persönlichen Einstellung können sein:

- Denken Sie eher an Probleme und Konsequenzen oder denken Sie eher an den Reiz einer neuen Aufgabe?
- Belasten Sie neue Anforderungen oder überlegen Sie, wie Sie bereits ähnliche Aufgaben gelöst haben?
- Fühlen Sie sich eher unter Druck gesetzt oder freuen Sie sich über die mit einer neuen Aufgabe verbundene Wertschätzung?

Akzeptanz
Intro-Vorschlag

„Wir können in unserem Leben nicht alles kontrollieren. Akzeptanz hilft uns dabei, Gelassenheit zu entwickeln. Von allen Resilienzfaktoren fällt Akzeptanz den meisten Menschen am schwersten.

Worum geht es? Es geht darum, genau hinzuschauen, achtsam zu sein für das, was mit mir passiert, wenn unerwartete Ereignisse auftreten. Welche Emotionen werden ausgelöst und wie gehe ich damit um? Oft gehen wir schnell in eine Bewertung der Situation, die dann in Wut oder Ärger endet, weil wir von Reaktionen anderer Menschen enttäuscht sind. Weil Ergebnisse nicht so sind, wie wir es uns wünschen. Innerlich ‚STOPP!' zu sagen und sich mit Distanz das Geschehene anzuschauen, ist eine gute Möglichkeit, den Umgang mit Situationen zu ändern. Hinzuschauen. Sich zu fragen: ‚Was macht es mit mir? Was löst es aus in mir?' Wichtig ist es, Gefühle auch zuzulassen. Akzeptanz bedeutet jedoch nicht, mit allem einverstanden zu sein. Nehmen Sie eine Bestandsaufnahme vor, um Veränderungen zu gestalten. Die Akzeptanz ist das Fundament für zukünftig lösungsorientiertes Handeln. Akzeptanz hilft mir, nicht in den Widerstand zu gehen und damit unnötig Energie zu verbrauchen. Akzeptanz ermöglicht mir das Loslassen von dem, was ich nicht ändern kann. Ich kann meine Haltung und meine Einstellung dazu verändern. Heute werden wir noch tiefer in das Thema Akzeptanz einsteigen und ich stelle Ihnen später die 5-A-Strategie vor."

Methodische Hinweise

Sie können hier verschiedene Beispiele für Situationen einbringen, in denen Gelassenheit und Akzeptanz gefragt sind:

- Sie haben einen Ausflug geplant und jetzt beginnt es zu regnen.
- Sie stehen im Stau und haben gleich ein wichtiges Meeting, in dem Ihre Informationen eine hohe Bedeutung für die Entscheidungen haben.
- Sie haben sich beworben und erhalten eine Absage.

Verknüpfen Sie gern die Beispiele mit Fragen:
- Welche ähnlichen Situationen kennen Sie? Was passiert dann?
- Wie reagieren Sie, wenn die Dinge nicht so laufen, wie Sie sich das wünschen?
- Welche Rolle spielen vielleicht auch bisherige Erfahrungen in der Situation?

Lösungsorientierung
Intro-Vorschlag

„Mit der Lösungsorientierung erleben wir das Zusammenspiel der Resilienzfaktoren Optimismus und Akzeptanz. Wenn ich die Situation angenommen habe und generell davon ausgehe, dass Veränderung möglich ist, kann ich jetzt in die Veränderung gehen. Um für Veränderung zu sorgen, gibt es verschiedene Möglichkeiten der Auseinandersetzung mit Herausforderungen und der Lösungssuche. Wichtig ist es, im Vorfeld seine eigenen Wünsche und Bedürfnisse zu reflektieren, um zu wissen wohin die Veränderung gehen soll. Auch in diesem Bereich werde ich Ihnen nachher eine Übung vorstellen und wir können sie gern auf konkrete Beispiele von Ihnen anwenden."

Methodische Hinweise

Bei der Vorstellung der Lösungsorientierung können Sie sich kurzfassen, da im Training später dazu eine aktive Übung durchgeführt wird. Hier jedoch noch ein paar Fragestellungen an die Teilnehmenden zur Einleitung in die Lösungsorientierung an dieser Stelle:

- Fällt es Ihnen leicht, unkonventionell zu denken und nach neuen Lösungen zu suchen?
- Muss es sofort die ‚richtige' Lösung sein oder gestehen Sie sich auch Fehler zu?
- Benötigen Sie für die Analyse und Entscheidungsfindung viel Zeit oder finden Sie schnell Ideen und treffen mutig Entscheidungen?

Selbstregulation
Intro-Vorschlag

„Wie sieht es bei Ihnen aus? Geraten Sie schnell aus der Fassung? Wenn ja, wie gelingt es Ihnen, wieder in die Balance zu kommen? Die Selbstregulation oder auch Emotionssteuerung ist ein spannendes und herausforderndes Thema. Wie oft erleben wir Situationen im Alltag, in denen wir die Balance verlieren und uns vielleicht nicht angemessenen ausdrücken oder verhalten? Selbstregulation hat damit zu tun, den kleinen Moment abzupassen, in dem wir zwischen Reiz und Reaktion wählen können. Wo wir uns nicht von unseren Emotionen steuern lassen, sondern wo wir Bewertungen und Einschätzungen reflektieren und hinterfragen und uns den Moment Zeit nehmen, einmal tief durchzuatmen und dann erst zu handeln. Wünschenswert ist an dieser Stelle,

eine generell gute emotionale Kompetenz zu haben, die sich im eigenen Emotionsausdruck und im Erkennen von Emotionsausdrücken anderer Personen zeigt sowie im Wissen über Emotionen, in Verständnis für sich und andere und in selbstgesteuerter Regulation. Wie Sie wieder in eine gute Balance kommen, dazu möchte ich im Laufe des Trainings kurz- und langfristige Methoden mit Ihnen sammeln und an der ein oder anderen Stelle auch ausprobieren."

Methodische Hinweise

Dieser Themenbereich ist für die meisten Teilnehmenden ein wichtiger und zentraler Punkt in der Wunschliste. Für uns als Trainierende ist es eine Herausforderung, das doch recht komplexe Vorgehen im menschlichen Gehirn und Körper gut verständlich rüberzubringen und die Vielschichtigkeit des Themas zu komprimieren. Ich nutze im späteren Prozess dazu gern ein kleines YouTube-Video, das die Komplexität gut zusammenfassend darstellt. Das hat ferner den Vorteil, dass sich die Teilnehmenden das Video später noch mal ansehen und die Inhalte in Erinnerung rufen können.

Wenn Sie gern mit einem Bild oder mit einem haptischen Gegenstand arbeiten, bietet sich das Bild oder Modell einer Figur an, welche einen Stab in den Händen hält, auf einer Säule steht und versucht, die Balance zu finden. Tippen Sie die Figur an, dann wackelt sie erst hin und her und findet dann langsam wieder in die Balance und Ruhe zurück.

Mögliche Fragestellungen an die Teilnehmenden, die Sie zur Vorstellung des Faktors Selbstregulation nutzen können:

- Kennen Sie Ihre Hot Buttons bzw. auslösende Faktoren für die Emotion?
- Ist Ihnen bewusst, welche Bedürfnisse/Werte gerade verletzt wurden?
- Nehmen andere Einfluss auf Ihre Stimmung oder können Sie sich gut abgrenzen?

Selbstverantwortung

Intro-Vorschlag

„Wie können wir selbst-wirksam für uns werden? Das können wir, indem wir Selbstverantwortung übernehmen. Was auch immer uns an Herausforderungen oder Widrigkeiten begegnet, wir haben die Wahl, wie wir darauf reagieren und damit umgehen wollen. Wichtig ist, dass wir uns nicht abhängig machen von Meinungen, Stimmungen und Gefühlen anderer. Wenn wir das tun, kommen wir schnell in eine Opferrolle und handeln nicht mehr eigenverantwortlich. Eigenverantwortlich zu handeln, bedeutet – wenn wir uns das Wort mal genauer anschauen –, eigene Antworten zu finden für den Umgang mit den Herausforderungen. Für sich nach Handlungsalternativen zu suchen, was manchmal Mut, Kraft und Ausdauer kostet. Es geht darum, Entscheidungen im Sinne unserer Ziele, Wünsche und Bedürfnisse zu treffen und uns auf den Weg zur Veränderung zu machen."

Methodische Hinweise

Viele Menschen sind sich oft nicht bewusst, wie schnell sie anderen die Schuld für ihre Launen, für ihr Verhalten oder für ihre Lebensumstände geben. Natürlich erfordert es viel Kraft, immer bei sich zu sein und sich seiner Entscheidungen oder auch nicht getroffenen Entscheidungen und deren Konsequenzen bewusst zu sein. Jedoch kann ich bereits morgens entscheiden, ob ich mir selbst ein Lächeln im Spiegel schenke oder ob ich mich klein mache. Oft sind es diese kleinen Dinge, die uns Kraft geben, den Blick auf die Dinge verändern und die eigene Stimmung verbessern. Allein damit besteht die Chance, andere Bewältigungsmuster zu etablieren und nicht in der Opferrolle zu verharren.

Eine Idee für ein Bild zu dieser Thematik ist z.B. ein Mensch, der eine Hantel stemmt. Anpacken und Stemmen der Aufgabe. Dabei kann eine Hantel schwer sein und oder auch weniger Gewicht haben, so wie unsere Herausforderungen im Leben auch variieren.

Mögliche Fragen an die Teilnehmenden können sein:

- Nehmen Sie die Dinge in die Hand und werden aktiv?
- Neigen Sie dazu, sich zu rechtfertigen?
- Wie viel Einfluss nehmen andere Menschen auf Ihr Leben und Ihre Entscheidungen?

Netzwerkorientierung
Intro-Vorschlag

„Einer der wichtigsten Punkte für unsere seelische Gesundheit sind unsere sozialen Bindungen, was eines der bedeutendsten Erkenntnisse aus der Studie von Emmy Werner war. Kinder, die mindestens eine liebevolle Bezugsperson hatten, konnten dadurch ihre Belastungen besser meistern und hatten positive Verhaltensmuster als Vorbild. Inzwischen belegen auch viele weitere Studien, dass soziale Kontakte einen großen Einfluss auf unser seelisches Wohlbefinden haben. Es geht um das Grundbedürfnis, sich zugehörig zu fühlen. Einsamkeit und ein Mangel an sozialen Kontakten machen uns auf Dauer krank. Gerade in schwierigen Lebenssituationen geht es darum, Zuneigung, Trost, Unterstützung, Verständnis und Mitgefühl zu erfahren. Sich mit anderen im Gedankenaustausch zu befinden. Belastungen, Sorgen und Nöte auszusprechen und auch um Hilfe zu bitten oder sie sogar angeboten zu bekommen.

Aktuelle Katastrophen zeigen, welche Bedeutung dieser Faktor für die Entwicklung und Stärkung des eigenen Lebensmutes hat. Das Netzwerk kann dabei aus vielfältigen Facetten bestehen – im privaten wie im beruflichen Kontext. Ein gutes und tragfähiges Netzwerk bedarf der Pflege und lebt vom ständigen Geben und Nehmen. Ab und zu sollte ich mal genauer hinschauen, wer mir guttut. Wer ist für mich da und unterstützt mich und in welcher Art und Weise? Und von wem sollte ich mich vielleicht trennen oder wo sollte ich den Kontakt einschränken? Da sich Beziehungen und Lebenseinstellungen über die Jahre verändern, ist es lohnend, sich das eigene Netzwerk unter verschiedenen Fragestellungen immer mal wieder bewusst zu machen."

Methodische Hinweise

Durch die Covid-Pandemie ist noch einmal besonders deutlich geworden, dass sich Netzwerke je nach Lebenssituation, Lebensphase und Lebensalter verändern. Viele Studien, die im Rahmen der Auswirkungen der Coronamaßnahmen erstellt wurden, belegen dies sehr deutlich. Auch habe ich in meinen Seminaren immer wieder wahrgenommen, dass der Punkt „Familie, Kontakte, Freunde" eine der wichtigsten Ressourcen war, die von den Teilnehmenden genannt wurden.

Zur Visualisierung eignen sich Bilder von Händen, die einander greifen oder eine Netzwerkdarstellung mit Bildern von Menschen verschiedener Nationalitäten und verschiedenen Alters.

Mögliche Impulsfragen können sein:
- Mit wem teilen Sie Ihr Leben?
- Welche Menschen waren unterstützend für Sie da?
- Wem fühlen Sie sich verbunden?

Zukunftsorientierung
Intro-Vorschlag

„Bei der Zukunftsorientierung geht es darum, für sich zu schauen, was man langfristig erreichen will. Was ist mir wichtig in meinem Leben und auf was lege ich Wert? Diese Ausrichtung kann und darf sich immer ändern, denn wir durchlaufen verschiedene Lebensphasen. In jungen Jahren wollen wir Spaß haben, unser Leben genießen, mit Freunden Zeit verbringen und doch muss gleichzeitig nach der beruflichen Ausrichtung geschaut werden. Im mittleren Lebensalter spielt häufig die Ausrichtung auf die Familie eine Rolle, vielleicht haben Sie schon eine Führungsposition erreicht und müssen Verantwortung übernehmen. Aufgrund von Erfahrungen verändert sich unser Blickwinkel und wir legen andere Schwerpunkte fest. Im Alter freuen Sie sich vielleicht wieder auf eine nicht mehr so getaktete Zeiteinteilung. Sie nehmen sich mehr Zeit, Neues zu entdecken und Wünsche, die vernachlässigt wurden, werden wiederentdeckt. Dafür zwickt und zwackt es aber vielleicht in Bezug auf Ihre Gesundheit und es muss dort mehr Zeit investiert werden.

Sie sehen, es ist ein ständiges Ausbalancieren von Herausforderungen und Wünschen an das Leben. Sich zu fragen: ‚Wo stehe ich und wo will ich hin? Was sind Projekte, die ich angehen will? Oder könnte man sogar sagen, das Leben ist ein Projekt und ich befinde mich in verschiedenen Projektphasen?' Seine Werte zu kennen und diese zu leben, hat eine große Bedeutung. Menschen, die ihre Werte leben, fühlen sich wohler und gesünder. Sie kennen das Warum in ihrem Leben, den Grund dafür, warum sie etwas tun und warum sie etwas anderes nicht tun."

Schließen Sie damit die Vorstellung der Resilienzfaktoren ab:

„Zusammengefasst greifen die verschiedenen Resilienzfaktoren ineinander und unterstützen jeden dabei, ein selbstbestimmtes Leben zu führen, um mit den Widrigkeiten und Herausforderungen des Lebensalltags umzugehen.“

Methodische Hinweise

Manchmal verwende ich auch einen provokativen Einstieg mit dem Bild eines Fernrohrs und frage, ob sich der Blick eher in die Vergangenheit richtet oder aktiv die Zukunftsplanung gestaltet wird. Es gibt viele Menschen, die sich an der Vergangenheit ausrichten. Resiliente Menschen sind jedoch proaktive Gestalter ihrer Zukunft. Sie ergreifen eigenständig die Initiative und warten nicht ab, was passiert. Damit wird das Selbstvertrauen gestärkt und sie können auch besser mit Fehlschlägen umgehen.

Mögliche Fragestellungen mit Blick auf den Faktor Zukunftsorientierung können sein:

- Was ist Ihnen wichtig, zu erreichen?
- Was können Sie tun, um Ihre Ziele zu erreichen?
- Welche Veränderungen stehen bei Ihnen an – Chance oder Einschränkung?

Follow-up zur Übung „Was macht mich stark?“

In der Übung „Was macht mich stark?“ (Seite 82ff) hatten sich die Teilnehmenden zu drei Fragestellungen ausgetauscht. Zur letzten Fragestellung „Was hat Ihnen geholfen, Ihre schwierigen Lebenssituationen zu meistern?“ sollten die Erkenntnisse/Ergebnisse auf Moderationskarten notiert werden. Nun geht es darum, gemeinsam mit den Teilnehmenden die Moderationskarten den Resilienzfaktoren zuzuordnen. Ziel ist es, den Teilnehmenden aufzuzeigen, in welchen Bereichen bereits ihre Stärken liegen.

Intro-Vorschlag

„Ich möchte Sie jetzt zu einem Austausch über Ihre stärkenden Resilienzfaktoren einladen. Sie hatten sich vorhin mit verschiedenen Fragestellungen unter der Überschrift: ‚Was macht mich stark?‘ ausgetauscht. Sie haben dann zu der Fragestellung ‚Was hat Ihnen geholfen, Ihre schwierigen Lebenssituationen zu meistern?‘ Ihre Aspekte auf Moderationskarten notiert. Lassen Sie uns jetzt schauen, wie Sie die Karten in Bezug auf die Resilienzfaktoren einordnen würden. Wer möchte starten mit den Ergebnissen seiner Gruppe?“

Ein mögliches Ergebnis kann so aussehen:

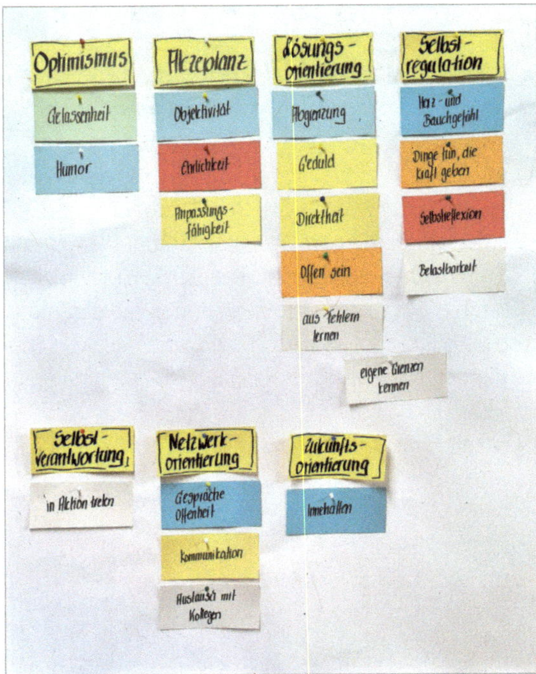

Abb.: Übungsergebnis einer Gruppe: Zuordnung der eigenen Stärken zu den sieben Resilienzfaktoren

Methodischer Hinweis

Während der Übung rege ich die Teilnehmenden immer wieder zum aktiven Austausch an. Sollte die Zuordnung von Karten zu mehreren Faktoren stimmig erscheinen, werden Karten gedoppelt, damit kein Aspekt verloren geht. Generell sollten alle Karten aufgehängt werden, damit deutlich wird, wo starke Ausprägungen vorhanden sind. Hängen Sie selbst Aspekte, die sich wiederholen, bitte unbedingt auf. Es geht um die Wertschätzung jedes Gruppenmitglieds mit seinen ihm eigenen Stärken. Sind alle Karten aufgehängt, bitte ich alle Teilnehmenden, einen Blick auf die Karten zu werfen und lade dazu ein, ein Fazit zum Ergebnis zu ziehen. Fragestellungen dazu könnten lauten:

- Wie nehmen Sie das Ergebnis wahr?
- Was ist Ihr Fazit, wenn Sie sich das Ergebnis anschauen?
- Welchen Rückschluss ziehen Sie für sich ganz persönlich?
- Wo sehen Sie Ihre Stärke(n) und wo Ihr(e) Entwicklungsfeld(er)?
- Was hat Sie vielleicht erstaunt oder zum Nachdenken gebracht?

Resilienz in Bezug auf Change und VUCA (inkl. BANI)

12:15 Uhr

Orientierung

Ziele
- Veränderungen in unseren Lebenswelten aufzeigen und darauf eingehen
- Die Bedeutung der emotionalen Prozesse bei Veränderungen aufzeigen
- Die Bedeutung der Resilienzfaktoren für den zukünftigen Umgang mit den Herausforderungen herausstellen

Zeit
- 15 Minuten

Material
- PowerPoint-Folien oder Flipchart

Erläuterungen

Die Geschwindigkeit, mit der sich Unternehmen an neue Herausforderungen anpassen müssen, um am Markt zu bestehen, ist beträchtlich gestiegen. Was heute noch Alltag ist, ist morgen schon überholt. Die Menschen, die damit konfrontiert werden, wissen nicht, was auf sie zukommt und sind verunsichert. Anders ausgedrückt, sie sind „im Stress". Grundsätzlich betrachtet sind wir Menschen Gewohnheitstiere. Wir lieben unsere Routinen und folgen bekannten Musterabläufen. Veränderungen hingegen bergen nicht nur Unsicherheiten, sondern sorgen oft ganz real auch für Druck und Überforderung. Das führt in der Realität dazu, dass Veränderungsprozesse, die die emotionalen Phasen des Menschen nicht berücksichtigen, häufig scheitern. Die Mitarbeitenden gehen in den Widerstand und sind ängstlich, was sich negativ auf die Produktivität auswirkt.

Change und die sieben Phasen des emotionalen Erlebens

Um den Teilnehmenden die sieben Phasen des emotionalen Erlebens in Veränderungsprozessen näherzubringen, eignet sich eine Kombination aus den Modellen von Richard K. Streich (7 Phasen) und Elisabeth Kübler-Ross (5 Phasen). Das 7-Phasen-Modell bildet unter wirtschaftlicher Betrachtungsweise und mit etwas anderen Begrifflichkeiten die sieben Reaktionen der emotionalen Veränderung ab. In der Übersicht habe ich eine Mischung aus den Begrifflichkeiten beider Modelle gewählt und den beruflichen Aspekt in den Vordergrund gestellt.

Intro-Vorschlag und Ablauf

„Ich denke, jeder von Ihnen kennt es und hat in seinem beruflichen Leben schon den einen oder anderen Veränderungsprozess erlebt. Veränderungen sind für die meisten Menschen Herausforderungen und stark mit Emotionen belegt. Unter der Fragestellung ‚Welcher Kompetenzen bedarf es, um Veränderungen besser zu steuern?' stelle ich Ihnen die Change-Kurve vor und welcher Resilienzfaktor in welcher Phase Ihre Veränderungsfähigkeit und Handlungsfähigkeit stärkt."

Stellen Sie nach und nach die sieben Phasen des emotionalen Erlebens und die jeweils geforderten Kompetenzen bzw. unterstützenden Resilienzfaktoren vor:

1. **Schock/Angst – Faktor: Optimismus**
   Veränderungen sind Herausforderungen, die emotionale Belastungen darstellen. Je nach Heftigkeit lösen sie einen entsprechenden Schock aus. Für viele sind sie mit Angst verbunden, da sie nicht wissen, was auf sie zukommt. Der Resilienzfaktor Optimismus verhilft in dieser Phase zu einem Perspektivwechsel und stärkt das Vertrauen darin, die Situation meistern zu können.

2. **Ablehnung – Faktor: Akzeptanz**
   Veränderung fällt schwer und da geraten wir schnell in die Ablehnung oder sogar in Widerstand. Gerade in Projekten fallen dann Sätze wie „Das haben wir ja noch nie so gemacht". oder „Das brauchen wir nicht". Transparente Kommunikation fördert das Verständnis der Hintergründe, und Veränderungen zu verstehen ist eine wichtige Voraussetzung für Akzeptanz (siehe Salutogenese, Seite 55 ff).

3. **Frustration – Faktor: Selbstregulation**
   Wenn Ablehnung von Veränderungen nicht greift, treten häufig Emotionen wie Wut, Ärger bis hin zur Frustration auf. Wichtig ist, die Hintergründe der eigenen Reaktion zu hinterfragen und diese anzunehmen. In dieser Phase setzt langsam die rationale Akzeptanz der Veränderungen ein.

4. **Abschied und Trauer – Faktor: Zukunftsorientierung**
   Durch die jetzt auch langsam eintretende emotionale Akzeptanz beginnt der Prozess des Loslassens. Das „Tal der Tränen" ist durchschritten. Der Blick kann nach vorn gerichtet werden. Neue Ziele und damit Umsetzungsschritte werden entwickelt.

5. **Ausprobieren – Faktor: Selbstverantwortung**
   Die Veränderung der Rolle, der Aufgaben oder der Rahmenbedingungen wird mit neuer Kraft und Motivation angegangen. Es ist Zeit zum Ausprobieren und dafür, sich neu zu erfinden. Es gilt, Selbstverantwortung zu übernehmen und seine Stärken zu erkennen.

6. **Neuorientierung – Faktor: Lösungsorientierung**
   Nachdem der Blick jetzt frei ist und im Unternehmen die Wandlung zunehmend sichtbarer wird, stellen sich die Fragen: „Was ist zu tun? Wie gestalten sich die nächsten Schritte für die Weiterentwicklung?“

7. **Integration – Faktor: Netzwerkorientierung**
   Die Wandlung im Unternehmen findet statt oder ist bereits geglückt. Wie gestalten sich die neuen Verbindungen? Wie arbeitet nun wer mit wem zusammen? Es gilt, sich neu im Netzwerk zu orientieren und zu festigen.

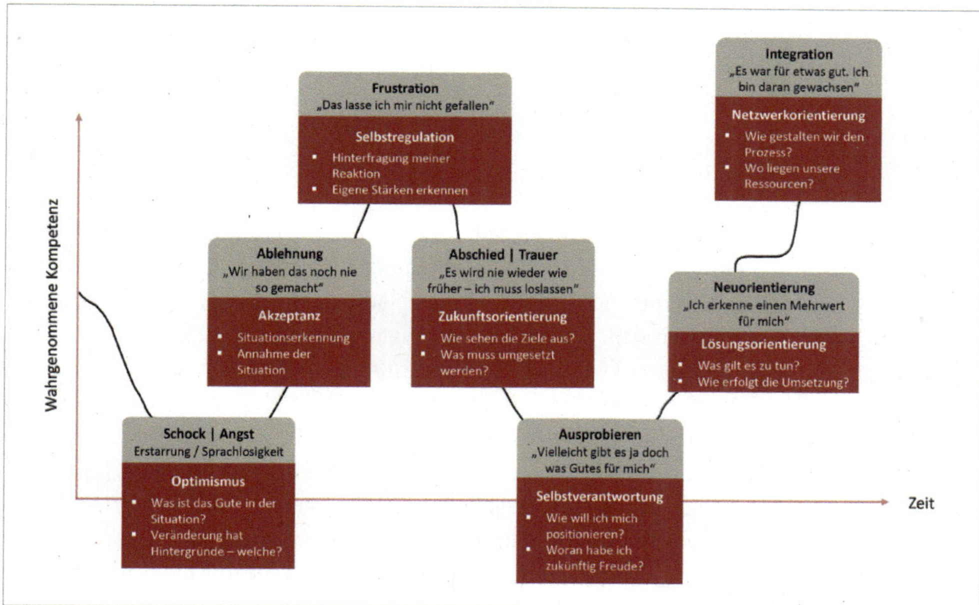

Abb.: PowerPoint-Beispielfolie Veränderungssteuerung. Change-Kurve mit den 7 Phasen des emotionalen Erlebens in Kombination mit den zugehörigen 7 Resilienzfaktoren.

Gerne lade ich hier nach der Vorstellung zu einem kurzen Austausch ein. Mögliche Fragestellungen sind:

- Wie nehmen Sie diese Darstellung wahr?
- Kennen Sie solche Verläufe und Emotionen bei sich oder anderen?
- Welche Phase stellt für Sie die größte Herausforderung dar?

- Wo sind Sie gut aufgestellt?
- Wo sehen Sie Parallelen, wenn Sie an Ihre bereits bewältigten Prozesse denken?

Quellen

- https://www.tixxt.com/de/das-phasen-modell-des-change-management-eine-stuetze-bei-der-digitalen-transformation/ (abgerufen am 17.08.2023)
- https://www.coachingzentrumheidelberg.de/2020/06/04/mit-ver%C3%A4nderungen-umgehen-lernen-die-7-phasen-der-emotionalen-reaktion-bei-abrupten-ver%C3%A4nderungen/ (abgerufen am 17.08.2023)
- https://www.planet-wissen.de/gesellschaft/tod_und_trauer/trauer/pwiediesterbeforscherinelisabethkueblerross100.html (abgerufen am 17.08.2023)
- https://www.grin.com/document/210826 (abgerufen am 17.08.2023)
- https://organisationsberatung.net/change-management-modelle-im-vergleich/ (abgerufen am 06.01.2024)

Die „VUCA-Welt"

Viele der Teilnehmenden befinden sich in einem Unternehmenskontext, in dem die äußeren Rahmenbedingungen und Ereignisse starken Einfluss auf die Arbeit nehmen. Prozesse, Abläufe und Organisationsstrukturen verändern sich. Hier sprechen wir dann nicht mehr vom Change, sondern befinden uns in der sogenannten VUCA-Welt. Diese Welt fordert noch mehr Flexibilität von den Unternehmen und von den Menschen in Bezug auf den Umgang mit Unvorhersehbarem. Das Zusammenspiel von unternehmerischen Gestaltungsprozessen und die Selbstverantwortung jedes Einzelnen sind dabei von Bedeutung. Da vielen Teilnehmenden der Begriff „VUCA" nicht bekannt ist, gestalte ich den Prozess, indem ich die „alte Welt" (SSEE = stabil, sicher, einfach, eindeutig) vorstelle und dann auf die Begrifflichkeiten der VUCA-Welt und deren Erfordernisse eingehe. Basierend auf dem Unternehmensbereich und Ihrer Teilnehmerstruktur können Sie dann auch noch weiter ergänzen und Aspekte der BANI-Welt vorstellen. Wichtig ist es, bei jedem Punkt an das Thema Resilienz anzuknüpfen.

Intro-Vorschlag

„Ich möchte mit Ihnen noch einen Schritt weitergehen. Wir sprechen heute oft nicht mehr von Veränderungsprozessen, sondern von der Transformation. Das bedeutet, wir setzen uns mit komplexen Wandlungsprozessen auseinander. Um diese Veränderung aufzuzeigen, starte ich mit der sogenannten „alten SSEE-Welt" und stelle Ihnen dann die Begrifflichkeiten der VUCA-Welt vor. SSEE und VUCA sind Akronyme, bei denen jeder Buchstabe für eine Eigenschaft steht:

Die vier Buchstaben SSEE kennzeichnen die „alte Zeit“:

- ***S** = Stabilität (stabil, berechenbar, beständig)*
- ***S** = Sicherheit (sicher, zuverlässig, vorhersehbar)*
- ***E** = Einfachheit (einfach, begreiflich, nachvollziehbar)*
- ***E** = Eindeutigkeit (eindeutig, klar, verständlich)*

SSEE steht für klare Hierarchien und Strukturen. Jeder kennt seinen Verantwortungsbereich und seine Zuständigkeiten. Ziele werden vorgegeben und kontrolliert.

Die vier Charakteristika der „neuen VUCA-Zeit“ zeigen auf, dass wir jetzt andere Herangehensweisen an Aufgaben benötigen:

- ***V** = Volatile (unbeständig, flüchtig)*
- ***U** = Uncertain (unsicher, unvorhersehbar)*
- ***C** = Complex (komplex, vielschichtig)*
- ***A** = Ambiguity (mehrdeutig, paradox)*

Häufig müssen wir schneller und flexibler reagieren. Wir können oft nicht auf alte Erfahrungen zurückgreifen und müssen die Unsicherheiten aushalten, die sich im unerprobten Vorgehen ergeben. Fehlertoleranz ist gefragt. Auf der Unternehmensseite gilt es, neue organisatorische Voraussetzungen zu schaffen. Weg vom klassischen Organisationsdiagramm und hin zu interdisziplinären Thementeams. Führung bedarf weniger Kontrolle und mehr Vertrauen in die Mitarbeitenden, was die Rolle und Aufgaben der Führungskraft neu definiert. Wir sprechen hier auch vom agilen Arbeiten, bei dem Arbeitsprozesse und Abläufe neu gestaltet und oft erst erlernt und ausprobiert werden müssen. Dafür sind gewisse Kompetenzen und Fähigkeiten erforderlich. Schauen wir uns diese mit Bezug zu den Resilienzfaktoren genauer an.“

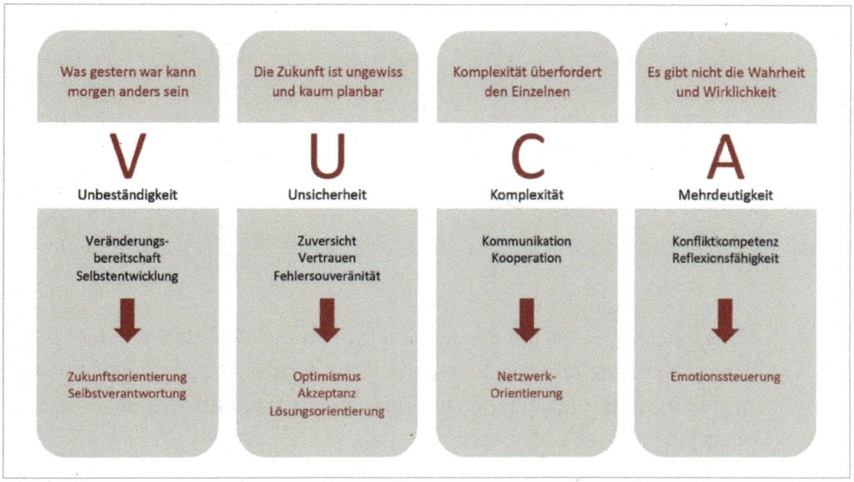

Abb.: PowerPoint-Beispielfolie zu VUCA

Methodische Hinweise

Zeigen Sie die die Säulen nach und nach bzw. blenden Sie sie nach und nach ein und erläutern Sie die einzelnen Faktoren kurz. Sie können die Teilnehmenden bei jedem Punkt fragen, wo sie welchen Resilienzfaktor sehen. Die Resilienzfaktoren können auch mehrfach genannt und zugeordnet werden. Für viele Teilnehmenden beginnt hier die bewusste Verknüpfung von ihrer Arbeitswelt mit den Resilienzfaktoren.

Diese Inhalte bzw. Begrifflichkeiten sind den wenigsten Teilnehmenden vorab bekannt. Achten Sie daher darauf, dass Sie sich hier zeitlich nicht verstricken, z.B. in längeren Erklärungen zu weitergehenden Begrifflichkeiten und Entwicklungen wie BANI (Seite 17 f), und laden Sie ggf. die Teilnehmenden ein, sich in der Pause noch weiter dazu auszutauschen

12:30 Uhr – 13:15

– Mittagspause –

13:15 Uhr

Definition von Stress und Stressoren

Orientierung

Ziele

- Stressdefinitionen, -ansätze und -modelle vorstellen
- Stress relativieren in Bezug auf Normalität im Leben
- Bewusstsein schaffen für Selbstverantwortung im Umgang mit Stress auf Basis unser Lebensrollen und Aufgaben sowie den damit verbundenen Belastungen

Zeit

- 60 Minuten

Material

- PowerPoint-Folien oder Flipchart
- Arbeitsblatt „Meine Rollen"

Erläuterungen

Nach der Vorstellung der Resilienzfaktoren und dem Aufzeigen der Erfordernisse unserer neuen Lebenswelten ist ein guter Zeitpunkt gekommen, um auf die ganz persönliche Situation und die individuellen Belastungen eines jeden Teilnehmenden zu schauen.

Vorgehen

Führen Sie mit einer Definition und den zwei Hauptstressmodellen von Hans Selye und Richard Lazarus in das Thema Stress ein. Geben Sie dann einen Einstieg in die Stressampel nach Kaluza und stellen Sie die erste Ebene der Ampel, die Stressoren, mit Beispielen vor.

Auf Basis dieser Inhalte leiten Sie eine Übung an, in der die Teilnehmenden ihre eigenen Lebenswelten anhand von Rollen, Aufgaben und Verantwortlichkeiten reflektieren. Die Übung wird mit einem Austausch im Plenum abgerundet.

Definitionen

Als Einführung in das Thema Stress erläutern Sie dessen Bedeutung und Definition sowie Aspekte/Ansätze der Stressforschung. Als Definition bieten sich mehrere Möglichkeiten. Ich wähle bewusst eine einfache und nachvollziehbare, z.B. eine der folgenden:

„Stress entsteht immer dann,
wenn wir nicht in der Lage sind, die Anforderungen,
die wir selbst oder andere an uns stellen, adäquat zu bewältigen."

„Zustand der Alarmbereitschaft des Organismus,
der sich auf eine erhöhte Leistungsbereitschaft einstellt."
Gesundheitsberichterstattung des Bundes

„Der Begriff Stress (lat. strictus: straff) wurde aus dem Englischen übernommen und bedeutet im technisch-physikalischen Kontext Druck, Belastung oder Spannung. In der Alltagstheorie wird unter Stress meist die psychosoziale Belastung verstanden und bezeichnet jene Situationen, die beispielsweise Störungen, Irritationen und Angst hervorrufen und zu einer Beeinträchtigung des psychischen oder physischen Wohlbefindens beitragen."
Weißbuch Prävention 2005/2006

„Ein als unangenehm empfundener Zustand, der von der Person
als bedrohlich, kritisch wichtig und unausweichlich erlebt wird.
Er entsteht besonders dann, wenn die Person einschätzt,
dass sie ihre Aufgaben nicht bewältigen kann."
Bundesanstalt für Arbeitsschutz und Arbeitsmedizin,
Joiko, Schmauder und Wolff, 2010

Intro-Vorschlag

„Stress ist aus unserem Alltag nicht mehr wegzudenken. Die Weltgesundheitsorganisation (WHO) hat Stress zu einer der größten Gesundheitsgefahren des 21. Jahrhunderts erklärt. Dabei ist er meistens negativ besetzt

und äußert sich in Situationen, die wir als unangenehm und bedrohlich empfinden und die wir häufig als belastend wahrnehmen. Wenn wir darüber sprechen, sprechen wir häufig von den Ursachen (‚Die Situation ... war stressig') oder von den Folgen (‚Ich fühle mich gestresst').

Der Begriff Stress kommt aus dem Englischen, steht für Druck bzw. Anspannung und stammt wie bereits gesagt ursprünglich aus der Werkstoffkunde."

Anschließend folgen kurze Ausführungen zu den Grundlagentheorien von Hans Selye und Richard Lazarus.

Hans Selye und das allgemeine Adaptionssyndrom

Hans Selye gilt als Vater der Stressforschung und führte in den 1950er-Jahren den Begriff „Stress" in die Medizin und Biologie ein. Als „allgemeines Adaptionssyndrom" fasste er seine Beobachtungen und Ergebnisse aus Tierversuchen zusammen. Kern des Adaptionssyndroms (Adaption = körperliche Anpassungsleistung) ist, dass lang andauernder Stress klassischerweise drei Phasen von körperlichen Reaktionen hervorruft:

1. **Alarmreaktion:** Im Körper werden unter anderem die Stresshormone wie Adrenalin, Noradrenalin und Cortisol freigesetzt, die der raschen Bereitstellung von Energiereserven dienen.

2. **Resistenz:** Der Körper entwickelt bei anhaltendem Stress Abwehrenergien zur Anpassung an die Stressbedingungen. Es erfolgt eine Gewöhnung an den Stress, jedoch sinken langfristig die Abwehrkräfte.

3. **Erschöpfung:** Die Erschöpfung tritt ein, wenn der Körper nicht mehr in der Lage ist, die Abwehr der Resistenzphase aufrechtzuerhalten. Die Folgen sind eine Minderung der Leistungsfähigkeit, eine erhöhte Infektionsanfälligkeit und/oder Ermüdung.

Ferner prägte Selye die Begriffe Distress (gesundheitsbelastender „negativer" Stress) und Eustress (motivierender und aktivierender „positiver" Stress). In der Wissenschaft wird darüber diskutiert, ob eine Unterscheidung noch sinnvoll ist, da die körperlichen Reaktionen in beiden Fällen sehr ähnlich sind und auch anhaltender Eustress zu einer mentalen Erschöpfung führen kann, bis hin zum Burn-out.

Richard Lazarus und die transaktionale Stresstheorie

Das Modell von Lazarus hingegen beschreibt Stress als komplexe Wechselwirkung. Für ihn ist ein Reiz für sich allein gesehen kein Stressor, sondern ob ein Reiz ein Stressor ist, hängt von der subjektiv-kognitiven Bewertung und Interpretation der Person-Umwelt-Konstellation und den der Person zur Verfügung stehenden Bewältigungsstrategien ab. Grundannahme dabei ist, dass jede Person über unterschiedliche Bewältigungsstrategien und -kompetenzen verfügt und eine eigene subjektive Bewertung der Situation vornimmt. Die individuelle Bewertung der Belastungssituation erfolgt in drei Stufen:

- **Stufe 1: Primärbewertung** | Wahrnehmung und Bewertung | Appraisal
  Der Umweltreiz wird wahrgenommen und hinsichtlich seiner Bedrohung bewertet. Ist er irrelevant oder positiv, so ist die Situation stressfrei. Wird die Situation jedoch als bedrohlich eingestuft (Herausforderung, Bedrohung oder Verlust), entsteht Stress. Grundlage für die Einschätzung sind z.B. Erfahrungen, Temperament, aber auch die aktuelle Befindlichkeit und Stimmung.

- **Stufe 2: Sekundärbewertung** | Ressourceneinschätzung | Coping
  Danach erfolgt eine sekundäre Bewertung: Ist die Situation mit den verfügbaren Ressourcen zu bewältigen? Erfolgt die Einschätzung, dass ausreichend Ressourcen zur Verfügung stehen, ist die Situation stressfrei. Erfolgt hingegen eine negative Einschätzung (mangelnde Ressourcen), entsteht Stress, der anschließend bewältigt werden muss. Die Bewältigungsstrategien (Coping) können dabei problemorientiert (die Person ändert durch direkte Handlungen etwas an der Situation) oder emotionsorientiert (die Einstellung der Person zur Situation verändert sich) sein.

- **Stufe 3: Neubewertung** | Re-Appraisal
  Der Erfolg der Stressbewältigung wird hier bewertet. Wurde der Stress erfolgreich bewältigt, so kann aus einer Bedrohung eine Herausforderung geworden sein und es erfolgt im Lernprozess eine Veränderung der Einschätzung von zukünftigen ähnlichen Herausforderungen.

Intro-Vorschlag

„Aus der Stressforschung gibt es zwei Hauptansätze. Zum einen das biologische Stresskonzept (Stress als Reaktion) aus den 1950er-Jahren von Hans Selye und zum anderen das transaktionale Stressbewältigungsmodell (Stress als Interaktion) des Psychologen Richard Lazarus. Hans Selye, der als Vater der Stressforschung gilt, definierte als Ergebnis jahrzehntelanger Versuche ‚Stress' wie folgt:

‚Stress ist die Summe aller Adaptationsvorgänge und Reaktionen körperlicher wie psychischer Art, mit denen ein Lebewesen auf seine Umwelt und die von innen und außen kommenden Anforderungen reagiert.'

In der Definition bedeutet es aber auch, ‚Kein Leben ohne Stress' und ‚Ohne Stress kein Leben'. Es kommt also darauf an, wie wir für Entlastung und Ausgleich sorgen, um in einer guten Balance zu sein.

Für Richard Lazarus ergab sich Stress aus der Wechselwirkung der situativen Faktoren der Umgebung in Kombination mit dem Erleben der denkenden, fühlenden und handelnden Personen. Ob Reize ‚Stressoren' sind, hängt somit von der subjektiv-kognitiven Bewertung und Interpretation (primäre Bewertung) der Person ab und von ihr zur Verfügung stehenden Möglichkeiten zur Bewältigung (sekundäre Bewertung).

In den Ansätzen der Stressbewältigung werden Erklärungen aus der biomedizinischen, psychosomatischen, verhaltenspsychologischen und soziologischen Wissenschaft von Gesundheit und Krankheit verknüpft."

Die Stressampel

Die Teilnehmenden des Trainings suchen nach Möglichkeiten, ihren Stress zu bewältigen. Das multimodale Stressmanagementmodell (Stressampel) nach Kaluza ermöglicht es, das Stressgeschehen auf verschiedenen Ebenen sichtbar zu machen. Wir unterscheiden drei Ebenen: die Stressoren, die persönlichen Stressverstärker und die Stressreaktion. Das Modell wird im Seminar Stück für Stück eingeführt und durch Übungen mit den Resilienzfaktoren verknüpft. Der Schwerpunkt liegt auf den ersten beiden Ebenen. Die Teilnehmenden können durch die Reflexion der eigenen Handlungen mithilfe des Modells Lösungsansätze für ihre eigene Stressbewältigung entwickeln.

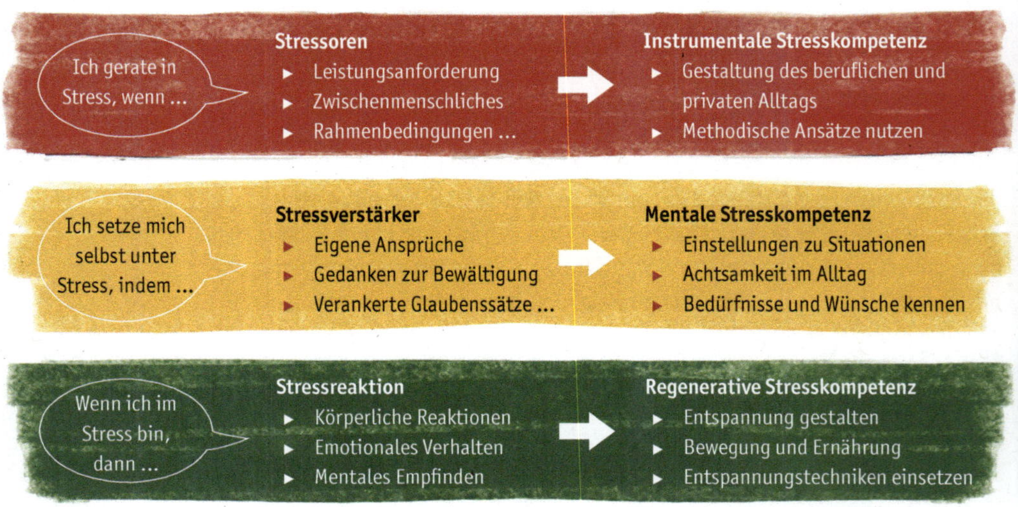

Abb.: Übersicht über alle drei Ebenen der Stressampel nach Kaluza

Intro-Vorschlag

„Ich möchte heute mit Ihnen den Nachmittag nutzen, um genauer hinzuschauen, wo bei Ihnen Stress entsteht und wie Sie ihn bewältigen können. Was können Sie tun, um für sich aktiv zu sorgen und Belastungen abzubauen?

Die Stressampel von Kaluza ist dafür ein bewährtes Modell, um die Ebenen von der Stressentstehung bis zur Stressreaktion zu verdeutlichen. Auf der ersten Ebene der Stressampel stehen die Stressoren, also Stressauslöser, die sich in drei typische Kategorien einteilen lassen: physikalische und körperliche Stressoren, Leistungs- und psychische Stressoren sowie soziale Stressoren."

Ich gerate in Stress, wenn ...

Stressoren

Physikalische und körperliche Stressoren	Leistungs- und psychische Stressoren	Soziale Stressoren
▸ Lärm	▸ Überforderung	▸ Konkurrenz
▸ Hitze/Kälte	▸ Unterforderung	▸ Isolation
▸ Stau	▸ Prüfungssituationen	▸ Zwischenmenschliche Konflikte
▸ Schmerz	▸ Hohe Ansprüche	▸ Trennung
▸ Hunger	▸ Erwartungen	▸ Tod
▸ Krankheit	▸ Ängste	

Abb.: Kategorien von Stressoren auf der ersten Ebene der Stressampel nach Kaluza

Stellen Sie zu den drei Kategorien jeweils Situationsbeispiele vor:

Intro-Vorschläge für alle drei Kategorien

- **Physikalische und körperliche Stressoren:**
  „Denken Sie an den Sommer 20XX, wo wir Temperaturen von über 30 Grad hatten. Stellen Sie sich vor, Sie sitzen im Homeoffice in Ihrer Dachgeschosswohnung, wie geht es Ihnen dann? Einigen fällt die Konzentration sehr schwer, andere haben Kreislaufprobleme und wieder andere merken nichts und genießen den Sommer. Und wer kennt es nicht, wenn wir uns mit Kopfschmerzen konzentrieren sollen, weil eine wichtige Besprechung terminiert ist. Wir fühlen uns dann nicht wohl und sind in unserer Leistungsfähigkeit eingeschränkt."

- **Leistungs- und psychische Stressoren:**
  „Sie haben Ihre erste Präsentation vor der Geschäftsführung und müssen dort ein von Ihnen neu entwickeltes Konzept vorstellen. Für viele ist dies eine herausfordernde, aber auch oft überfordernde Situation. Oder Sie haben gerade die Situation, dass Sie sich verstärkt um die Familie küm-

mern müssen und gleichzeitig stehen Geschäftsreisen an und/oder Überstunden werden erwartet."

- **Soziale Stressoren:**
  „Nach dem Tod Ihrer Eltern, was für viele schon an sich ein tiefgreifendes Ereignis ist, haben Sie jetzt noch Erbschaftsstreitereien mit Ihren Geschwistern. Oder im Unternehmen werden gerade Führungspositionen gestrichen durch das Zusammenlegen von Abteilungen. Ihre Abteilung und damit Ihre Position sind davon betroffen."

Ich denke, jeder kennt diese oder ähnliche Situationen. Oft kommen dabei verschiedene Aspekte zusammen und hier gilt es, aufmerksam zu sein. Was ist es, das so belastend ist?

Stress hat viel mit den Anforderungen zu tun, die wir in unseren verschiedenen Lebensbereichen haben, und mit unseren Fähigkeiten und Ressourcen, diese zu bewältigen."

Methodischer Hinweis

Beispiele für Stressoren können Sie auch spontan in der jeweiligen Situation und aus dem Erleben mit den Teilnehmenden heraus wählen. Was passt zu den Teilnehmenden oder was haben Sie bereits bis zu diesem Zeitpunkt vom Unternehmen wahrgenommen? Wenn dort beispielsweise Veränderungsprozesse stattfinden, können sich daraus entsprechende Beispiele und/oder Fragestellungen ergeben. Sie bilden danach die Überleitung zur Übung „Meine Rollen, Aufgaben und Verantwortlichkeiten".

Übung: „Meine Rollen, Aufgaben und Verantwortlichkeiten"

Mit der folgenden Übung setzen sich Teilnehmende mit den alltäglichen Anforderungen an ihre Rollen in verschiedenen Lebensbereichen auseinander. In der Reflexion machen sich die Teilnehmenden neben den Aufgaben und Verantwortlichkeiten der jeweiligen Rolle aktiv ihren Gestaltungsspielraum und ihre Selbstwirksamkeit bewusst.

Intro-Vorschlag

„Mit der nächsten Übung lade ich Sie ein, sich Ihrer Lebensbereiche, Rollen und Aufgaben bewusst zu werden. Nehmen Sie sich bitte 20 Minuten Zeit und notieren Sie auf dem Arbeitsblatt Ihre Rollen. Unter Rollen verstehen wir z.B.:

- ***Berufliche Rollen:** Führungskraft, Innovator, Kollegin ...*
- ***Private Rollen:** Sohn, Mutter, Haushaltsmanager ...*
- ***Öffentliche Rollen:** Vereinskassenwart, Bloggerin ...*

Tragen Sie dann auf dem nächsten Aufgabenblatt Ihre Erwartungen, Aufgaben und Pflichten zu den drei wichtigsten Rollen ein. Welche Befugnisse, Rechte und Verantwortlichkeiten haben Sie jeweils und was können Sie verändern und gestalten? Sprechen Sie mich gern an, wenn Sie noch Fragen haben. Im Anschluss tauschen wir uns im Plenum aus."

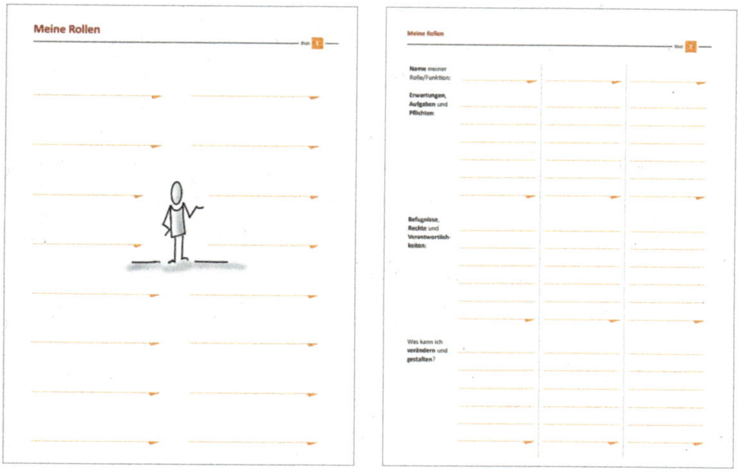

Download: Meine Rollen

Abb.: Arbeitsblatt: Meine Rollen, Aufgaben und Verantwortlichkeiten

Im anschließenden Plenumsaustausch reflektiere ich mit den Teilnehmenden ihr Erleben bei der Übung. Falls Bereitschaft und Interesse bestehen, lasse ich auch Rollen der Teilnehmenden vorstellen. Mögliche Fragestellungen für die Reflexion können sein:

- Welche Gedanken sind bei Ihnen aufgekommen?
- Was fiel Ihnen leicht? Was schwer?
- Was ließ Sie nachdenklich werden?
- Was ist Ihnen bewusst geworden?
- Wo wünschen Sie sich Veränderung(en)?

Da an diesem Tag noch an die Inhalte angeknüpft wird, ist es nicht kritisch, dass die Übungszeit eher knapp bemessen ist und vielleicht nicht alle das Blatt an dieser Stelle bis zum Ende bearbeiten können.

Methodischer Hinweis

Die Pause danach nutzen viele Teilnehmende noch für einen persönlichen Austausch. Besonders wenn Teilnehmende aus einem Unternehmen kommen, stelle ich fest, dass gerade in Bezug auf die Position im Unternehmen und die Aufgaben nicht selten Unklarheiten herrschen. Die Teilnehmenden haben bei langer Zugehörigkeit viele Veränderungen durchlaufen, aber nur selten wurden die Aufgabenanforderungen oder -profile aktualisiert und durchgesprochen.

Quellen

- https://www.gbe-bund.de/gbe/abrechnung.prc_abr_test_logon?p_uid=gast&p_aid=0&p_knoten=FID&p_sprache=D&p_suchstring=8612 (abgerufen am 16.08.2023)
- Plaumann, Martina; Busse, Anja; Walter, Ulla (2006): Grundlagen zu Stress. In: Weißbuch Prävention 2005/2006, S. 3-12. https://link.springer.com/chapter/10.1007%2F3-540-32662-6_2 (abgerufen am 16.08.2023)
- https://www.grin.com/document/187558 (abgerufen am 16.08.2023)
- https://gkm-institut.de/files/ueber-gkm/publikationen/aktuell/Erfahrungsheilkunde-kaluza.pdf (abgerufen am 16.08.2023)
- Kaluza, Gert (2012): Gelassen und sicher im Stress. Das Stresskompetenz-Buch – Stress erkennen, verstehen, bewältigen. 4. Auflage. Berlin/Heidelberg, Springer Verlag.
- Hofmann, Mathias; Michel, Friederike; Recknagel, Susanne; Reisert, Louisa (2015): Stress-Kompass. Strategisches Stress-Management für Ihr Unternehmen aufbauen – Konzepte und Umsetzung. Bonn, managerSeminare.
- Amann, Ella Gabriele; Egger, Anna (2019): Micro-Inputs Resilienz. Lebendige Modelle, Interventionen und Visualisierungshilfen für das Resilienz-Coaching und -Training. 2. Auflage. Bonn, managerSeminare.

14:15 Uhr – 14:30

– Kaffeepause –

Eigene Stressverstärker erkennen und relativieren

14:30 Uhr

Orientierung

Ziele

- Vorstellung der zweiten Ebene der Stressampel (Stressverstärker)
- Gedanken und gesundheitliche Entwicklung verdeutlichen: Auswirkungen von Stress
- Die eigenen Stressverstärker ermitteln und kennenlernen
- Innere Antreiber wertschätzen und relativieren, um mehr Zufriedenheit zu entwickeln

Gesamtzeit: 75 Minuten

- Aktivierende Einstiegsübung „Über das Band gehen" (10 Minuten)
- Video „Auswirkungen von Stress im Körper" (15 Minuten)
- Test „Innere Antreiber" (15 Minuten)
- Vorstellung der „Inneren Antreiber" (15 Minuten)
- Wertequadrat (20 Minuten)

Material

- Klebeband oder langes Seil für die Übung „Über das Band gehen"
- Video „Auswirkungen von Stress im Körper" https://www.youtube.com/watch?v=Fqnrk6NbB6w&t=17s
- Arbeitsblatt mit Antreibertest
- Arbeitsblatt mit dem Wertequadrat
- PowerPoint-Folien oder Moderationsmaterial für die Inputphasen

Link zum Video:

Übung: „Über das Band gehen"

Erläuterungen

Die Teilnehmenden kommen gerade aus der Pause und am Nachmittag ist erfahrungsgemäß der Energiepegel niedriger. Zur Steigerung des Energielevels und um die Teilnehmenden auf die nächsten Themenblöcke vorzubereiten, eignet sich die aktivierende Übung „Über das Band gehen". Ziel der Übung ist, die Teilnehmenden darauf einzuschwingen, dass es viele Lösungen gibt und dass es sich lohnt, sich mit Spaß und Freude auf Veränderungen einzulassen. Die Aufgabe der Teilnehmenden ist es, über ein Klebeband oder entlang eines Seils am Boden in einer frei wählbaren Art und Weise zu gehen, zu laufen, zu springen ... Von normalem Gehen bis hin zu Handstand und Salto war in meinen Seminaren schon einiges dabei.

Vorgehen Befestigen Sie ein Klebeband auf dem Boden oder legen Sie ein Seil aus. Stellen Sie die Übung kurz vor. Starten Sie als erste Person und zeigen Sie, wie es geht.

Intro-Vorschlag *„Unser nächster Themenblock hat mit unserer Gedankenwelt und unseren oft eingeschränkten Denkweisen zu tun. Wir setzen uns selbst Grenzen oder fordern uns Leistungen ab, die uns nicht guttun. Da nach der Mittagspause der Körper und die Gedankenwelt erst wieder aktiviert werden wollen, lade ich Sie zu einer Übung ein, die zu unseren Themen des Nachmittags passt. Sie sehen auf dem Boden einen Klebestreifen (bzw. ein Seil). Die Aufgabe ist, dass wir alle in einer anderen Art und Weise nach und nach über oder neben dem Klebestreifen von einem Ende zum anderen gehen, laufen, hüpfen oder welche Art und Weise der Fortbewegung Ihnen einfällt. Ich starte mal mit einer ersten Möglichkeit."*

Wiederholen Sie die Übung entsprechend der Gruppengröße, der Energie und des Spaßfaktors in der Gruppe bis zu drei- oder viermal.

Methodischer Hinweis Bedanken Sie sich am Ende der Übung für die vielen verschiedenen Umsetzungen und verweisen darauf, dass Sie zu einem späteren Zeitpunkt noch einmal auf die Übung zurückkommen.

Video „Auswirkungen von Stress"

Erläuterungen Nach der Aktivität können sich die Teilnehmenden nun kurz ausruhen während sie einen kurzen Film ansehen. Das Video bringt das Thema Stress und dessen Auswirkungen auf unseren Körper in 10 Minuten auf den Punkt. Er erklärt die Verknüpfung von Körper und Geist gut verständlich anhand von einladenden Zeichnungen. Ferner bietet das Video eine angenehme methodische Abwechselung im Seminar. Nach dem Film erfolgt ein kurzer Austausch, wie es den Teilnehmenden mit dem Film ging.

Intro-Vorschlag *„Jetzt gönne ich Ihnen nach der aktiven Übung einen Film über die Auswirkungen von Stress. Lassen Sie diesen Film auf sich wirken. Machen Sie sich gern Notizen. Nach dem Film tauschen wir uns dazu aus. Los geht's."*

Methodische Hinweise Der Film endet mit der Bedeutung unserer Gedanken. Dieser Ausstieg aus dem Film dient gleichzeitig als Einstieg in die nächste Ebene der Stressampel, die Stressverstärker. Bevor Sie überleiten, reflektieren Sie den Film gemeinsam, z.B. anhand der folgenden Fragen:

- Wie geht es Ihnen jetzt nach dem Film?
- Was bewegt Sie nach dem Film?

- Was sind für Sie neue Erkenntnisse?
- Welche Gedanken gehen Ihnen in Bezug auf den Film gerade durch den Kopf?
- Wo sehen Sie Parallelen zu Ihrem Alltag?

Stressverstärker

Erläuterungen

Nachdem die Teilnehmenden vor der Pause ihre Stressoren reflektiert haben und zusätzlich durch den eben gesehenen Film für die gesundheitsschädliche Wirkung von Stress sowie die Einflüsse von Wahrnehmung und Bewertung sensibilisiert wurden, widmen wir uns der zweiten Ebene der Stressampel, den Stressverstärkern. Hier können Sie ggf. auch noch mal auf das Stressmodell von Lazarus hinweisen (Bewerten von Stressoren, Seite 102 f).

Um deutlich zu machen, wie die eigene Gedankenwelt dazu beitragen kann, auftretende Stressoren in ihren Auswirkungen zu verstärken, eignet sich das Modell der „Inneren Antreiber“ aus der Transaktionsanalyse. Das „Antreiber-Modell“ wurde in den 1950er- und 1960er-Jahren von dem Psychiater Eric Berne und seinem Kollegen Taibi Kahler entwickelt. Innere Antreiber beruhen auf Glaubenssätzen, die sich in unseren Verhaltens- und Denkmustern zeigen. Im Normalfall motivieren sie uns, in Stresssituationen verstärken sie allerdings Stressoren, da die inneren Antreiber zusätzlichen Druck auf uns ausüben.

Die Antreiber sind Teil unseres unbewussten Lebensskriptes und basieren oft auf Aussagen von uns nahestehenden Personen in unserer Kindheit, die wir für uns verinnerlicht haben. Haben wir die Ratschläge und Botschaften, die uns gegeben wurden, befolgt, erhielten wir dafür Anerkennung und wurden akzeptiert. So entwickelte sich ein Selbstbild, indem wir lernten, wann wir „O.K.“ sind und wann nicht. Geraten wir nun in Situationen erhöhter Belastungen, übernehmen unsere inneren Antreiber die automatische Steuerung über unser Denken, Fühlen und Handeln. Resilienz entwickeln bedeutet, mit den Herausforderungen flexibel umzugehen und nicht nach Automatismen zu handeln. Es gilt, sich die Antreiber bewusst zu machen und auszubalancieren, um in funktionalere Denk-, Gefühls- und Verhaltensmuster zu kommen.

Bei den hier im Buch vorgestellten Antreibern handelt es sich um eine Auswahl. Im Konzept nach Kaluza wird noch mit den Antreibern „Sei vorsichtig!“ und „Ich kann nicht!“ gearbeitet. Dafür finden die Antreiber „Streng dich an!“ und „Beeil dich!“ in seinem Konzept keine Berücksichtigung.

Vorgehen

- **Schritt 1:** Rufen Sie die Folie zur Stressampel auf und heben Sie die zweite Ebene, die Stressverstärker, hervor. Weisen Sie dabei auf die weitere Vorgehensweise hin.

Download: Test Innere Antreiber

- **Schritt 2:** Um die Antreiber für jeden Teilnehmenden zu ermitteln, eignet sich der Antreibertest aus der Transaktionsanalyse. Geben Sie allen Teilnehmenden Zeit, den Antreibertest auszufüllen und auszuwerten. Erfahrungsgemäß brauchen Teilnehmende anfangs Unterstützung bei der Auswertung. Sind die ersten Felder gemeinsam ausgewertet, können die Teilnehmenden das Prinzip schnell selbst auf den Rest des Fragebogens anwenden.

- **Schritt 3:** Die fünf Antreiber der Transaktionsanalyse werden vorgestellt. Es wird auf die Grundbedürfnisse, die Stärken und die kritischen Aspekte eingegangen. Es gilt, mit den Teilnehmenden Beispiele aus ihrem Erleben zu reflektieren und daran die Wirkungsweisen der inneren Antreiber zu verdeutlichen.

- **Schritt 4:** Wertschätzung und Neubewertung der inneren Antreiber mit dem Wertequadrat von Schulz von Thun

Intro-Vorschlag zu Schritt 1 und 2

„Lassen Sie uns auf Ihre Gedankenwelt und Ihre versteckten unbewussten inneren Antreiber schauen. Wir befinden uns damit in der zweiten Ebene der Stressampel, bei den Stressverstärkern. Oft ist uns gar nicht bewusst, wie innere Stimmen und Bewertungen die Wirkung der Stressoren verstärken. Damit Sie eine Idee davon bekommen, wer Ihre stärksten Stressverstärker sind und wie sich diese auf Ihr Handeln auswirken, bitte ich Sie, den vorliegenden Test auszufüllen. Haben Sie dabei Ihren beruflichen Kontext im Kopf und antworten Sie intuitiv. Am Ende finden Sie die Anleitung zur Auswertung. Gern unterstütze ich Sie bei Bedarf dabei. Der Test dauert ca. 10 Minuten und ich freue mich gleich auf Ihre Auswertungen. Viel Freude bei der Umsetzung."

Methodischer Hinweis

Je nach Seminargruppe können Sie bei der Auswertung ein Flipchart nutzen und dort aufführen, welche Antreiber in dieser Gruppe verstärkt ausgeprägt sind. Notiert werden dabei die Antreiber mit der höchsten Ausprägung. Sind bei jemandem zwei Antreiber in der Punktezahl nur einen oder zwei Punkte auseinander, werden beide Antreiber in die Zählung am Flipchart aufgenommen. Es ist wichtig, stets darauf hinzuweisen, dass dieser Test auf einer Selbsteinschätzung beruht.

Intro-Vorschlag zu Schritt 3

„Nachdem jetzt alle ihre Antreiber ermittelt haben, möchte ich Ihnen die Antreiber mit deren jeweiligen Grundbedürfnissen, Stärken und Schwächen vorstellen. Im Anschluss daran schauen wir uns an, wie Sie durch Neube-

wertung für eine Ausbalancierung der Antreiber sorgen können. So können Sie die positiven Anteile nutzen, verfallen jedoch nicht in die übertriebene Ausprägung und die Stressverstärkung."

Methodische Hinweise

Fragen Sie bei der Vorstellung der Antreiber immer mal, wie stimmig die einzelnen Aspekte für die Teilnehmenden klingen und wo die Teilnehmenden die verstärkende Wirkung in ihrem Alltag schon erlebt haben.

Auf die Antreiber-Glaubenssätze und die Neubewertungen in den Steckbriefen wird erst in Schritt 4 eingegangen.

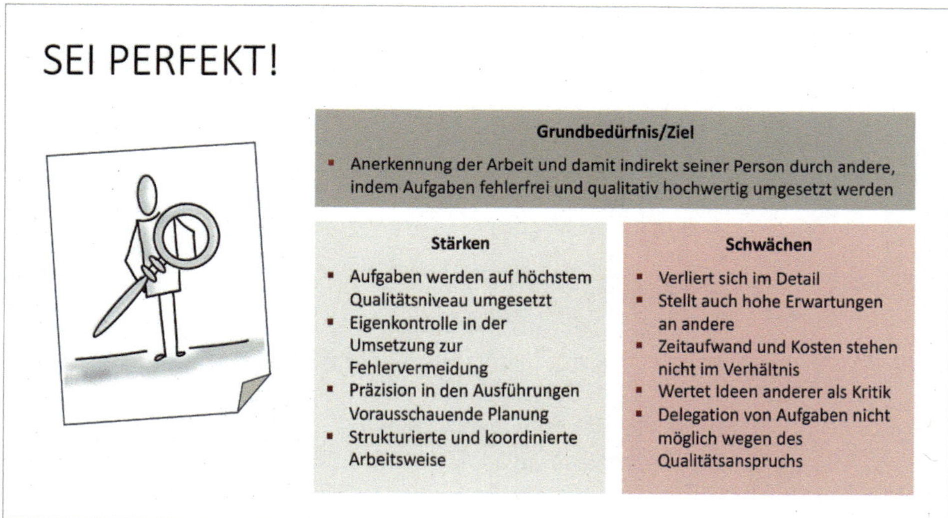

Abb.: PowerPoint-Beispielfolie zu Grundbedürfnissen, Stärken und Schwächen des Antreibers „Sei perfekt!"

Download: Antreiber-Steckbriefe

Nachstehend finden Sie Steckbriefe aller fünf Antreiber. Wodurch zeichnen sie sich aus? Was sind für sie typische Sätze? Was ihre Ziele? Was sind ihre Stärken, was ihre Schwächen? Ferner finden Sie in der Auflistung Anregungen zu möglichen Neubewertungen. Sie entscheiden, in welcher Art und Weise Sie die Darstellung in Ihrem Training einsetzen. Je nach Zielgruppe und Zeitrahmen können Sie mal mehr und mal weniger der aufgeführten Aspekte im Training nutzen.

Sei perfekt!

Dieser Antreiber sorgt bei uns dafür, dass wir bei allem, was wir tun, einen sehr hohen Anspruch an unsere Arbeit haben. Wir wollen es nicht nur gut machen, sondern gern auch noch das ultimative Sternchen dazu haben. Das kostet Zeit, die uns in unserem Arbeitsalltag häufig fehlt. Werden wir jedoch unserem inneren Anspruch nicht gerecht, sind wir im Urteil über uns selbst schnell abwertend und fühlen uns unserer Angst, nicht zu genügen, ausgeliefert.

Typische Antreiber-Glaubenssätze:
- „Das geht noch besser!"
- „Fehler sind nicht akzeptabel!"
- „Gut ist nicht gut genug!"
- „Ganz oder gar nicht – was ich anfange, muss hundertprozentig sein!"
- „Qualität ist das A und O!"

Ziel des Antreibers:
- Anerkennung der Arbeit und damit indirekt seiner Person durch andere, indem Aufgaben fehlerfrei und qualitativ hochwertig umgesetzt werden

Positiver Wert des Antreibers = Stärken:
- Aufgaben werden auf höchstem Qualitätsniveau umgesetzt
- Eigenkontrolle in der Umsetzung zur Fehlervermeidung
- Präzision in den Ausführungen (Detailtiefe)
- Vorausschauende Planung
- Strukturierte und koordinierte Arbeitsweise

Destruktiver Ansatz des Antreibers = Schwächen:
- Verliert sich im Detail
- Stellt auch hohe Erwartungen an andere
- Zeitaufwand und Kosten stehen nicht im Verhältnis
- Wertet Ideen anderer als Kritik
- Delegation von Aufgaben nicht möglich wegen des Qualitätsanspruchs

Alternative Glaubenssätze zur Neubewertung:
- „Auch ich darf Fehler machen und daraus lernen."
- „Gut ist gut genug!"
- „Weniger ist manchmal mehr."
- „Ich gebe mein Bestes und achte auf mich."
- „Ich unterscheide zwischen wichtig und unwichtig."

Beeil dich!

Menschen mit diesem Antreiber sind stets unruhig und in Hektik. Sie sind zwar körperlich anwesend, gedanklich aber schon wieder auf dem Sprung, sie könnten ja etwas verpassen. Ihr Bedürfnis ist es, in kurzer Zeit so viel wie möglich zu schaffen und nichts zu versäumen. Wer braucht schon Pausen? In der Zeit kann doch Arbeit nebenbei erledigt werden!

Typische Antreiber-Glaubenssätze:

- „Wer rastet, der rostet!"
- „Schnell, schnell erledigen!"
- „Ich bin immer dabei!"
- „Ich darf keine Zeit verschwenden!"
- „Ich muss mich beeilen, damit ich fertig werde!"

Ziel des Antreibers:

- Nichts Wichtiges verpassen und überall dabei sein

Positiver Wert des Antreibers = Stärken:

- In kurzer Zeit wird viel geschafft
- Hohe Eigenaktivität und Leistungsgeschwindigkeit
- Termindruck wird nicht als solcher empfunden
- Schnelle Auffassungsgabe
- Schnell auf den Punkt kommen

Destruktiver Ansatz des Antreibers = Schwächen:

- Hohe Fehleranfälligkeit und Unkonzentriertheit
- Starke Unruhe, die sich auf andere überträgt
- Aufgaben werden nicht zu Ende gebracht
- Es wird keine Zeit für Regeneration genommen
- Es werden keine Schwerpunkte gesetzt

Alternative Glaubenssätze zur Neubewertung:

- „Ich darf mir die Zeit geben, die ich brauche!"
- „In der Ruhe liegt die Kraft!"
- „Ich darf Pausen machen."
- „Ich kann/muss nicht alles kontrollieren/planen."
- „Ich bleibe gelassen, auch wenn ich nicht weiß, was kommt."

Streng dich an!

Bei diesem Antreiber sind Anstrengung und Erfolg miteinander gekoppelt. Nur was wirklich schweißtreibend war, ist etwas wert und führt zum Erfolg. Aufgaben, die Spaß machen, und mit Leichtigkeit umsetzbar sind, sind verdächtig und nicht wertig genug. Im Gegenzug wird ein Misserfolg als mangelndes Engagement und Einsatz gewertet – „Ich habe mich nicht genug angestrengt!"

Typische Antreiber-Glaubenssätze:
- „Ohne Fleiß kein Preis!"
- „Nur wer Leistung bringt, ist etwas wert!"
- „Erst die Arbeit, dann das Vergnügen!"
- „Von nichts kommt nichts!"
- „Was Spaß macht, kann nichts wert sein!"

Ziel des Antreibers:
- Anstrengung garantiert den Erfolg. Durch Kontinuität und Beharrlichkeit ist alles zu schaffen.

Positiver Wert des Antreibers = Stärken:
- Starkes Pflichtbewusstsein
- Nimmt sich auch schwieriger Aufgaben an
- Kontinuität in der Umsetzung
- Hält Leistungsdruck stand
- Hohe Einsatzbereitschaft

Destruktiver Ansatz des Antreibers = Schwächen:
- Überforderung von sich selbst und anderen
- Nimmt keine Hilfe an
- Sorgt nicht für sich und seine Auszeiten
- Einfache und leichte Umsetzungen von Aufgaben werden nicht gesehen
- Abwertung eigener Erfolge oder der des Teams

Alternative Glaubenssätze zur Neubewertung:
- „Ich darf Spaß an der Arbeit haben."
- „Auch wenn es leicht geht, ist es wertvoll."
- „Ich vertraue auf mich."
- „Ich darf Vereinbarungen über realistische Ziele treffen."
- „Ich darf etwas mit Gelassenheit tun."

Mach es allen recht!

Zu den Menschen im eigenen Umfeld in einer guten Beziehung zu stehen und mit ihnen harmonisch im Miteinander zu sein, hat für diesen Antreiber eine große Bedeutung. Die eigenen Wünsche und Bedürfnisse werden auch mal zurückgestellt, wenn es darum geht, anderen Unterstützung zu geben. Eine Bitte auszuschlagen und Nein zu sagen, ist fast undenkbar. Es besteht ein hohes Bedürfnis nach Zugehörigkeit, Nähe und Harmonie.

Typische Antreiber-Glaubenssätze:
- „Ich muss für alle da sein!"
- „Ein gutes Miteinander ist wichtig!"
- „Ich bin für andere immer ansprechbar!"
- „Ich bin verantwortlich dafür, dass sich alle wohlfühlen!"
- „Ich möchte gemocht werden!"

Ziel des Antreibers:
- Mit allen in gutem Kontakt zu sein, ihnen zu helfen und immer ansprechbar zu sein, sorgt dafür, dass ich gemocht werde. Andere sind dann gerne mit mir zusammen.

Positiver Wert des Antreibers = Stärken:
- Hohe soziale Kompetenz
- Sensibilität für Emotionen und Bedürfnisse
- Setzt sich ein für den Zusammenhalt im Team
- Nimmt Stimmungsschwankungen wahr
- Hilft und unterstützt jeden

Destruktiver Ansatz des Antreibers = Schwächen:
- Sorgt nicht für seine eigenen Bedürfnisse
- Kann nur schwer Entscheidungen treffen
- Verbiegt sich, um es anderen recht zu machen
- Leidet unter Unstimmigkeiten im Kontakt zu anderen
- Setzt sich nicht für seine Interessen ein

Alternative Glaubenssätze zur Neubewertung:
- „Ich darf Nein sagen."
- „Ich darf mich anderen zumuten, andere tun daselbe."
- „Nicht alle müssen mich mögen."
- „Ich kann/will/muss es nicht allen recht machen."
- „Ich achte auf meine Grenzen/Bedürfnisse."

Sei stark!

Stärke zeigen, Aufgaben allein meistern und stets die Kontrolle behalten – mit diesem Antreiber ausgestattet, können außerordentliche Leistungen erbracht werden, doch die Frage ist: Zu welchem Preis? Kontrollverlust wird hier schnell mit dem eigenen Leistungsverlust (und Gesichtsverlust) verknüpft. Gefühle zu zeigen, ist ein Tabuthema.

Typische Antreiber-Glaubenssätze:

- „Ich schaffe das allein!"
- „Was ich erreichen will, schaffe ich auch ohne Hilfe!"
- „Ich darf keine Schwächen zeigen!"
- „Ein Indianer kennt keinen Schmerz!"
- „Zähne zusammenbeißen und durch!"

Ziel des Antreibers:

- Dieser Antreiber steht für ein starkes Bedürfnis nach Unabhängigkeit und Selbstbestimmung. Die Kontrolle in jeder Situation zu behalten, hat eine hohe Priorität.

Positiver Wert des Antreibers = Stärken:

- Hoher Umsetzungswille
- Kann auch unpopuläre Entscheidungen treffen
- Setzt Ziele durch
- Bewahrt Haltung in schwierigen Situationen
- Bietet wenig persönliche Angriffsfläche

Destruktiver Ansatz des Antreibers = Schwächen:

- Wirkt gefühlskalt im Kontakt mit anderen
- Achtet nicht auf seine eigenen Ressourcen
- Kann keine Hilfe annehmen
- Wirkt übermenschlich
- Ist überfordert

Alternative Glaubenssätze zur Neubewertung:

- „Schwächen sind menschlich."
- „Ich darf um Hilfe/Unterstützung bitten."
- „Ich kann/darf mich auf andere verlassen."
- „Ich darf meine Gefühle zeigen."
- „Ich muss nicht alles selbst/allein machen."

Um für die Neubewertung tiefer einzusteigen und die dahinterstehende Logik besser zu vermitteln, können Sie in Ihrem Training mit dem Werte- und Entwicklungsquadrat diesen Schritt fördern und moderieren.

Werte- und Entwicklungsquadrat

Stellen Sie nun zum Abschluss des Themenblocks das Wertequadrat von Friedemann Schulz von Thun vor, z.B. anhand des inneren Antreibers „Sei perfekt".

Im Rahmen seiner Arbeit setzt Schulz von Thun das Wertequadrat zur persönlichen Weiterentwicklung ein. Es ist ein Denk- und Werteschema, das hilft, ins Begreifen zu kommen. Es geht bei der Neubewertung der Glaubenssätze darum, die positiven Anteile wertzuschätzen, sich jedoch von der Übertreibung und damit dem destruktiven Ansatz zu distanzieren. Das Wertequadrat ist folgendermaßen aufgebaut:

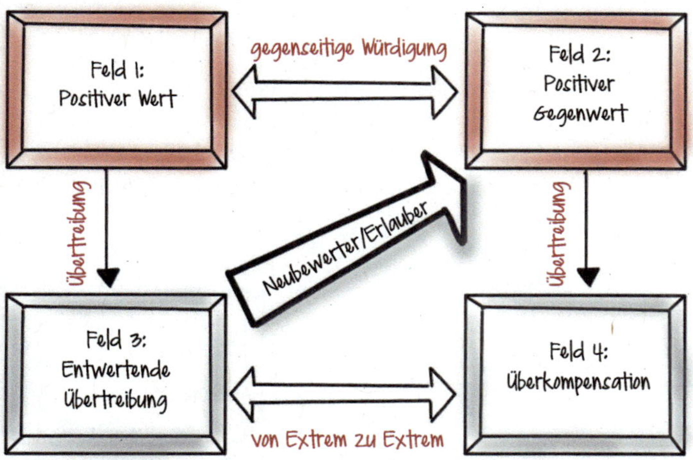

Abb.: Werte- und Entwicklungsquadrat

Abb.: Alternative Vorstellung des Wertequadrates als sich aufbauendes Flipchart

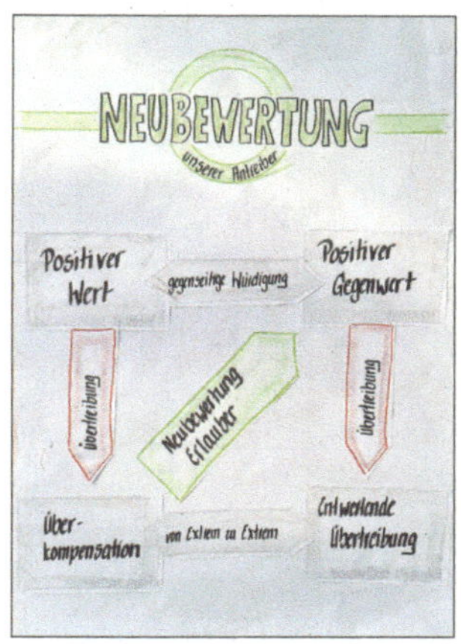

Die Kernbotschaft liegt darin, dass in jeder Schwäche im Grundsatz eine Stärke oder Tugend steckt.

Intro-Vorschlag zu Schritt 4

„Wir haben uns eben darüber ausgetauscht, wie sich Antreiber negativ auf die eigene Gesundheit auswirken können, wenn wir in der Übertreibung sind. Um Ihnen einen Impuls zu geben, wie Sie die Antreiber ausbalancieren können, möchte ich Ihnen das Wertequadrat von Schulz von Thun am Beispiel des Antreibers „Sei perfekt" vorstellen.

Die vier Felder sind wir folgt aufgebaut:

- *In **Feld 1** oben links kommen die Stärken des Antreibers. Was sind die Stärken dieses Antreibers „Sei perfekt"? Welche positiven Auswirkungen zeigen sich im Arbeitsverhalten?*

- *Was wäre das „Zuviel", ein Übertreiben der Stärken? Was fällt Ihnen dazu ein? Das kommt in **Feld 3** unten links. Ich habe es hier Stolpersteine genannt. Wir können auch sagen, das sind jene Aspekte, die Ihnen oder auch Ihrem Umfeld Stress bereiten.*

- *Schulz von Thun sagt, jeder Wert kann nur dann seine konstruktive Wirkung entfalten, wenn ihm eine Schwestertugend, ein positiver Gegenwert, an die Seite gestellt wird. Ich habe diese Schwestertugend in **Feld 2** oben rechts die Konterstärke genannt. Was wäre die Konterstärke zu den Stärken des Antreibers?*

- *Wenn Sie die Konterstärke übertreiben, wie würde sich dies zeigen? Das kommt in **Feld 4** unten rechts.*

Um das Spannungsfeld auszubalancieren und in eine Neubewertung zu kommen, gilt es, zwischen dem Stolperstein des Antreibers und der Konterstärke eine veränderte Herangehensweise zu entwickeln. In unserem Beispiel würde sich beispielsweise anbieten, in Arbeitsprozessen durch Nachfragen und Abwägen den Aufwand in der Umsetzung der Wichtigkeit der Maßnahme anzupassen."

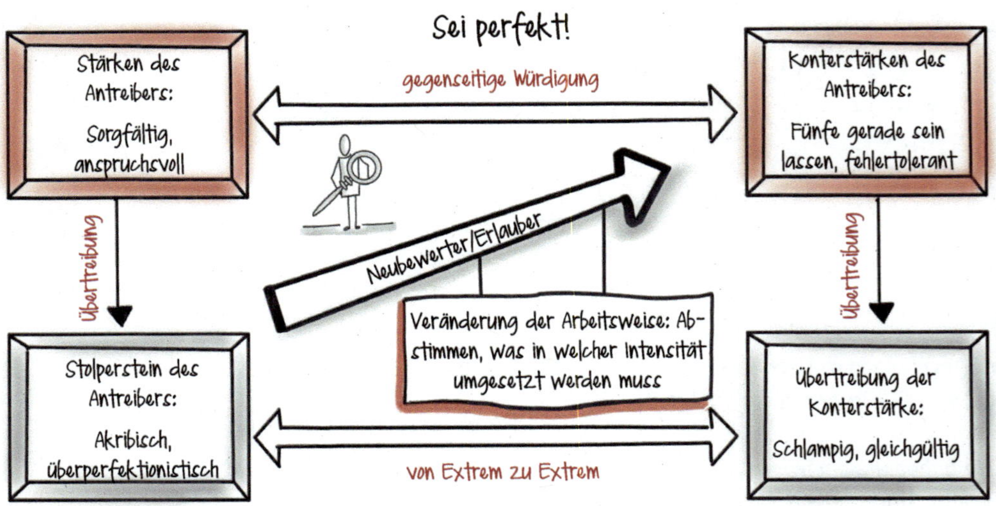

Abb.: Wertequadrat am Beispiel des Antreibers „Sei perfekt"

„Lassen Sie uns nun schauen, was typische Antreibersätze sind und wie Sie sie abschwächen bzw. neu bewerten können. Versuchen Sie, Ihren stärksten Antreiber, gern in Partner- oder Gruppenarbeit, neu zu bewerten, sprich einen neuen Glaubenssatz zu entwickeln. Nutzen Sie dazu gern das Wertequadrat. Sie entscheiden, was Ihnen leichter fällt und wo Sie den besten Zugang haben."

Download: Wertequadrat

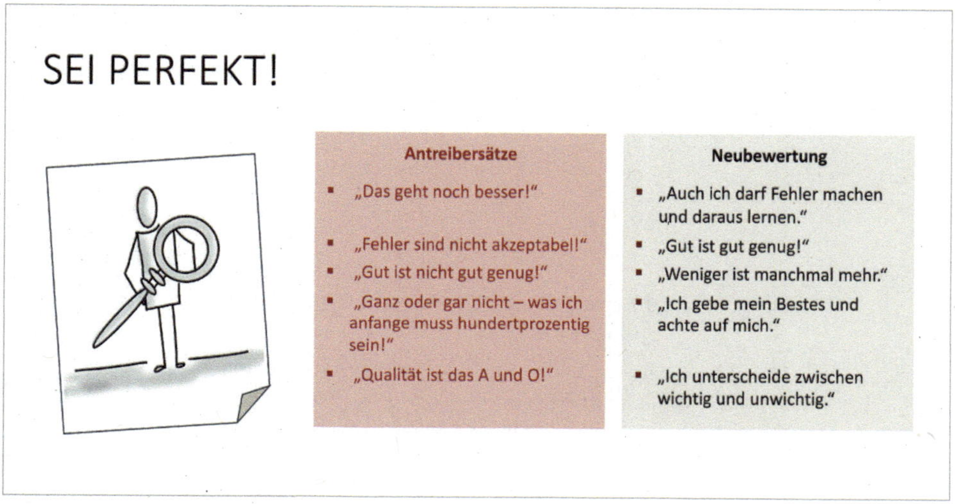

Abb.: Beispielfolie in PowerPoint „Antreibersätze und mögliche Neubewertungen"

Methodischer Hinweis

Da es den meisten Teilnehmenden schwerfällt, die Übung nur anhand des Wertequadrats durchzuführen, kann die Übung gerne erweitert werden. Lassen Sie z.B. Ihre Teilnehmenden auch eigene Neubewertungen oder Glaubenssätze formulieren; Sie haben hier Spielraum bei der Umsetzung. Lassen sich die Teilnehmenden auf die Übung ein, kann es zu intensiven Umdenkungsprozessen bezüglich der eigenen Antreiber kommen. Zum Ende der Übung können die Teilnehmenden auch noch ihre neu formulierten Sätze – auf freiwilliger Basis – vorlesen.

Quellen

- https://www.teatime.berlin/post/spezial-folge-ein-gespr%C3%A4ch-%C3%BCber-antreiber-transaktionsanalyse-stress (abgerufen am 16.08.2023)
- https://transaktionsanalyse.online/antreiber/ (abgerufen am 16.08.2023)
- Band 2 und 4 aus: Schulz von Thun, Friedemann (2014): Miteinander reden. Ausgabe in 4 Bänden. Reinbek bei Hamburg, Rowohlt Taschenbuch.
- https://www.schulz-von-thun.de/die-modelle/das-werte-und-entwicklungsquadrat (abgerufen am 16.08.2023)
- Kaluza, Gert (2015): Stressbewältigung. 3. Auflage. Berlin/Heidelberg, Springer Verlag.

- Amann, Ella Gabriele; Egger, Anna (2019): Micro-Inputs Resilienz. 2. Auflage. Bonn, managerSeminare.
- Nitschke, Petra (2016): Lebensbereiche balancieren. Bonn, managerSeminare.

15:45 Uhr

Reduktion von Stressoren – Aufbau von Ressourcen

Orientierung

Ziele

- Erläuterung der dritten Ebene der Stressampel, der Stressreaktionen
- Lösungsansätze auf den jeweiligen Stressebenen vorstellen und auf ihre Umsetzbarkeit hin prüfen
- Eigene Ansatzpunkte zur Stressreduktion entwickeln

Zeit

- 60 Minuten

Material

- PowerPoint-Folien oder Flipcharts
- Ggf. Arbeitsblatt „Stressoren mindern – Ressourcen aufbauen"
- Flipcharts mit Überschriften für Schritt 2 der Übung „Stressoren mindern – Ressourcen aufbauen"
- Pinnwände
- Stifte für die Gruppenarbeit

Einstieg und Aktivierungsübung

Vorgehen und Erläuterungen

Es erfolgt die Vorstellung der **dritten Ebene der Stressampel**, die Stressreaktionen. Durch den Film (Seite 110 f) sind den Teilnehmenden diese Aspekte bereits bekannt und im Bewusstsein. Es kann hier noch eine Differenzierung der verschiedenen Stressreaktionen (kognitiv, emotional, muskulär und vegetativ-hormonell) erfolgen. Mit Vervollständigung der Stressampel ist der nächste Schritt die Erarbeitung von Lösungsansätzen. Um Stress zu reduzieren, gibt es, ausgehend von den drei Ebenen der Stressampel, verschiedenste Ansatzpunkte.

Für die weitere Bearbeitung der eigenen Stressoren und den Ausbau der Stresskompetenz ist eine Differenzierung in vermeidbare, begrenzt vermeidbare und unvermeidbare Stressoren hilfreich. Die Kategorien gehen jeweils mit den Resilienzfaktoren Selbstverantwortung, Lösungsorientierung und Akzeptanz einher. Stressoren können z.B. im Umfeld oder in Aufgaben liegen oder den privaten Bereich betreffen. Hier ein paar Beispiele:

Vermeidbar (Faktor Selbstverantwortung):

- Streit mit Kollegen
- Unvorbereitet in Meetings gehen
- Private Anforderungen

Begrenzt vermeidbar (Faktor Lösungsorientierung):

- Umsetzungsschwierigkeiten bei Aufgabenanforderungen
- Fehlendes Netzwerk
- Lange Anreisezeiten zur Arbeit

Unvermeidbar (Faktor Akzeptanz):

- Politische Entscheidungen
- Schicksalsschläge
- Neue berufliche Situationen durch Unternehmensentscheidungen

Beispiele von Teilnehmenden einzubeziehen und einzuordnen, ist empfehlenswert, da die Grenzen zwischen den subjektiv als „vermeidbar" und den als „begrenzt vermeidbar" empfundenen Stressoren fließend sind.

Um die Teilnehmenden für die anschließende Übung in neue Lösungsansätze zu bringen, können Sie sie mit der **„9-Punkte-Strategie"** aktivieren. Bei dieser Aufgabe müssen 3x3 im Quadrat angeordnete Punkte mit vier geraden Strichen verbunden werden. Dabei muss jeder Punkt berührt werden, ohne dabei den Stift abzusetzen. Die Aufgabe kommt aus der Denkpsychologie des praktischen Problemlösens. Ziel der Übung ist es, das Denken „über den Rahmen", oder sprichwörtlich „über den Tellerrand", zu fördern, Neues zuzulassen und dadurch neue Lösungsansätze zu finden. Nur wenn bei dieser Übung die Striche über den Rahmen, den die Punkte bilden, hinausgezogen werden, ist die Lösung der Aufgabe möglich.

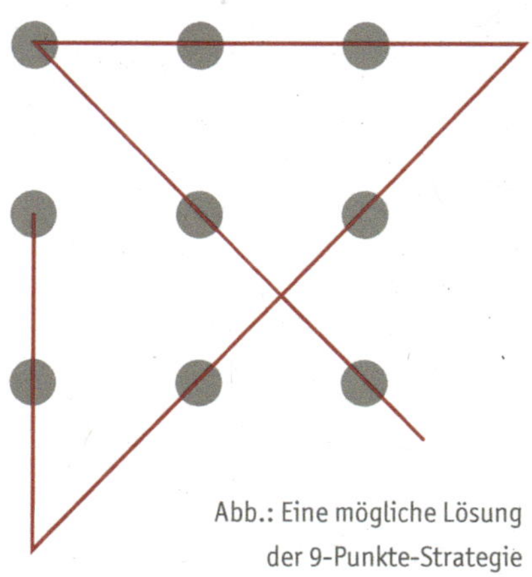

Abb.: Eine mögliche Lösung der 9-Punkte-Strategie

Verschiedene Lösungen sind je nach Ansatz des ersten Striches möglich. Beim Stichwort Lösungsvielfalt können Sie auf die Übung nach der Mittagspause verweisen, wo die Teilnehmenden auf die verschiedensten Arten über das Band gelaufen sind (Seite 109 f).

Quellen

- https://de.wikipedia.org/wiki/Neun-Punkte-Problem (abgerufen am 16.08.2023)
- https://www.bing.com/videos/search?q=9+punkte+mit+4+linien+verbinden&docid=608024557650395668&mid=1956808B439C6A3AC9A71956808B439C6A3AC9A7&view=detail&FORM=VIRE (abgerufen am 03.10.2022)

Übung: Stressoren mindern – Ressourcen aufbauen

Nach dieser Aktivierungsübung erfolgt nun die praktische Auseinandersetzung der Teilnehmenden mit ihren Stressoren. Dazu bietet die folgende Übung (basierend auf dem „Energiefass" von Sylvia Kéré Wellensiek) eine gute Grundlage. Die hier vorgestellte Übungsvariante nutzt das Bild einer Batterie und den Vergleich zum Mobiltelefon.

Intro-Vorschlag

„Für die folgende Übung arbeiten wir mit einem einfachen Vergleich: Denken Sie an Ihr Handy. Laden Sie Ihr Mobiltelefon nicht, ist es nicht leistungsfähig. Ferner werden bei niedrigem Akkustand im Hintergrund Funktionen bereits eingestellt bzw. gedrosselt. Auch wir sind weniger leistungsfähig, wenn unser Energielevel niedrig ist. Das führt oft zu weiterem Stress, da wir z.B. eher Fehler machen, gereizt reagieren oder auch schneller Dinge vergessen. Unser Handy gibt uns ferner ein Signal, wenn der Akku z.B. nur noch zu 15 Prozent geladen ist. Gleiches tut unser Körper, wenn er Ruhe benötigt. Leider überhören wir dieses Signal allzu oft oder gehen bewusst darüber hinweg."

In dieses Beispiel können sich die Teilnehmenden schnell hineinversetzen, da jeder schon mal vergessen hat, sein Handy zu laden.

Die folgende Übung kann auf unterschiedliche Weisen umgesetzt werden. Gerade in Präsenz können Sie die Möglichkeit des Austausches der Teilnehmenden untereinander nutzen und in Gruppen die Fragestellungen auf Flipcharts beantworten lassen. Dies trägt zur Auflockerung am späten Nachmittag bei und erweitert zudem das Spektrum der unterschiedlichen Aktivitäten und Sichtweisen.

Intro-Vorschlag für die Praxisübung

„Zum Ende des Tages möchte ich nun mit Ihnen noch mal ganz konkret werden und Ihre eigenen Stressoren und Ressourcen anschauen. Dabei gehen wir in drei Schritten vor:

- ***Schritt 1:** Denken Sie an die letzte Woche und schätzen Sie spontan ein, wie dort Ihr Akkustand war. Mit welcher durchschnittlichen Energie waren*

Sie in der Woche unterwegs? Jeder zeichnet dazu kurz eine Figur und vermerkt dort die entsprechende Prozentzahl.

Download:
Stressoren mindern – Ressourcen aufbauen

- ***Schritt 2:*** *Überlegen Sie, welche Stressoren Ihren Akku leeren. Schauen Sie dazu auch auf Ihre Ausarbeitungen von heute Vormittag, die Rollenanforderungen. Welche Ereignisse, Situationen oder Verhaltensweisen sind es, die Sie in Stress bringen? Parallel dazu schauen Sie aber bitte auch, was Ihren Akku gefüllt hat. Welche Ressourcen haben Sie für sich erkannt, mit denen Sie Ihren Akku wieder auffüllen? Was waren oder sind vielleicht für Sie unterstützende Ereignisse und Verhaltensweisen, die Sie entlasten?*

- ***Schritt 3:*** *Wenn Sie das zusammengetragen haben, überlegen Sie, wo Sie für Veränderung sorgen könnten. Wie können Sie Stressoren reduzieren und wo könnten Sie mehr für Ihren Ressourcenaufbau tun?*

Finden Sie sich eigenständig in Gruppen à 3-4 Personen zusammen und nehmen Sie sich 30 Minuten Zeit. Im Anschluss schauen wir uns die Ausarbeitungen der anderen Gruppen an. Ich wünsche Ihnen einen aktiven Austausch. Vorbereitete Flipcharts finden Sie an den Pinnwänden. Sollten Sie mehr Flipcharts benötigen, so finden Sie diese hier."

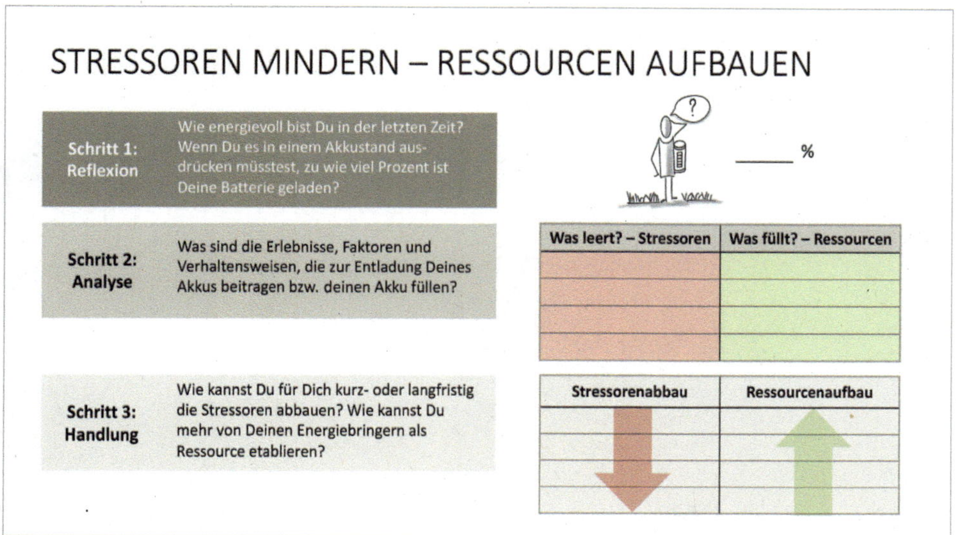

Abb.: PowerPoint -Beispielfolie „Stressoren mindern – Ressourcen aufbauen"

Quelle

- Wellensiek, Sylvia Kéré (2020): Logbuch Resilienz. Weinheim/Basel, Beltz Verlag.

Methodische Hinweise

Die Übung ist sehr lebendig und es geht dabei nicht um Vollständigkeit, sondern um eine erste Auseinandersetzung mit dem Thema. Der Austausch fördert das Gefühl, nicht allein mit den Herausforderungen zu sein und stärkt den einzelnen Teilnehmer. Oft entstehen durch einfache Ideen und Impulse der anderen Teilnehmenden für jeden Einzelnen neue Überlegungen oder Altbekanntes wird in Erinnerung gerufen.

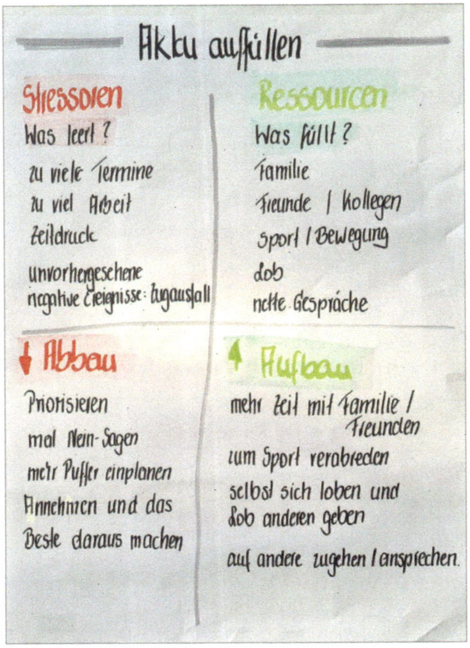

Am Ende wird im Plenum auf die ausgearbeiteten Flipcharts geschaut und Sie fragen nach, welche Impulse die Teilnehmenden aus der Übung für sich gewonnen haben. Der Austausch benötigt aus Erfahrung um die 10 Minuten, kann aber je nach Zeitfaktor und Lebendigkeit der Gruppe auch variieren.

Abb.: Beispiel einer praktischen Umsetzung

16:45 Uhr

Tagesrückblick

Orientierung

Ziele

- Reflexion der Inhalte
- Festhalten mindestens eines wichtigen eigenen Tagesimpulses
- Wünsche vom Einstieg in Abgleich bringen

Zeit

- 15 Minuten

Material

- PowerPoint-Folie oder Flipchart
- Arbeitsblatt für eigene Notizen/zum Festhalten der Erkenntnisse

Erläuterungen

Zum Ende des Tages sind der Blick auf den ursprünglichen Einstieg und die Agenda sowie eine Art Zusammenfassung wichtig zur Reflexion und zum Festhalten eigener Erkenntnisse. Dabei sollte jede und jeder Teilnehmende mit einem aktiven Ausstieg zu Wort kommen. Parallel wird dabei auf die geäußerten Wünsche geschaut und alles bereits Erledigte wird mit einem Haken versehen.

Download: Mein wichtigster Tagesimpuls

Wenn Sie die Runde starten, sitzen die Teilnehmenden in einem Stuhlkreis und Sie selbst stehen an der Pinnwand mit den Wünschen zum Seminar, um erledigte Fragenstellungen abzuhaken.

Intro-Vorschlag

„Ich möchte mit Ihnen den Tag beenden, indem wir noch mal auf unsere Inhalte des Tages schauen. Wir reflektieren, welche Wünsche und Fragen bereits erfüllt und beantwortet sind. Ferner bin ich gespannt, welchen Impuls oder welche Impulse Sie heute für Ihre persönliche Stärkung der eigenen Resilienz mitgenommen haben. Ich freue mich daher auf Ihre Ausführungen zu den nachstehenden Fragen. Wer mag starten?"

Mögliche Fragestellungen und Impulse für die Reflexion:

- Was war für mich ein wichtiger Tagesimpuls?
- Was war ein Impuls(e) für meine Resilienzentwicklung?
- Was ist mir noch wichtig für morgen?"
- Ich gehe heute nach Hause in dem Gefühl ...
- Was für mich noch wichtig ist, zu sagen: ...

Methodische Hinweise

Die Rückmeldungen sind immer sehr differenziert und es gilt, jede wertzuschätzen. Falls Sie es nicht schaffen, die Wünsche auf der Pinnwand abzugleichen, kann dies auch am nächsten Tag als Einstieg genutzt werden. Je nach Rahmenbedingungen können die Teilnehmenden auch für das Seminar im Hotel untergebracht sein. Dann ist die Frage „Ich gehe heute nach Hause in dem Gefühl ..." anders zu gestalten. Aus den Rückmeldungen der Teilnehmenden können Sie entnehmen, wie die Stimmung ist und was die ersten Erkenntnisse sind. Gegebenenfalls können dann am zweiten Tag noch Inhalte angepasst werden.

Der zweite Seminartag im Überblick

Seite	Thema/Übung	Dauer	Uhrzeit
129	Stimmungsabfrage | Klärung offener Fragen | Agenda Tag 2 | Organisation	15 Minuten	9:00 bis 9:15 Uhr
130	Trainerinput Selbstregulationstheorie als Schlüssel zur Selbstführung | Selbstregulationstheorie nach Bandura mit Selbstreflexion zu den Handlungsebenen	90 Minuten	9:15 bis 10:45 Uhr
	Pause	15 Minuten	10:45 bis 11:00 Uhr
141	Stressabbau | Gelassenheit entwickeln	90 Minuten	11:00 bis 12:30 Uhr
	Mittagspause	45 Minuten	12:30 bis 13:15 Uhr
151	Selbstreflexion: Einflussfaktoren bei der Entscheidungsfindung | Trainerinput Entscheidungsabläufe	75 Minuten	13:15 bis 14:30 Uhr
	Pause	15 Minuten	14:30 bis 14:45 Uhr
166	Trainerinput und Ausprobieren von Methoden zur Entscheidungsfindung	60 Minuten	14:45 bis 15:45 Uhr
175	Mein Resilienzbaum: Eigene Resilienz reflektieren und die nächsten Handlungsschritte entwickeln	45 Minuten	15:45 bis 16:30 Uhr
179	Feedback und Verabschiedung	30 Minuten	16:30 bis 17:00 Uhr
	Ende des Tages		

Stimmungsabfrage und Fragen zum Einstieg in Tag 2

09:00 Uhr

Orientierung

Ziele
- Positiver Einstieg in den Tag
- Fragen klären
- Ausblick auf den Tag geben, noch offene Wünsche abfragen und organisatorische Fragen klären

Zeit
- 15 Minuten

Material
- PowerPoint-Folie oder Flipchart
- Flipchart oder Pinnwand mit der Agenda und den Wünschen

Erläuterungen

Die Erfahrung zeigt, dass sich bei Resilienztrainings über Nacht bei den Teilnehmenden oft die Lerninhalte des Vortages setzen, Fragen entstehen und durch Gespräche mit Freunden oder der Familie neue Verknüpfungen stattfinden. Daher sollten Sie sich Zeit nehmen für den Tageseinstieg, sodass alle Teilnehmenden ihre Fragen stellen können.

Vorgehen

Begrüßen Sie die Teilnehmenden und reflektieren Sie die Inhalte des Vortags. Mögliche Fragestellungen Ihrerseits zum Ankommen können sein:

- Was haben Sie gestern Ihrer Familie und Ihren Freunden vom Seminar erzählt?
- Mit welchem ersten Gedanken sind Sie heute aufgewacht?
- Was hat Sie gestern noch beschäftigt im Zusammenhang mit dem Seminar?
- Aus den Impulsen von gestern, wo sehen Sie die größte Herausforderung, wenn Sie etwas verändern wollen?
- Was ist für Sie für den heutigen Tag wichtig?

Intro-Vorschlag

„Ich freue mich, Sie heute wiederzusehen und mit Ihnen tiefer in weitere Aspekte der Entwicklung Ihrer Resilienzfaktoren einzusteigen. Vorab möchte ich Ihnen allen die Gelegenheit geben, sich kurz zur Frage ‚Was ging mir heute Morgen durch den Kopf, als ich an das Seminar gedacht habe?' zu äußern. Im Anschluss daran schauen wir auf die Agenda für heute und welche

Fragen sich zu gestern noch ergeben haben bzw. welche Wünsche Sie an den heutigen Tag haben. Wer von Ihnen möchte mit seinen Gedanken starten?"

Methodische Hinweise

Um mögliche neue Fragestellungen zu notieren, empfiehlt es sich, Moderationskarten und Stift zur Hand zu haben. Je nach Fragestellungen können Sie diese direkt beantworten oder Sie notieren sie und verweisen bei der Vorstellung der Tagesagenda, zu welchem Zeitpunkt Sie auf die Fragestellung eingehen werden. So fühlt sich jeder Teilnehmende gut eingebunden.

Geben Sie danach einen Ausblick auf die Inhalte des Tages. Dabei ist auch das Abstimmen von organisatorischen Details stets von Bedeutung. Manche Teilnehmenden müssen früher abreisen und das sollten Sie im Hinterkopf haben. Der Ausstieg aus dem Seminar ist angenehmer, wenn er in Ruhe erfolgt. Je nach Auftragssetting erfolgt gegebenenfalls noch ein schriftliches Seminarfeedback und/oder die Ausgabe von Seminarzertifikaten. Dafür sollte Zeit sein. Den Teilnehmenden, die früher abreisen, sollten Sie diese Dokumente vorab zur Verfügung stellen.

Die benötigte Zeit für den Seminareinstieg kann je nach Gruppe und Gegebenheiten stärker schwanken. Aus Erfahrung reichen im Schnitt 15 Minuten.

09:15 Uhr

Resilienzfaktor Selbstregulation

Orientierung

Ziele

- Basiswissen zur Selbstregulation vermitteln
- Den Blick für die eigene Wahrnehmung, Sichtweise und Perspektive schärfen und sie hinterfragen
- Die eigene Selbstregulationsfähigkeit verbessern
- Ein Bewusstsein dafür schaffen, wie stark unsere Selbstbewertung Einfluss auf unsere Reaktionen nimmt
- Die eigenen Verhaltensweisen reflektieren

Zeit

- 90 Minuten

Material

- PowerPoint-Folien oder Flipcharts zu den Themeninhalten
- Arbeitsblatt mit dem Test zur Selbstregulation

Erläuterungen

Der Resilienzfaktor Selbstregulation ist für viele Teilnehmenden ein sehr wichtiges Thema. Sie erleben häufig Situationen, in denen sie sich nicht wohlfühlen, jedoch ihr Gesicht wahren wollen. Für sie ist es wichtig, in den Situationen ihre kognitive Leistungsfähigkeit abzurufen und handlungsfähig zu sein. Es geht beim Punkt Selbstregulation – entgegen der allgemeinen Annahme – nicht darum, Gefühle zu unterdrücken, sondern darum, sie flexibel der Situation angemessen anzupassen. Der Übungsansatz sollte daher den Teilnehmenden Zeit geben, sich mit sich selbst und den eigenen Fallstricken auseinanderzusetzen.

Vorgehen

Zuerst soll die Wahrnehmung der Teilnehmenden für das Thema geschärft werden. Die geschieht in Form einer Dialogübung. Im Anschluss erfolgt ein Input zur Differenzierung von Reiz und Reaktion anhand eines Zitates von Viktor Frankl. Stellen Sie hier außerdem die Definition von Selbstregulation vor sowie die Unterschiede zwischen Selbstkontrolle und Selbstregulation. Nach Einführung in das Modell des Selbstregulationskreislaufes von Bandura können die Teilnehmenden mithilfe eines Tests ihre eigene Selbstregulationsfähigkeit einschätzen. Danach beginnt der Praxisteil, in dem die Teilnehmenden anhand von Fragen ihre eigenen Kompetenzen in den drei Bereichen des Selbstregulationskreislaufes reflektieren. Im offenen Plenum findet anschließend ein Austausch zu Gedanken und Empfindungen im Umgang mit der Übung statt. Zum Abschluss wird das Thema mit dem Input „Rezept für Selbstregulation" abgerundet.

Mit dem Einstieg über das Thema Wahrnehmung gelingt es, die Teilnehmenden in eine erste Reflexion zu bringen. Dazu eignet sich ein Bild, das verschiedene Perspektiven desselben Objektes darstellt. Es verdeutlicht, welche Bedeutung die eigene Perspektive hat und wie wichtig ein Perspektivwechsel ist. Hier finden Sie zwei mögliche Abbildungen für den Einstieg:

Abb.: Perspektivwechsel 1

Abb.: Perspektivwechsel 2

Intro-Vorschlag

„Beim Thema Selbstregulation möchte ich Sie auf eine spannende Reise zu sich selbst mitnehmen. Selbstregulation hat sehr viel mit der Wahrnehmung

unserer Umwelt und unseren eigenen Vorstellungen zu tun, damit, wie wertvoll die Welt für uns ist. Unsere Emotionen entstehen auf Basis unserer Werte und somit unserer Bedürfnisse, sowie der Bewertung der Situationen. Wir werden uns gleich in verschiedenen kleinen Schritten der Komplexität des Themas annehmen.

Lassen Sie uns in einem ersten Schritt mit einem Bild auf das Thema Wahrnehmung schauen. (Einblendung einer der Abbildungen zum Perspektivwechsel, s.o.). *Wenn Sie das Bild sehen, was geht Ihnen spontan durch den Kopf? Welche Situationen fallen Ihnen ein oder welche Gedanken tauchen auf? Welche Perspektive nehmen Sie ein?"*

Tauschen Sie sich in einem offenen Dialog mit den Teilnehmenden über ihre Wahrnehmung zum Bild aus. Fragen Sie nach, ob derartige Themen bekannt sind und was die Assoziationen der Teilnehmenden sind. Fahren Sie nach einem kurzen Austausch mit dem nächsten Themenpunkt fort. Je nachdem, welche Äußerungen von den Teilnehmenden kommen, können Sie diese im folgenden Input einbeziehen.

Definition von Selbstregulation (Reiz und Reaktion)

Bei der Selbstregulation geht es um Achtsamkeit, darum, den kurzen Zeitraum zwischen Reiz und Reaktion zu nutzen. Denn nur für diesen einen Moment haben wir die Möglichkeit, zu wählen, wie wir reagieren wollen. So in etwa fasste der Neurologe und Psychiater Viktor Frankl die Thematik zusammen. Damit bringt er den Zusammenhang zwischen Achtsamkeit und einer guten Selbstregulation auf den Punkt und bietet den Ausgangspunkt für die Definition von Selbstregulation im Seminar.

Intro-Vorschlag

„Viktor Frankl, ein österreichischer Neurologe und Psychiater sowie der Begründer der Logotherapie, hat einmal gesagt (Zeigen Sie jetzt das Zitat)*:*

‚Zwischen Reiz und Reaktion liegt ein Raum.
In diesem Raum liegt unsere Macht zur Wahl unserer Reaktion.
In unserer Reaktion liegen unsere Entwicklung und unsere Freiheit.'

Was bedeutet das für uns? Selbstregulation hat sehr viel mit Achtsamkeit zu tun. Denn nur wenn wir achtsam sind in unserem Alltag und im Besonderen in herausfordernden Situationen, können wir lernen, unsere Emotionen Schritt für Schritt besser zu reflektieren und damit auch angemessen zu reagieren. Wer von Ihnen kann sich im beruflichen Kontext erlauben, wie ein ‚HB-Männchen' in die Luft zu gehen? Oft erreichen wir mit impulsiven und negativen Gefühlsausbrüchen nicht unser Ziel, sondern genau das Ge-

genteil. Auch im Privaten erleben wir immer wieder Situationen, in denen wir förmlich aus der Haut fahren möchten. Schreien wir aber die Person an, so wendet sie sich von uns ab oder es entsteht eher ein Konflikt oder offener Schlagabtausch von Standpunkten, bei dem keiner mehr dem anderen zuhört. Falls wir Glück haben, gelingt uns vielleicht noch eine Lösung, doch der Weg dahin war sehr anstrengend und kräftezehrend. Worum geht es nun bei der Selbstregulation? Ich stelle Ihnen hier Aspekte dazu vor ...“

Erläuterung

Mithilfe der nachstehenden Auflistung verschiedener Aspekte von Selbstregulation können Sie, ergänzt durch Ihre Ausführungen, den Teilnehmenden das komplexe Thema greifbarer machen. Gehen Sie in den mündlichen Erläuterungen vertiefend auf die Aspekte ein und verweisen Sie darauf, wo Sie im heutigen Training auf die jeweiligen Aspekte (z.B. 5-A-Strategie, Seite 142 ff) eingehen werden. Ferner können Sie noch auf die gestrigen Inhalte zum Thema Stressentstehung und der Stressreaktion verweisen. Tiefergehende Erläuterungen finden Sie in der Einleitung (Selbstregulation/Emotionsregulation, Seite 41 ff).

Hier eine Auflistung verschiedener Aussagen darüber, was Selbstregulation bedeutet:

- Körper und Emotionen ins Gleichgewicht bringen
- Fähigkeit zur Entspannung und Selbstberuhigung
- Fähigkeit, Gedanken, Gefühle und Handlungen zu regulieren
- Kurzfristige Befriedigungswünsche der langfristigen Zielerreichung unterordnen
- Kontrolle der Handlungsimpulse

Es empfiehlt sich, auch noch kurz auf die Differenzierung von Selbstkontrolle und Selbstregulation einzugehen:

Intro-Vorschlag

„Zur langfristigen Verbesserung der Fähigkeit im Umgang mit den eigenen Emotionen möchte ich Ihnen gleich das Modell des Selbstregulationskreislaufes vorstellen. Doch vorab eine kleine Zwischenfrage: Was ist für Sie Selbstkontrolle? Wo sehen Sie die Differenzierung zur Selbstregulation?“

Erläuterung

Die Fragestellung und die Differenzierung der Begriffe stehen bewusst an dieser Stelle, da viele Teilnehmende nicht unterscheiden und in Gedanken Selbstregulation mit Selbstkontrolle gleichsetzen. Es geht im weiteren Vorgehen aber nicht um Kontrolle, sondern darum, mithilfe von neuen Bewusstseinsprozessen zu einer besseren Selbstregulation zu finden. Das bedeutet, sich immer wieder selbst zu hinterfragen und zu erkennen, was bei einem selbst Gefühle von Zufriedenheit und Stolz hervorruft. Der Kernpunkt ist, dass nur Selbstregulation, nicht aber Selbstkontrolle, mittels intrinsischer Motivation aufrechterhalten werden kann. So stellt sich in der Folge ein Gefühl der Zufriedenheit ein, was wiederum unsere Resilienz langfristig stärkt.

Die folgenden Definitionen können Sie entweder in Sprachform vorstellen oder Sie visualisieren diese entsprechend Ihrer Mediennutzung:

- Selbstkontrolle ist ein Akt der Willensstärke, indem wir z.B. Versuchungen widerstehen, Impulsreaktionen zu unterdrücken, um unser Verhalten an Normen oder Werten anzupassen. Auf Dauer führt das zu Lustlosigkeit, Erschöpfung und Demotivation.

- Selbstregulation ist die bewusste und unbewusste Steuerung psychischer Vorgänge, das heißt, die Steuerung unserer Gedanken, und Gefühle, unserer Aufmerksamkeit und unserer Impulse, aus denen wir handeln. Selbstregulation ist auch die Balance des eigenen Energiemanagements.

Selbsttest zur Emotionskontrolle

Erlärung

Optional können die Teilnehmenden anschließend einen kurzen Selbstregulationstest (siehe rechte Seite) bearbeiten. Der Test hat zum Ziel, den Teilnehmenden ihre Handlungsimpulse noch weiter bewusst zu machen. Ferner findet hier ein Methodenwechsel statt und die Aufmerksamkeit der Teilnehmenden bleibt erhalten. Der Test ist allerdings keine Voraussetzung für den weiteren Verlauf und Sie können ihn je nach Zeitrahmen auch überspringen.

Intro-Vorschlag

„Bevor wir den nächsten Schritt machen und ich Ihnen ein Modell zur Stärkung der Selbstregulation vorstelle, lade ich Sie ein zum Selbstregulations-Ist-Test. Nutzen Sie bitte das Arbeitsblatt und nehmen Sie sich 5 Minuten Zeit für die Beantwortung. Anschließend tauschen wir uns dazu kurz aus."

Die Selbstregulationstheorie nach Bandura

Vorgehen

Stellen Sie nach dem Austausch den Selbstregulationsprozess (Selbstbeobachtung, Selbstbewertung und Selbstreaktion) nach dem Modell des Psychologen Albert Bandura vor. Nutzen Sie dazu gern eine Visualisierung des Kreislaufes (siehe Abb. Seite 136) sowie Beispiele, die die Thematik verdeutlichen.

Test: Selbstregulations-Ist-Test

Merkmale Selbstregulation	Selbseinschätzung 1 = kaum, 5 = deutlich
Ich habe das Gefühl, dass mein Leben sinnvoll ist, ich habe noch viel vor.	
Ich weiß, dass ich Stresssituationen real bewerten kann.	
Ich kann von mir sagen, dass ich bei Schwierigkeiten nicht überreagiere.	
In Stress- und Belastungssituationen finde ich meistens einen Lösungsweg, weil ich weiß, was ich kann.	
Ich versuche möglichst immer, mir meine Ziele selbst zu suchen und Aufgaben zu übernehmen, die mich fordern.	
Bei besonderen Anforderungen treibt mich vor allem die Lösung der Aufgabe an; Anerkennung und/oder materieller Gewinn sind nachgeordnet.	
Die meisten Aufgaben, die ich zu bewältigen habe, machen mir Spaß.	
Ich glaube, vorausschauendes Handeln ist eine besondere Stärke von mir.	
Entscheidungen treffe ich schnell und sicher, das macht mir immer richtig Spaß.	
Meine Leistungen und Fähigkeiten kann ich realistisch beurteilen.	
Ich vertraue meinen Leistungen und Fähigkeiten, deshalb fühle ich mich in schwierigen Situationen meistens auch recht sicher.	
Ich sehe mich als wertvollen Menschen an und akzeptiere mich so, wie ich bin.	
Neugier und Veränderung sind für mich sehr wichtig, denn nur so kann ich meine eigenen Ressourcen erkennen und mir neue erschließen.	
Ich kann ganz gut Prioritäten setzen sowie zwischen wichtig und unwichtig unterscheiden.	
Summe meiner Selbsteinschätzung	

Quelle: in Anlehnung an Mathesius, R., Scholz, W.-U.: Multimodale Stresskompetenz

Download: Test Selbstregulation

Intro-Vorschlag

„Es geht bei Selbstregulation immer wieder darum, in die Balance zu kommen und die Anforderungen und Störungen von außen in einen Ausgleich mit dem eigenen Motivsystem zu bringen. Der Psychologe Albert Bandura beschreibt die Selbstregulation als das Planen und Verfolgen von Handlungen, Gedanken und Gefühlen, die auf die persönlichen Ziele abgestimmt werden. Im Prozess kommen dabei drei Komponenten zum Tragen, die sich wechselseitig beeinflussen:

- ***Selbstbeobachtung:*** *Bei der Selbstbeobachtung geht es darum, die eigenen Gefühle und das eigene Verhalten in einer Situation wahrzunehmen, sodass daraus Erkenntnisse über die eigene Wirkung auf andere gewonnen werden können. Diese Beobachtung des eigenen Selbst kann sich positiv auf die Selbstmotivation auswirken.*
- ***Selbstbewertung:*** *Bei der Selbstbewertung erfolgt der Abgleich der eigenen Standards mit dem Erreichten. Die Standards sind subjektiv und individuell für jeden Einzelnen. Wir können bei diesem Punkt auch von einem Soll-/Ist-Vergleich in Bezug auf das Erreichen der eigenen Ziele sprechen.*
- ***Selbstreaktion:*** *Aus der Selbstbewertung heraus folgt die Selbstreaktion, die einhergeht mit einem Belohnungs- bzw. Bestrafungssystem sowie affektiven und kognitiven Reaktionen. Was bedeutet das? Bei Belohnungs- bzw. Bestrafungssystem geht es um die Verhaltenssteuerung. Hat jemand z.B. ein wichtiges Zwischenziel in einem Projekt erreicht, wird nach dem Belohnungssystem dieser Erfolg mit dem gesamten Team gefeiert. Ein Verhalten nach dem Bestrafungssystem könnte sein: Bevor nicht die Aufgabe fertiggestellt ist, wird kein Feierabend gemacht und etwaige Verabredungen werden abgesagt.*

Affektive Reaktionen sind emotionsgebunden und können z.B. sein, mit Stolz auf die Leistung zu blicken oder andererseits Unzufriedenheit bei der Umsetzung einer Aufgabe zu spüren. Bei der kognitiven Reaktion geht es um Verhalten, das auf eine kognitive Bewertung des Erreichten in Bezug auf die eigenen Ziele zurückgeht. Positiv bewertete Erfahrungen steigern häufig die Motivation und auch das Anspruchsniveau. Werden Erfahrungen dagegen als negativ bewertet, spielen Zuschreibungen und Bewältigungsstrategien eine Rolle. Sowohl die kognitiven als auch die affektiven Reaktionen auf Erfahrungen nehmen Einfluss auf unsere zukünftige Selbstbeobachtung und Selbstbewertung."

Abb.: Selbstregulationskreislauf nach Bandura

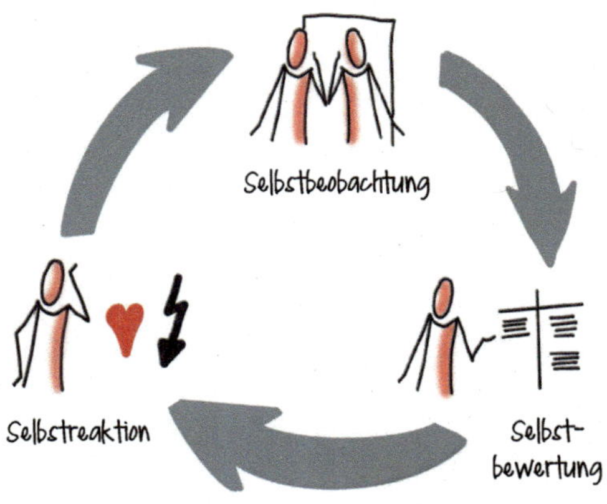

Anschließend folgt eine intensive praktische Übung, bei der sich die Teilnehmenden mit allen drei Aspekten des Selbstregulationskreislaufs auseinandersetzen.

Intro-Vorschlag

„Kommen wir von der Theorie zur Praxis. Erinnern Sie sich noch an den gestrigen Tag, wo wir Ihre Rollen und Aufgaben aufgelistet haben? An diesem Punkt möchte ich mit der nächsten Übung mit Ihnen tiefer einsteigen. In drei Schritten lade ich Sie jetzt zum Reflektieren des Selbstregulationskreislaufes nach Bandura ein."

Schritt 1: Selbstbeobachtung

„Bitte reflektieren Sie im ersten Schritt in Bezug auf Ihre Rollen und Aufgaben jene Situationen oder Ereignisse, in oder bei denen Sie unzufrieden waren und sich lustlos gefühlt haben. Überlegen Sie für sich, wo Sie laut oder innerlich für sich Sätze gesprochen haben mit den Anfängen:

- *‚Ich muss …'*
- *‚Ich sollte …'*
- *‚Ich darf nicht …'*
- *‚Ich kann nicht …'*
- *‚Es geht nicht anders …'*

Machen Sie sich Notizen dazu. Achten Sie dabei auch auf Ihre Emotionen. Was passiert gerade mit Ihnen, wenn Sie diese Situationen reflektieren und die Sätze notieren? Verändern sich gerade Ihre Befindlichkeiten und wenn, in welcher Form?"

Schritt 2: Selbstbewertung

„Im nächsten Schritt geht es um die dahinterstehenden Bedürfnisse. Es wird oft nicht einfach sein, sich der eigenen Bedürfnisse bewusst zu werden. An dieser Stelle die Frage: Was sind Bedürfnisse?"

Darauf gehe ich nur kurz ein und erläutere folgende Stichpunkte:
- Bedürfnisse sind Wünsche von uns Menschen, einen Mangel zu beseitigen, wobei unerheblich ist, ob diese Wünsche subjektiv empfunden werden oder objektiv vorhanden sind.
- Wünsche werden nach verschiedenen Kriterien unterschieden, z.B. in Existenzbedürfnisse, Kulturbedürfnisse oder Luxusbedürfnisse.
- Bedürfnisse können sich je nach Lebensalter und Lebensrahmen verändern.

„Prüfen Sie bitte:

- *Welche Bedürfnisse standen hinter Ihrer(n) Entscheidung(en)?*
- *Wie gut haben Sie auf Basis Ihrer eigenen subjektiven Standards dabei Ihre Ziele erreicht? Die Ziele können hier auch die kleinen To-dos des Alltags sein.*

Für einen ersten Perspektivwechsel lade ich Sie ein, unter diesen Fragestellungen die Situation zu betrachten. Lesen Sie sich dazu die folgenden Sätze bitte zweimal durch, damit sie wirklich verstanden werden:

- *Was wird passieren, **wenn** ich es **tue**?*
- *Was wird **nicht passieren**, wenn ich es **tue**?*

- *Was wird passieren, **wenn** ich es **nicht tue**?*
- *Was wird **nicht passieren**, wenn ich es **nicht tue**?*

Was könnten unter diesen Gesichtspunkten für die Zukunft andere Strategien bzw. Alternativen sein, um die eigenen Bedürfnisse zu erfüllen? Welche Impulse oder Ideen fallen Ihnen ein, mit denen Sie sich wohlfühlen?"

Bedürfnisse – theoretische Grundlagen

Die bekannteste theoretische Grundlage ist die **Bedürfnispyramide** nach Maslow. Dort werden Bedürfnisse in fünf Ebenen eingeteilt und in sogenannte Defizitbedürfnisse und Wachstumsbedürfnisse unterschieden, die aufeinander aufbauen.

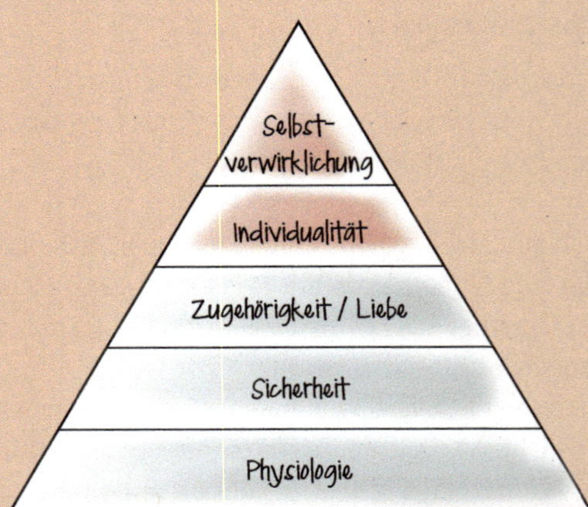

Abb.: Bedürfnispyramide nach Maslow

In Bezug auf Resilienz sind die **vier psychischen Grundbedürfnisse** (1. Orientierung bzw. Kontrolle, 2. Bindung, 3. Selbstwerterhöhung bzw. Selbstwertschutz, 4. Lustgewinn bzw. Unlustvermeidung) nach Klaus Grawe von Interesse. Gerade der Aspekt der Kontrolle ist von Bedeutung für die Selbstwirksamkeit und die Entwicklung von Handlungsmöglichkeiten. Es geht dabei gleichsam um Kontrolle „nach innen" (eigener Körper und Psyche) sowie Kontrolle „nach außen" (Autonomie: Rahmenbedingungen und Systeme, in denen wir uns bewegen, sowie den Grad der eigenen Handlungsfreiheit gestalten).

Abb.: Grundbedürfnisse nach Grawe

Schritt 3: Selbstreaktion

Intro-Vorschlag

„Um unsere Fähigkeit zur Selbstregulation zu stärken, bedarf es eines stabilen Selbstbildes. Doch wie gehen Sie aus Erfahrung mit sich selbst um? Beantworten Sie dazu diese zwei Fragen:

- *Worauf sind Sie stolz?*
- *Welche Art von Belohnungs- oder Bestrafungsritualen haben Sie in welchen Bereichen für sich entwickelt?*

Diese Aufgabenstellung ist sehr komplex. Ich möchte Ihnen daher 45 Minuten Zeit für die Bearbeitung geben. Mein Vorschlag wäre: Setzen Sie sich im ersten Schritt allein an die Beantwortung der Fragen. Sollte Ihnen dies schwerfallen, dann überlegen Sie gern, mit wem aus der Runde Sie in den Austausch gehen möchten. Für Fragen bin ich jederzeit für Sie ansprechbar. Wir werden uns nach Ihrer Reflexionszeit ausreichend Zeit nehmen, um auf Ihre Ausführungen, Empfindungen oder Fragen einzugehen. In diesem

Schritt ist das Ziel, durch die Selbstreflexion genauer hinzuschauen, was Ihre Selbstregulation ins Schwanken bringt.

Nach der Pause stelle ich Ihnen dann noch methodische Ansätze für Akutsituationen zum ‚Runterpegeln' in unserem stressigen Alltag vor. Ich bin gespannt auf Ihren Prozess und wünsche Ihnen viele neue Erkenntnisse."

Erläuterungen

Diese Übung ist für die Teilnehmenden sehr herausfordernd und benötigt Zeit. Rückmeldungen aus der Praxis zeigen jedoch immer wieder, wie wichtig die Übung ist. Für viele Teilnehmenden findet hier ein bewusster Umdenkungsprozess statt und sie erkennen, welche Bedeutung ihre eigene Wahrnehmung und Einschätzung von Situationen hat. Der Bedarf des Austausches während der Übung ist sehr unterschiedlich. Geben Sie den Teilnehmenden Zeit, bei sich anzukommen. Falls die Möglichkeit besteht, kann die Übung im auch Freien durchgeführt werden, um ein Maximum an Bewegung zu ermöglichen.

In der anschließenden Reflexion der Übung bezieht sich der Austausch oft auf die Selbstbeobachtung in Schritt 1. Vielen Teilnehmenden ist gar nicht bewusst, wie oft sie sich selbst unter Druck setzen mit ihren eigenen Formulierungen und Ansprüchen. Auch die Auseinandersetzung mit dem Thema Selbstreaktion in Schritt 3 macht einigen Teilnehmenden ihr eigenes Verhalten erst nachvollziehbar. Hier kommt gern eine humorvolle Stimmung auf, wenn es um die eigenen Belohnungssysteme geht. Spannend sind da oft die Unterschiede zwischen Mann und Frau oder den ganz persönlichen Genüssen.

Rezept zur Selbstregulation

Intro-Vorschlag

„Um das Thema mit Ihnen abzurunden, gibt es, wie zum Einstieg versprochen, das Rezept zum Stärken der Selbstregulation:

Download: Rezept zur Selbstregulation

- *Regulieren statt kontrollieren*
- *Beobachten statt beurteilen*
- *Fragen statt interpretieren*
- *Sich immer mal wieder distanzieren und aus der Metaebene beobachten*
- *Stärken einsetzen*
- *Ressourcen aktivieren*
- *In Lösungen denken*
- *…"*

Ergänzen Sie die Rezeptliste gemeinsam mit den Teilnehmenden.

Quellen

- Sachse, Rainer (2020): Selbstregulation und Selbstkontrolle. Göttingen, Hogrefe Verlag.
- Freisler, Renate; Greßer, Katrin (2017): Leadership Kompetenz Selbstregulation. Im komplexen und agilen Umfeld als Führungskraft selbstwirksam handeln und Vorbild sein. Bonn, managerSeminare.
- https://www.grin.com/document/309930 (abgerufen am 28.07.2022)
- https://www.drsvensebastian.de/post/grawe-bindung (abgerufen am 08.09.2022)
- Maslow, Abraham H.; Kruntorad, Paul (2018): Motivation und Persönlichkeit. 15 Auflage. Reinbek bei Hamburg, Rowohlt Verlag.
- Grawe, Klaus (2004): Neuropsychotherapie. Göttingen/Bern/Toronto/Seattle/Oxford/Prag, Hogrefe Verlag.
- https://de.wikipedia.org/wiki/Theorie_der_Selbstregulation_(Bandura) (abgerufen am 29.08.2022)

– Kaffeepause –

10:45 Uhr – 11:00 Uhr

Stress abbauen und Gelassenheit entwickeln

11:00 Uhr

Orientierung

Ziele

- Akute Stresssituationen besser bewältigen
- Alltagstaugliche Entspannungtipps kennenlernen und erleben
- Hintergründe und Bedeutung von Akzeptanz reflektieren
- Impulse zur Entwicklung von mehr Gelassenheit erfahren
- Aktivierung zur Auseinandersetzung mit Veränderungen

Zeit

- 90 Minuten

Material

- PowerPoint-Folie oder Flipchart zu den Themeninhalten
- Falls gewünscht: Handout mit schriftlichen Ausführungen zur Stressampel
- Moderationskarten und Stifte

Erläuterungen

Der nun folgende Seminarbaustein vereint viele Resilienzfaktoren. Es geht vor allem darum, wie man in akuten Situationen Stress mithilfe von Akzeptanz und einer verbesserten Emotionsregulation abbauen kann. Die Teilnehmenden setzen sich anhand des **Circle of Influence** aktiv mit Einflussfaktoren und Möglichkeiten der Selbststeuerung auseinander. Kernstück dieses Seminarbausteines ist eine Methode nach Kaluza (4-A-Modell), die, ergänzt um den Punkt „Achtsamkeit", als „5-A-Strategie" in den Seminaralltag Einzug genommen hat.

Die 5-A-Strategie

Vorgehen

Die 5-A-Strategie (Achtsamkeit, Akzeptanz, Abkühlen, Analyse, Aktion) wird schrittweise mit Erläuterungen und praktischen Übungen erarbeitet. Die Punkte Achtsamkeit und Annehmen setzen Sie als Input um. Beim Punkt Abkühlen findet eine Übung statt. So haben Sie hier auch wieder einen Methodenmix und rufen vorhandenes Wissen bei den Teilnehmenden ab. Sie können dieses Wissen später ergänzen. Die Punkte Analyse und Aktion werden dann im Dialogverfahren mit den Teilnehmenden erarbeitet.

Intro-Vorschlag

„Im Rahmen der Selbstregulation haben wir unsere Emotionen hinterfragt und uns damit befasst, wie wir unsere Emotionen steuern können, um unser Verhalten an verschiedene Situationen anpassen zu können. Sie wissen, dass bei Stress unser präfrontaler Kortex, der für Rationalität, Vernunft und Übersicht zuständig ist, abgeschaltet wird. Doch wie bekommen wir diesen wieder zugeschaltet, um in akuten Situationen handlungsfähig zu sein und uns nicht als Opfer der Situation wahrzunehmen? Dazu möchte ich Ihnen die ‚5-A-Strategie' vorstellen. Das schrittweise Vorgehen mit der Strategie hilft uns, in solchen akuten Situationen zu retten, was noch zu retten ist.

Stellen Sie sich einmal vor, Sie haben gleich eine Videokonferenz und Ihre Kamera funktioniert nicht. Ferner gelingt es Ihnen gerade nicht, Ihre Präsentation zu finden und zu teilen. Dabei ist es wichtig, die nächsten Projektschritte in der Übersicht vorzustellen. Sie wissen, die Geschäftsführung ist beim Termin anwesend und alle Aufmerksamkeit wird auf Sie gerichtet sein. Was passiert jetzt bei Ihnen? Die meisten von uns geraten in solchen Momenten in Panik und versuchen hektisch, alles zum Funktionieren zu bringen. Innerlich ärgern Sie sich vielleicht noch darüber, da Sie im Vorfeld alles getestet haben und heute extra früher gestartet sind – und jetzt das."

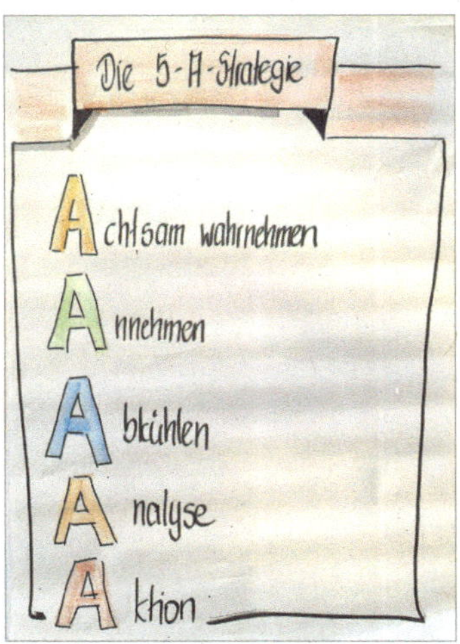

Abb.: Die 5-A-Strategie

„Hier kann uns die 5-A-Strategie helfen. Ich stelle Ihnen nacheinander kurz alle ‚A' vor. Das erste A steht für die ***Achtsamkeit*** *in diesem Moment. Sich bewusst zu werden: Hier passiert gerade etwas, das in mir Stress auslöst. Wie Sie wissen, können Stressreaktionen sehr unterschiedlich sein. Durch Achtsamkeit sind Sie in der Lage, aktiv für sich zu sorgen und so den Spalt zwischen Reiz und Reaktion für bewusstes Handeln in der Situation zu nutzen, statt unkontrolliert und impulsiv zu reagieren.*

Intro-Vorschlag Achtsamkeit & Akzeptanz

Das zweite A steht für die ***Akzeptanz*** *dieser Situation. Hier möchte ich mit Ihnen noch einmal einen kleinen Exkurs zum Thema Akzeptanz machen, einem besonders wichtigen unter den Resilienzfaktoren. Was bedeutet es, wenn wir Ereignisse, Situationen oder Erlebnisse nicht akzeptieren?"*

Lassen Sie die Teilnehmenden überlegen, bevor Sie den folgenden Merksatz aufschreiben bzw. präsentieren: „Akzeptanz bedeutet, anzunehmen, statt dagegen zu kämpfen."

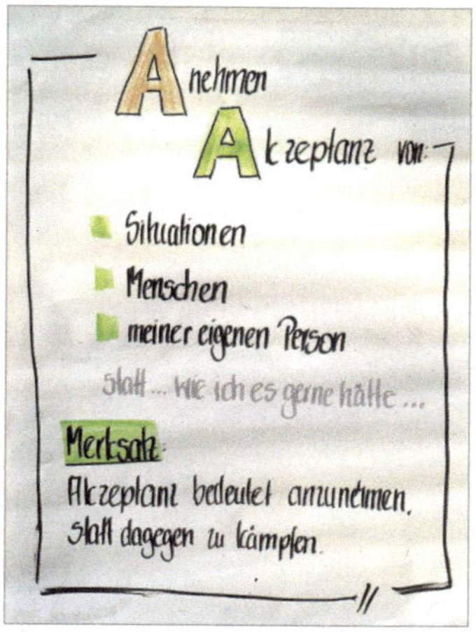

Abb.: Annehmen/ Akzeptanz

„Widerstand kann zu einer Art Lähmung führen. Nehmen wir das Geschehene jedoch an, so ist dies eine Voraussetzung für den Umgang damit und somit die Basis für die Suche nach Alternativen oder Lösungen. Akzeptanz oder auch Annehmen bedeutet allerdings nicht gleich, damit einverstanden zu sein."

Erläuterungen

Fragen Sie hier die Teilnehmenden nach Situationen aus ihrem Alltag: Wo haben sie sich schon einmal schwergetan, etwas zu akzeptieren? Wo ist es ihnen leichtgefallen und was wurde dadurch möglich? Differenzieren Sie Aspekte, die leichter fallen, zu akzeptieren (im Stau stehen, das Wetter, der verpasste Bus etc.) und solche, bei denen es schwerer fällt (Trennung vom Partner oder Partnerin, Krankheitsdiagnose, Streitereien am Arbeitsplatz etc.). Verknüpfen Sie die Ereignisse auch mit der entsprechenden Stressintensität, um die Bedeutung des Resilienzfaktors Akzeptanz zu verdeutlichen.

Intro-Vorschlag Abkühlen

„Wofür steht das dritte A? Hier geht es um das ***Abkühlen*** *unseres Systems, damit wir wieder Zugriff auf unseren präfrontalen Kortex haben und wieder ‚klar denken' können. Dafür gibt es viele Möglichkeiten und Methoden und sicherlich kennen Sie bereits einige. Aus diesem Fundus wollen wir schöpfen. Gehen Sie bitte in Zweier- oder Dreier-Gruppen zusammen. Arbeiten Sie heute gerne mal mit jemandem zusammen, mit dem Sie bisher noch nicht gearbeitet haben. Sammeln Sie auf Moderationskarten, welche Methoden*

Sie vielleicht schon kennen, um wieder einen kühlen Kopf zu bekommen. Verwenden Sie bitte pro Methode eine Karte. Für den Austausch und die Sammlung haben Sie 10 Minuten Zeit."

Im Anschluss stellen die Gruppen ihre Ergebnisse vor. Ergänzen Sie dazu gern weitere Methoden oder laden Sie Teilnehmende auch dazu ein, die Methoden selbst vorzustellen, wodurch alle mitmachen können. Das sorgt häufig für eine positive Atmosphäre und liefert für alle einen Mehrwert. Je nach Wunsch der Teilnehmenden oder deren Vorliebe können Sie die Moderationskarten nach Methodenansätzen oder nach „schnell anwendbar" vs. „langfristig zum Üben für einen generell besseren Ruhezustand" strukturieren. Je nach Dynamik der Gruppe kann dieser Austausch ca. 30 Minuten umfassen. Ergänzen Sie auch gerne um wichtige Methoden, falls diese fehlen sollten (siehe auch Liste unten).

Abb.: Abkühltechniken

Erläuterungen

Die kurze Gruppenarbeit ist eine gute Abwechslung zum Vortrag und lockert den umfangreichen Input zur 5-A-Strategie auf. In der Gruppe rufen die Teilnehmenden außerdem Erfahrungswissen ab und der Austausch untereinander wird gefördert. Hier noch ein paar Vorschläge zu Abkühltechniken:

Kurzfristige Abkühltechniken

- Atemtechniken: 4-7-8-Methode, Pferdeatmung, Vagusatmung, ...
- Humor und Lächeln
- ELIAS-Methode (Einatmen – Lächeln – Innehalten – Ausatmen)
- Positive Gedankenlenkung
- Blickwinkel/-richtung verändern
- Positive Affirmationen abrufen
- Tierbilder anschauen
- Stirn glätten: Fingerspitzen auf die Stirn legen und mit leichtem Druck zu den Seiten ausstreichen
- Ohrmuscheln massieren
- Bewegung: Treppen gehen, Raum verlassen, Fenster öffnen, ...
- Power-Pose(n) einnehmen

Langfristige Abkühltechniken

- Meditieren
- Achtsamkeitstraining: MBSR von Jon Kabat-Zinn
- Tai-Chi
- Qigong
- Progressive Muskelrelaxation (PMR), z.B. mit verschiedensten Apps
- Klopftechniken: EFT oder PEP nach Dr. Bohne
- Achtsamkeitstagebuch
- Unterstützende Apps für den Alltag
- Body2Brain
- 7Mind
- Fokus Vital

Intro-Vorschlag Analyse

„Nachdem wir unser System abgekühlt haben, kommen wir jetzt zum vierten A, der ***Analyse****. Es geht darum, zu analysieren, welche Optionen wir in der aktuellen Situation haben. Lassen Sie uns noch mal an unser Beispiel denken. Zur Erinnerung: Wir stehen kurz vor einer wichtigen Videokonferenz, die Kamera funktioniert nicht und die Präsentationsdatei ist unauffindbar. Eine gelassene Analyse der Situation ergibt: Wir könnten unseren PowerPoint-Verlauf ansehen. Dort werden wir die Präsentation bestimmt finden und damit den Speicherplatz erkennen. Bei der Kamera prüfen wir, ob wir Funktionen falsch eingestellt haben. Vielleicht ist es auch eine Option, den Rechner noch mal komplett neu zu starten. Vorab informieren wir zur Sicherheit einen weiteren Teilnehmenden kurz über unsere Herausforderung. Da sich unser präfrontaler Kortex wieder zugeschaltet hat, können wir wieder auf unser logisch-rationales Denken zugreifen. Verschiedenste Lösungsansätze gelangen an die Oberfläche."*

Exkurs: Circle of Influence

Intro-Vorschlag

„Jedoch möchte ich auch hier mit Ihnen gedanklich einen kleinen Exkurs machen. Wie können wir generell mehr Gelassenheit in unserem Leben entwickeln? Hierzu stelle ich Ihnen das Modell ***‚Circle of Influence'*** *von Stephen Covey aus seinem Buch ‚Die 7 Wege zur Effektivität' vor. Das Modell hilft uns, sowohl im Alltag als auch konkret im Veränderungsprozess, distanziert unsere Möglichkeiten unter die Lupe zu nehmen. Das Modell kann Ihnen dabei helfen, langfristig gelassener mit Veränderungen des Lebens umzugehen und Ihren Fokus vom gefühlten reaktiven Handeln auf das proaktive Handeln zu lenken. Es geht darum, kritisch zu betrachten, welche Themen unsere Aufmerksamkeit erfordern, welche Möglichkeiten des Einflusses wir haben – oder ob wir überhaupt Einfluss nehmen können – und ob wir gegebenenfalls unseren Fokus anpassen sollten.*

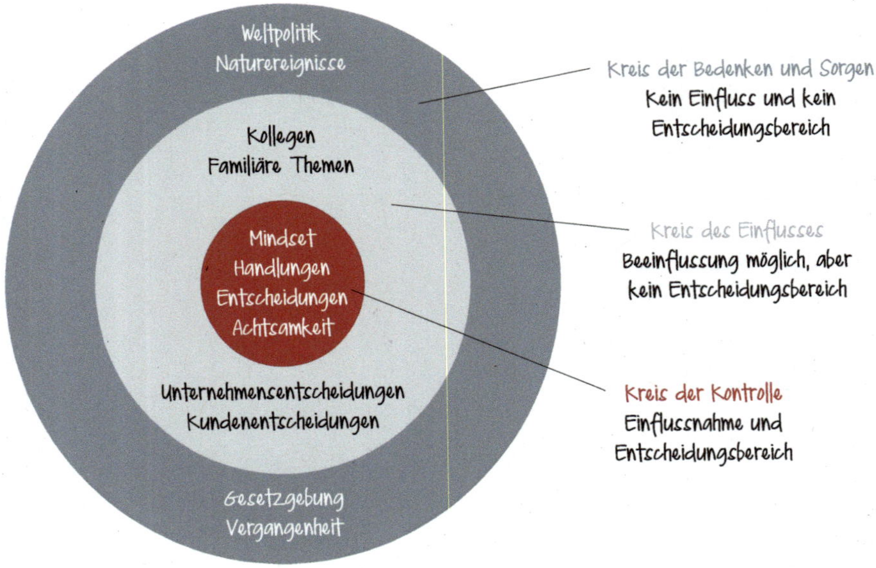

Abb.: Circle of Influence

Das Modell beschreibt drei ineinanderliegende Kreise, die für Bereiche stehen, in denen wir jeweils mehr oder eben weniger Einflussmöglichkeiten haben. Starten möchte ich mit dem ***äußeren Bereich****, auch genannt* ***Kreis der Bedenken und Sorgen.*** *Hier hinein fallen Ereignisse, Fakten, Situationen oder Entscheidungen von anderen, die wir nicht beeinflussen können. Wo erleben Sie im Alltag solche Situationen? Lassen Sie uns Beispiele aus Ihrem Leben finden."*

Erläuterung

Sammeln Sie an dieser Stelle die Nennungen und tragen Sie sie in den äußeren Kreisbereich ein. Mögliche Antworten können hier sein: Wetter, Politik, Familie im Sinne der Herkunft, Gesundheit etc.

Intro-Vorschlag

„Gehen wir nun zum Kernkreis, auch genannt Kreis der Kontrolle. Das ist der Bereich, in dem wir ganz bewusst gestalten und entscheiden können. Hier können wir wählen, was wir tun wollen und ob wir es überhaupt tun wollen. Wir können uns auch den Weg der Umsetzung überlegen. Wir nehmen Einfluss und kontrollieren, wodurch wir uns im Regelfall weniger bis gar nicht gestresst fühlen, da wir uns in unserer sogenannten Komfortzone bewegen.

Schauen wir zuletzt auf den mittleren Kreis, den Kreis des Einflusses. Er ist der spannendste Kreis und es lohnt sich, sich mit ihm auseinanderzusetzen. Im ersten Moment nehmen wir unsere Einflussmöglichkeiten gar nicht bewusst wahr. Nur in der Auseinandersetzung mit den Ereignissen können wir mögliche Einflussmöglichkeiten erkennen. In der Praxis bedeutet es, die

Komfortzone des Kernkreises der Kontrolle zu verlassen und durch eigene Handlungen Einfluss auf äußere Zustände zu nehmen. Dies erfordert meist Energie, Mut, Überwindung, Zeit oder Kraft, um Ideen für Veränderungen bzw. für Einflussnahme zu entwickeln. Ziel dabei ist es, raus aus der Opferhaltung, der Reaktion, und rein in die Gestalterhaltung, das proaktive Handeln, zu kommen. Die Einschätzung, ob Sie sich im Kreis der Bedenken und damit der Akzeptanz befinden oder im Kreis des Einflusses, ist allerdings nicht immer einfach. An dieser Stelle möchte ich Ihnen das Gelassenheitsgebet vorstellen:

> *‚Lieber Gott, gib mir die Gelassenheit, Dinge zu akzeptieren, die ich nicht ändern kann, den Mut, Dinge zu ändern, die ich ändern kann, und die Weisheit, das eine vom anderen zu unterscheiden.'*
> Reinhold Niebuhr (1892-1971), US-Theologe und Philosoph

Im Sinne der Resilienzentwicklung geht es hier darum, Selbstverantwortung in Bezug auf die aktuelle Lebensgestaltung zu übernehmen und um die Frage: ‚In was investiere ich meine Energie?' Darum, sich bewusst zu machen, welche Möglichkeiten es gibt, um glücklicher und zufriedener durch das Leben zu gehen. Darum, sich nicht über Dinge zu ärgern, auf die wir keinen Einfluss haben. Es geht darum, stattdessen aktiv für sich zu sorgen, dabei zu wachsen und durch die Erweiterung des Einflussbereiches neue Wege zu gehen.

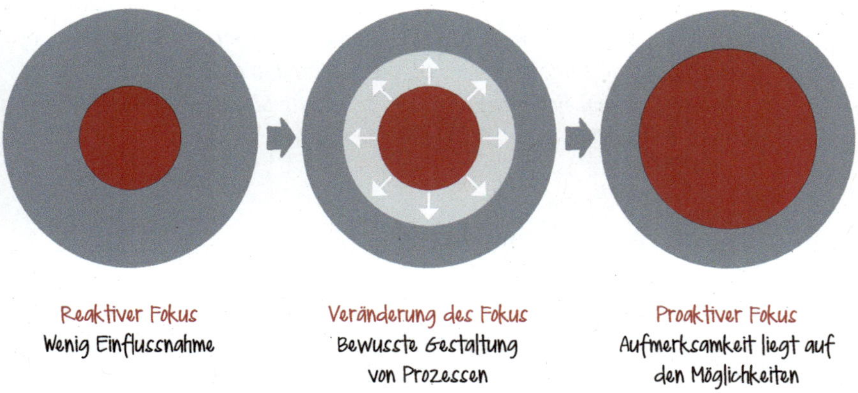

Abb.: Mehr Einflussnahme entwickeln

Im beruflichen Kontext kann dies bedeuten, zu verifizieren: An welcher Stelle kann ich auf welche Art Einfluss nehmen? Welche Möglichkeiten habe ich beispielsweise mit der Übernahme von gestalterischen Rollen (Betriebsrat, Projektleitung etc.)? Wie kann ich durch Veränderung und Etablierung von neuen Verhaltensweisen die Zusammenarbeit bzw. den Umgang miteinander achtsamer und damit wertschätzender gestalten? Es gibt viele Möglichkeiten, den eigenen Einflussbereich zu erweitern, allerdings erfordern diese auch oft einen langen Atem und/oder unkonventionelle Gedankengänge. Erinnern Sie sich auch gerne noch mal an unsere Übung mit den neun Punkten von gestern.

Einen wichtigen Aspekt aus der Kausalattribution, der Zuschreibung von Ursachen, möchte ich noch hinzufügen. Denken Sie bitte noch mal an gestern, an die eigenen Stressverstärker und wie wichtig für diesen Punkt unsere Einschätzung von Anforderungen in Bezug auf Bewältigungsmöglichkeiten ist. Gerade Personen, die zu Burn-out neigen, sich anstrengen und immer gute Leistungen erbringen wollen, suchen häufig die Ursache bei sich und kultivieren möglicherweise im inneren Dialog den Gedanken ***‚Ich kann nicht'****, anstatt bei klarer Identifizierung der Sachlage festzustellen,* ***‚Es geht nicht'****. Selbst mit noch so großer Anstrengung oder in gedanklichen Szenarien wie ‚Wenn ich jünger wäre ... wenn ich besser wäre ... wenn ich mich mehr angestrengt hätte...' wäre in diesen Fällen eine Veränderung, ein Gelingen nicht möglich.*

Wenn Sie jetzt Ihre Einflussmöglichkeiten geprüft und differenziert haben, dann ist es wichtig, wie Sie im inneren Dialog mit sich umgehen. Denn gerade bei Belastungssituationen, in denen Sie gut performen wollen, z.B. wenn Sie eine gute Führungskraft, ein fürsorglicher Elternteil, ein aufmerksamer Lebenspartner sein möchten, dann kann diese falsche Zuschreibung von ‚Ich kann nicht' zu erhöhtem Stress führen und damit zu einer Überforderung. Hier ist es wichtig zu differenzieren, die Zuschreibung ‚Es geht nicht' klar vorzunehmen und sich nicht selbst die Schuld für Situationen zu geben, die man in Wirklichkeit gar nicht beeinflussen kann."

Love it, change it, or leave it

Erläuterungen

Dieser Abschnitt ist wichtig für die Veränderung im Umgang mit Stress und erfordert auch einiges an Verständnis und Umdenken von den Teilnehmenden. Es kann auch sein, dass Sie die Stressampel vom Vortag (Thema Stressverstärker) nochmals zeigen müssen. Planen Sie hier daher gegebenenfalls Pufferzeiten ein. Sie können die Ergänzung mit der Kausalattribution notfalls auch weglassen. Allerdings verzichten Sie damit auf einen wichtigen Schlüsselmoment für die Teilnehmenden.

Intro-Vorschlag

„Vielleicht kennen Sie den Spruch ***‚Love it, change it, or leave it'****. Ich möchte darauf näher eingehen, Ihnen die verschiedenen Aspekte dieses Spruches vorstellen und wie er Ihnen beim Umgang mit unangenehmen Situationen oder Umständen helfen kann.*

Love it – Perspektivwechsel

Kern der Aussage ist es, einen Perspektivwechsel vorzunehmen. Wie können Sie anders auf die Situation schauen? Wie können Sie, indem Sie sich anders damit auseinandersetzen, in einen Zustand von ,Love it' kommen, die Situation ,lieben lernen'? Fragen zum Perspektivwechsel könnten z.B. sein:

- *Will ich lieber Sorgen- oder Lachfalten haben?*
- *Wie wichtig ist das Thema in 3 Wochen, 3 Monaten, 3 Jahren?*
- *Welchen Grund könnte mein Gegenüber für sein Verhalten haben?*
- *Was wäre eine coole Reaktion in dieser Situation?*
- *Wie würde XY mit der Situation umgehen?"*

Change it – Veränderungsüberlegungen

Methodischer Hinweis

Für den Punkt „Change it" eignet sich die Methode „Alternativrad" (Seite 169). Hierzu wird ein Thema in die Mitte eines Kreises geschrieben und an vom Kreis ausgehenden Strichen werden verschiedene Veränderungsüberlegungen gesammelt. Wegen der Form nenne ich die Methode gern auch „Alternativ-Sonne". Zeichnen Sie dazu einen Kreis mit mindestens sieben Strahlen. Fragen Sie dann die Teilnehmenden nach Themen und verwenden Sie eins als Beispiel zur Veranschaulichung der Methode.

Intro-Vorschlag

„Lassen Sie uns jetzt für jeden Sonnenstrahl eine Idee entwickeln. Was könnte eine mögliche Veränderungsoption für die Situation sein? Finden Sie später für sich mindestens sieben Optionen. Wir sammeln hier erst mal nur Optionen. Erst in einem zweiten Schritt können Sie die gefundenen Möglichkeiten anschließend für sich bewerten.

Leave it – Ausstiegsplan

Vielleicht haben Ihre Veränderungsüberlegungen etwas ergeben, was einen kompletten Ausstieg nach sich ziehen würde. Dann gilt es, einen Ausstiegsplan zu entwickeln und auch noch mal alle Vor- und Nachteile abzuwägen.

Ich möchte Ihnen noch eine weitere Option vorstellen, die aus meiner Wahrnehmung viele Menschen leben, ohne sich dessen bewusst zu sein. Haben Sie eine Idee, wie die Option lauten könnte? Die Option heißt:

Stay and pay

Es geht darum, sich dessen bewusst zu sein, dass man fürs ,Nichthandeln' gegebenenfalls einen Preis zahlt. Wie hoch der Preis ist, das kann jeder nur für sich selbst definieren.

Methodische Hinweise

Hier wird die Methode „Alternativrad“ nur kurz zur Veranschaulichung eingeführt. Der zweite Schritt, die Bewertung der Optionen, kann der Fallgebende später eigenständig durchführen. Hierzu wird ihm das Flipchart überreicht, um dies später umzusetzen. Falls Sie ausreichend Zeit haben, können Sie diesen Aspekt gerne auch im Seminar umsetzen.

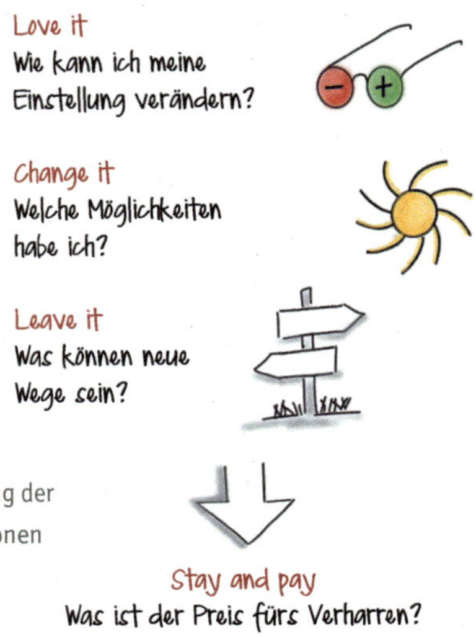

Abb.: Vorstellung der möglichen Aktionen

Die ergänzende Variante „Stay and pay“ ist durch Teilnehmenden im Seminar entstanden und ich habe sie im Rahmen meiner Ausbildungen erlernt und übernommen. Stay and pay verdeutlicht, wie wichtig es ist, Entscheidungen bewusst zu treffen und Veränderungsmöglichkeiten abzuwägen, statt den Kopf in den Sand zu stecken. Es wird selten bis nie eine hundertprozentig zufriedenstellende Lösung geben. Stattdessen müssen wir uns fragen: „Mit wie viel Prozent fühlen wir uns noch wohl?“, „Was müssten wir tun, um hundert Prozent zu erreichen?“ und eben auch „Ist uns das Erreichen der 100 Prozent den Preis wert?“

Quellen

- https://de.wikipedia.org/wiki/Kausalattribuierung#Arten_der_Kausalattribuierung (abgerufen am 02.10.2022)
- Vorstellung der Methode des Alternativrades in: Asgodom, Sabine; Bock, Petra (2008): Die Frau, die ihr Gehalt mal eben verdoppelt hat … München, Kösel Verlag.
- Märtin, Doris (2009): Gut ist besser als perfekt: Die Kunst, sich das Leben leichter zu machen. München, dtv.
- Covey, Stephen R. (2018): Die 7 Wege zur Effektivität: Prinzipien für persönlichen und beruflichen Erfolg. Offenbach, GABAL Verlag.
- Middendorf, Katharina (2021): Gelassen leben – Achtsamkeit lernen und Stress reduzieren. Berlin, Stiftung Warentest.
- Eder, Ursula; Sperlich, Franz J. (2019): Das Parasympathikus-Prinzip – Wie wir mit nur wenigen Atemzügen unseren inneren Arzt fit machen. München, Gräfe und Unzer Verlag.
- Fischer, Ellen (2021): Das Vagus-Training. München, Gräfe und Unzer Verlag.

12:30 Uhr – 13:15 Uhr

– Mittagspause –

Einflussfaktoren bei der Entscheidungfindung

13:15 Uhr

Orientierung

Ziele
- Sich der eigenen Entscheidungskriterien bewusst werden
- Unsere Denksysteme für Entscheidungen kennenlernen
- Lernen, was uns in der Entscheidungsfindung hilft

Zeit
- 75 Minuten

Material
- PowerPoint-Folie oder Flipchart zu den Themeninhalten
- Arbeitsblatt mit Test „Entscheidertypen"
- Pinnwand
- Moderationskarten in drei klar unterscheidbaren Farben

Erläuterungen

Unser Alltag ist von vielen kleinen Entscheidungen geprägt. Bereits beim Aufwachen überlegen wir, ob wir Aufstehen oder uns vielleicht noch mal im Bett umdrehen, und im Laufe des Tages treffen wir kontinuierlich weitere solcher Entscheidungen, z.B. bei der Einteilung von Aufgabenprioritäten oder der Wahl des Mittagsessens. Doch es gibt Entscheidungsprozesse, die uns längerfristig beschäftigen oder bei denen wir uns schwertun, uns zu entscheiden. Genau um diese geht es hier. Resilienz zu entwickeln, bedeutet unter anderem, aktiv seinen Alltag und die Zukunft zu gestalten. Dafür ist es erforderlich, ein Bewusstsein für die eigenen Entscheidungsprozesse zu entwickeln und diese dann auch zu treffen. Mit den Teilnehmenden werden daher verschiedene Aspekte beleuchtet.

Wir schauen auf Folgendes:
- Worin liegt die Schwierigkeit, Entscheidungen zu treffen?
- Was nimmt Einfluss auf die Entscheidungsfindung?
- Wie ist das mit dem Kopf und dem Bauch?

Im Themenblock danach geht es dann noch um die Vorstellung verschiedener Methoden zur Entscheidungsfindung.

Reflexion (Gruppenarbeit)

Vorgehen

Der Einstieg in das Thema erfolgt über eine Eigenreflexion in Gruppenarbeit (ca. 20 Minuten) mit anschließender Vorstellung der Ergebnisse im Plenum (etwa 10 Minuten). In einem Trainerinput wird Hintergrundwissen darüber, wie wir Entscheidungen treffen, vermittelt (Kopfentscheidungen vs. Bauchentscheidungen und Heuristiken). Da die Teilnehmenden ihre Entscheidungsprozesse künftig bewusster gestalten wollen, stellen Sie die Voraussetzungen für einen rationaleren Umgang mit komplexen Entscheidungsprozessen vor. Runden Sie den Themenblock mit einem schrittweisen Entscheidungsablauf ab, der sowohl auf private wie auch auf berufliche Entscheidungsprozesse angewendet werden kann.

Intro-Vorschlag Gruppenarbeit

„Resilienz zu entwickeln, hat viel damit zu tun, bewusste Entscheidungen zu treffen. Abzuwägen, wie man mit Situationen und Fragestellungen umgeht. Bevor ich tiefer in das Thema einsteige, bitte ich Sie, die folgenden drei Fragen in Dreier- oder Vierer-Gruppen zu reflektieren:

- *Wie treffen Sie Entscheidungen?*
- *Welche Faktoren beeinflussen Sie in der Entscheidungsfindung?*
- *Wann fällt es Ihnen leicht und wann fällt es Ihnen schwer, Entscheidungen zu treffen?*

Notieren Sie Ihre Antworten bitte auf Moderationskarten zu den jeweiligen Fragestellungen. Benennen Sie bitte auch konkrete Themen oder Beispiele, an denen Sie Ihre Antworten festmachen. Die konkreten Beispiele sollen nicht unbedingt auf eine Moderationskarte, und wenn, dann nur per Stichwort. Es geht darum, nachher im Plenum das Beispiel erläutern zu können. Ich habe hier drei Stapel Moderationskarten in drei Farben vorbereitet. Jede Farbe steht für eine der drei Fragestellungen. Bitte verwenden Sie pro Antwort eine Karte. Stimmen Sie sich untereinander ab, wie Sie das Ergebnis nachher vorstellen. Für den Austausch stehen Ihnen jetzt 20 Minuten zur Verfügung."

Methodische Hinweise

Bevor weitere thematische Ausführungen folgen, empfiehlt es sich, dass die Teilnehmenden für sich in die Reflexion gehen. Ein Austausch der Teilnehmenden untereinander bewirkt eine Differenzierung der Dimension und Tragweite von Entscheidungen. Alter und Rollen der Teilnehmenden beeinflussen die Antworten auf die Fragen. Je älter Teilnehmende sind, desto eher benennen sie, dass Entscheidungen nicht nur für einen selbst, sondern auch für andere Personen und mit entsprechenden Auswirkungen getroffen werden. Ferner stellen die jeweilige Rolle (z.B. Führungskraft, Elternteil etc.) und das Rollenbild (z.B. Verantwortungsbereiche, gesellschaftliche Betrachtungen etc.), aus denen heraus Entscheidungen getroffen werden, einen wichtigen Faktor dar. Erfahrungsgemäß können bei der Übung in manchen Gruppen intensive Dialoge entstehen. Planen Sie daher bewusst ausreichend Zeit für den Austausch ein, um dem Prozessen Raum zu geben. Geben Sie je nach Gruppe bei der Aufgabenstellung gerne auch noch ein paar weitere Stichworte für die Überlegungen zum Austausch mit.

Bei der Ergebnisvorstellung doppeln sich erfahrungsgemäß einige Antworten. Es ist wichtig, trotzdem sämtliche Punkte aufzuhängen. Sie zeigen damit, dass Sie alle Überlegungen wertschätzen.

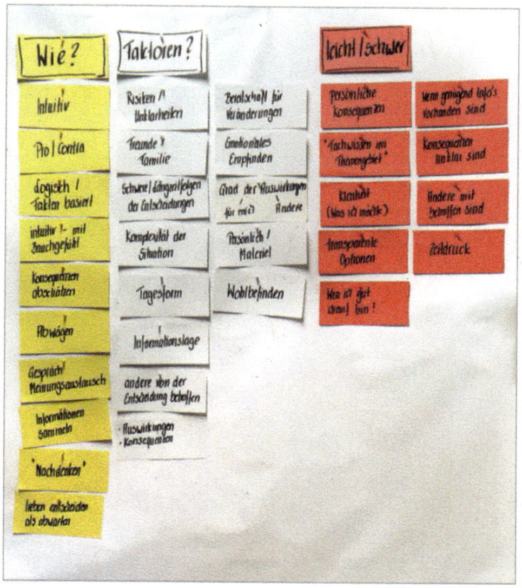

Abb.: Ausführungen einer Gruppenarbeit zur Reflexionsaufgabe

Entscheidungsfindung

Erläuterung

Nach der Gruppenarbeit geht es weiter mit der Frage: **Was beeinflusst unsere Entscheidungsfindung?** Zu diesen Faktoren gehören persönliche Erfahrungen, Werte, Emotionen, äußere Einflüsse wie soziale Normen, kulturelle Hintergründe, Umgebung, Verfügbarkeit von Informationen, Ressourcen und Zeit sowie individuelle Überzeugungen und Ziele. Oft werden auch der Zustand unseres Gehirns und der Grad der Müdigkeit und des Stresses, mit denen wir konfrontiert sind, als Einflussfaktoren betrachtet.

Intro-Vorschlag

„Vielen Dank für Ihre vielfältigen und differenzierten Ausführungen. Nach diesem ersten Erlebensaustausch fasse ich mal zusammen und schaue jetzt mit Ihnen auf die psychologischen Aspekte hinter unseren Entscheidungsprozessen und wie Sie zukünftig Ihre Entscheidungsprozesse bewusster gestalten können.

Laut Studien treffen wir pro Tag ca. 20.000 Entscheidungen. Die Tragweite der Entscheidungen ist dabei sehr unterschiedlich. Es kann um banale Entscheidungen gehen, wie ‚Trinke ich heute Kaffee oder Tee zum Frühstück?', ‚Kaufe ich Produkt A oder B?', ‚Besuche ich die Weiterbildung XYZ?'. Es kann aber auch um richtungsweisende Entscheidungen gehen, die den persönlichen Lebensweg ausmachen, wie z.B. die Berufswahl, die Familienplanung oder den vorzeitigen Eintritt in das Rentenalter. Manche der getroffenen Entscheidungen haben eine lebenslange Auswirkung und sind nicht mehr rückgängig zu machen. Andere Entscheidungen wiederum, die sich nachträglich als Fehlentscheidungen herausgestellt haben, können z.B. durch

Veränderung der Sichtweise oder des Umgangs mit der Sache korrigiert werden, wobei dafür oft ein Preis zu zahlen ist bzw. durch die ursprüngliche Entscheidung bereits gezahlt worden ist.

Manchmal treffen wir auch Entscheidungen, die Einfluss auf das Leben anderer nehmen, sowohl im Privaten als auch im Beruflichen. In einigen Berufszweigen, wie z.B. der Medizin, der Rechtsprechung oder der Politik, müssen oft Entscheidungen mit hoher Reichweite und schweren oder nicht absehbaren Folgen getroffen werden. Es gibt dabei oft keine richtige oder falsche Entscheidung und damit sind wir mitten im Thema:

- *Was beeinflusst unsere Entscheidungen und wie treffen wir Entscheidungen?*
- *Welcher Voraussetzungen bedarf es?*
- *Was hilft uns in der Entscheidungsfindung?*

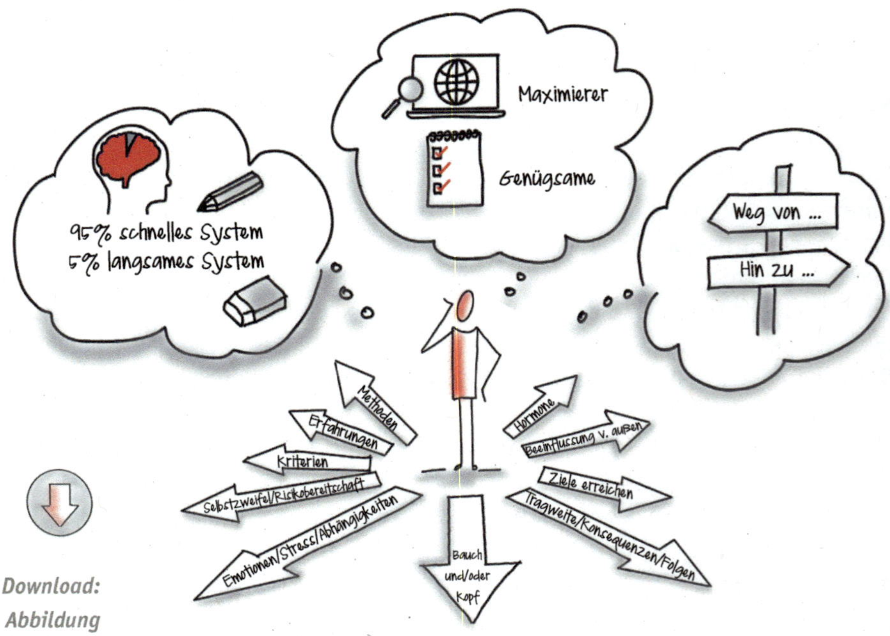

Download: Abbildung Entscheidungsfindung

Abb.: Das WAS und WIE der Entscheidungsfindung

Bevor ich genauer darauf eingehe, wie wir Entscheidungen treffen, möchte ich mit Ihnen anhand dieser bildlichen Darstellung darauf blicken, ***WAS*** *unsere Entscheidungen beeinflusst. Grundlegend kann man sagen, dass unsere Werte, Erfahrungen und Emotionen die Basis darstellen. Diese haben wir aufgrund unseres Lebens in bestimmten sozialen Normen und in einem* *kulturellen Rahmen entwickelt bzw. gemacht. In Bezug auf das spätere Abwägen von Vor- und Nachteilen spielen Informationen, Wissen, Ressourcen und Zielsetzung noch eine wichtige Rolle. Einfluss nimmt aber auch unser täglicher Zustand im Sinne von Fitness, Ausgeglichenheit oder Anspannung durch Stress und Müdigkeit.*

*Wenn es um das konkrete **WIE** geht, möchte ich das in Bezug auf drei Überlegungen mit Ihnen näher betrachten. Zum einen unter dem Aspekt unserer **Denksysteme und Heuristiken**, dann unter dem Aspekt unserer Persönlichkeit, den **Entscheidertypen**, und unter dem dritten Aspekt, dem Faktor der **Bewegung** – Weg von/Hin zu.*

Sie werden allerdings feststellen, dass sich die Aspekte des Was mit dem Wie immer wieder verknüpfen und sich gegenseitig beeinflussen."

Denksysteme

Erläuterung

Die meisten Entscheidungen treffen wir unbewusst automatisiert-intuitiv, „aus dem Bauch heraus". Nur ein Bruchteil der Entscheidungen basiert auf logisch-rationalem Denken. Erinnern Sie sich in diesem Zusammenhang noch mal an den Säbelzahntiger aus dem Video zu den Auswirkungen von Stress: Um unser Leben zu retten, ist es erforderlich, innerhalb von Sekunden, ohne langes Nachdenken, zu entscheiden. Auch unser Alltag würde uns überfordern, wenn wir uns bei den mehr als 20.0000 Entscheidungen, die wir täglich treffen, statistisch gesehen alle 3 Sekunden ganz bewusst für etwas entscheiden müssten. Daniel Kahnemann, Vordenker der Behavioral Economics und Nobelpreisträger, spricht von „schnellem" und „langsamem" Denken und differenziert zwei Entscheidungssysteme.

- **System 1 (intuitiv/emotional)** agiert schnell und unbewusst. Es ist durch unsere Emotionen gesteuert und daher fehleranfällig.
- **System 2 (rational/kognitiv)** bildet den eher langsamen Entscheidungsprozess ab, in den Fakten und Argumente einbezogen und abgewogen werden.

Vorgehen

Nutzen Sie eine Denksportaufgabe, um den theoretischen Teil erlebbar zu vermitteln. Stellen Sie danach die beiden Entscheidungssysteme und Heuristiken vor.

Intro-Vorschlag

„Zum Einstieg in unsere Denksysteme starten wir mit einer kleinen Denkaufgabe:

Denkaufgabe zum Einstieg

Ein Bleistift und ein Radiergummi kosten zusammen 1,10 Euro.
Der Bleistift kostet 1,00 Euro mehr als das Radiergummi.
Wie viel kostet das Radiergummi?

Die korrekte Lösung lautet: Das Radiergummi kostet 0,05 Euro. Ich schätze, die meisten von Ihnen hatten stattdessen sofort 0,10 Euro als Antwort im Kopf. Vielen ist oft nicht bewusst, dass der Großteil unserer Entscheidungen aus dem Bauch heraus getroffen wird. Daniel Kahnemann, Vordenker der Behavioral Economics und Nobelpreisträger, spricht hierbei vom ***System 1****, dem unbewussten, schnellen und assoziativen Prozess* (blenden Sie ab hier die Abbildung unten schrittweise ein). *Wir könnten auch sagen, das ist unser Autopilot. Denken Sie hier beispielsweise ans Autofahren, wo Sie innerhalb von Sekunden Handlungen vornehmen wie über die Schulter schauen oder schneller bzw. langsamer fahren. Ein gutes Beispiel ist auch der Torwart beim Elfmeterschießen. Er wird nicht exakt die Flugbahn berechnen, die der Ball nimmt. Er greift auf sein Erfahrungswissen zurück und versucht bestmöglich, auf Wahrnehmungen schnell zu reagieren.*

System 2 *ist nach Kahnemann dagegen das logisch rationale Vorgehen, welches anstrengend und auch langsamer ist. Bleiben wir beim Auto. Bei der Führerscheinprüfung überlegen Sie genau, welche der Antworten korrekt ist. Auch beim Fahren werden Sie sich mehr Zeit nehmen und Ihre Handlungsweisen abwägen. Das ist das, was Sie als Stress während der Prüfung empfunden haben.*

Sicherlich kann man die beiden Systeme nicht getrennt voneinander betrachten, doch bei der Anzahl der Entscheidungen, die wir pro Tag treffen, dürfen wir davon ausgehen, dass unser intuitives System 95 Prozent der Entscheidungen trifft und das logisch-rationale System lediglich 5 Prozent.

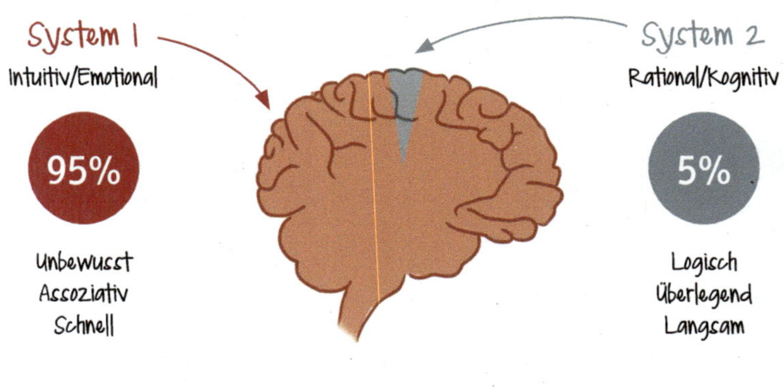

Abb.: Entscheidungssysteme

Schauen wir noch mal auf die Aufgabe, die ich Ihnen eben vorgestellt habe. Intuitiv kommt die Antwort 10 Cent in den Sinn. Wir haben in diesem Fall auf die kognitive Herausforderung verzichtet, die Aufgabe rechnerisch zu lösen, und sind unserer Intuition gefolgt.

Hätten Sie die Informationen rational verarbeitet, hätte Ihr Ergebnis 0,05 Euro gelautet. Der Bleistift kostet 1,05 Euro und das Radiergummi 0,05 Euro. Damit ist der Stift exakt 1,00 Euro teurer als der Radierer. In diesem Fall haben Sie die Aufgabe mit System 2 bearbeitet.

Doch was steht hinter dem intuitiven System 1?"

Heuristiken

Erläuterungen

Die Basis für die schnellen Entscheidungen bilden die sogenannten Heuristiken, mentale Strategien oder auch Faustregeln genannt, die auf unseren Erfahrungen und Bewertungen beruhen. Sie helfen uns, mit begrenztem Wissen und begrenzter Zeit Entscheidungen zu treffen. Denken wir hier auch an unsere Veränderungen in der Arbeitswelt und an die VUCA-Kriterien Volatilität, Unsicherheit, Komplexität und Ambiguität. Dabei wird deutlich, dass die Risiken und Wechselwirkungen von Entscheidungen immer schwerer einzuschätzen sind, da uns häufig Informationen fehlen, um logisch und rational konkrete Lösungen zu finden. Besonders in sozialen Interaktionen können wir das Verhalten unseres Gegenübers nicht vorhersagen.

Vorgehen

Führen Sie kurz in das Thema Heuristiken ein und stellen Sie dann verschiedene Formen von Heuristiken vor. Sie entscheiden, welche Sie auswählen. Neben den unten ausführlich genannten gibt es z.B. noch Rekognitionsheuristik, Affektheuristik, Validitätseffekt, Trial-and-Error, Verlustaversion und die Hill-Climbing-Methode. Meine Empfehlung ist, sich auf die folgenden drei zu begrenzen, da diese für Teilnehmende aus Erfahrung gut nachvollziehbar sind.

Intro-Vorschlag

„Hinter dem intuitiven System 1 stehen die sogenannten Heuristiken, die auf unseren Erfahrungen und Einschätzungen beruhen. Sie schonen unsere kognitiven Ressourcen und helfen uns bei den schnellen Entscheidungen. Hat von Ihnen schon mal jemand das Wort Heuristik gehört oder kann sich darunter etwas vorstellen? Denken Sie noch mal an Ihre Gruppenarbeit von vorhin. Was waren dort die Antworten zur Frage ***,Welche Faktoren beeinflussen Sie in der Entscheidungsfindung?'****. Genau bei diesem* ***,Was'*** *kommen Heuristiken zum Tragen.*

Heuristiken sind adaptiv. Je nach Situation und Kontext greift unser System auf unterschiedliche Heuristiken zurück. Wir legen damit den Fokus auf das, was uns wichtig erscheint und beziehen Unwichtiges nicht in unsere Überlegungen mit ein. Welche Formen von Heuristiken gibt es? Kahnemann unterscheidet drei bedeutende Heuristiken: ...“

- **Verfügbarkeitsheuristik**
  Die Verfügbarkeitsheuristik wird genutzt, um Verfügbarkeiten und Wahrscheinlichkeiten einzuschätzen. Was damit gemeint ist, erläutere ich an einem Beispiel: Ein Rettungssanitäter wird die Häufigkeit, mit der Unfälle eintreten, aufgrund der häufigen Konfrontation mit Unfallsituationen eher überschätzen, während ein regulärer Verkehrsteilnehmer die Häufigkeit von Unfallsituationen eher unterschätzt. Unsere Einschätzung wird also hier von persönlichen Erfahrungen und verfügbaren Erinnerungen beeinflusst. Werden beispielsweise in den Medien bestimmte Ereignisse immer wieder dargestellt, so sind sie uns präsenter vor Augen und wir nehmen an, dass die Wahrscheinlichkeit höher ist, dass sie eintreten.

- **Repräsentativitätsheuristik**
  Die Repräsentativität wird häufig in der Wahrscheinlichkeitsrechnung verwendet und beschreibt die Wahrscheinlichkeit, mit der ein Ereignis auftreten wird, basierend auf der Annahme, dass es sich um einen repräsentativen Fall handelt. Dabei werden Beobachtungen übergeneralisiert und als Grundlage für die Urteilsbildung herangezogen.

  Ein Beispiel: Nehmen wir an, eine Person fährt ein teures Auto. Das mag andere dazu veranlassen, zu denken, dass die Person vermögend ist. Das muss jedoch nicht unbedingt stimmen, da es viele andere Faktoren gibt, die den Entscheidungsprozess der Autowahl beeinflussen können und nicht nur, ob jemand vermögend ist oder nicht.

- **Ankerheuristik**
  Hierbei wird der Effekt beschrieben, wie unsere Entscheidungen auf Basis von Umgebungsinformationen beeinflusst werden. Die Umgebungsinformationen werden als „Anker“ bezeichnet. Dieser Einfluss ist uns oft nicht bewusst. Ein Beispiel sind sogenannte Ankerzahlen in Verhandlungen. Die erste Zahl, die genannt wird, ist dabei oft die Verhandlungsbasis. Ein weiteres Beispiel: Zwischenmenschlich bilden wir uns oft ein Urteil auf Basis des ersten Eindruckes und neigen zum Schubladendenken.

Zusammengefasst:

- Heuristiken sind mentale Abkürzungen und Faustregeln.
- Fehlen uns Informationen, dann greift unser Gehirn auf sie zurück.
- Auf Basis der Heuristiken handeln wir weniger rational, als wir denken.
- Heuristiken sind meistens zielführend, aber eben nicht immer.
- Heuristiken kommen zum Einsatz, wenn es um das schnelle Handeln geht und wir keine Zeit haben, alle Informationen zu sammeln und abzuwägen.

Es ist daher wichtig, sich der Existenz von Heuristiken bewusst zu sein und bewusstere und rationalere Entscheidungsprozesse zu entwickeln.

Abschließend lässt sich sagen, dass Entscheidungen in der Praxis oft durch ein Zusammenspiel von System 1 und System 2 getroffen werden. Beim Großteil unserer Entscheidungen ist System 1 führend, wenn wir jedoch unsicher sind, uns schwertun in der Entscheidung, dann nutzen wir vor allem System 2.

Methodischer Hinweis

Die kleine Denksportaufgabe lockert den Einstieg in diese Thematik auf und macht die Differenzierung der Systeme 1 und 2 gut nachvollziehbar. Die gesamten Inhalte werden zwar als Trainerinput vermittelt, Sie sollten aber immer wieder die Verknüpfung zur vorherigen Gruppenarbeit herstellen und zur Verdeutlichung der beiden Systeme die Ergebnisse aus der Aufgabe miteinbeziehen. Suchen Sie hier immer wieder den Dialog und fragen Sie die Teilnehmenden nach ihren Beispielen und ihren Einschätzungen. Gern können Sie auch weitere kleinere Denksportaufgaben einsetzen, die die verschiedenen Heuristiken aufgelockert verdeutlichen.

Entscheidertypen

Erläuterungen

Das Konzept der Maximierer und Genügsamen von Barry Schwartz ist eng mit der Fragestellung „Wie treffen wir Entscheidungen?“ verbunden. Es beschreibt zwei unterschiedliche Persönlichkeitstypen oder Herangehensweisen an Entscheidungen.

- **Maximierer** wollen die bestmögliche Option aus einer Reihe von Möglichkeiten auswählen. Sie tendieren dazu, alle verfügbaren Informationen gründlich zu recherchieren und abzuwägen, bevor sie eine Entscheidung treffen. Maximierer können jedoch oft unter Entscheidungsangst leiden, da sie ständig befürchten, eine bessere Option verpasst zu haben.

- **Genügsame** suchen nicht nach der bestmöglichen Option, sondern sind damit zufrieden, eine Option zu finden, die ihre grundlegenden Bedürfnisse erfüllt. Sie treffen Entscheidungen schneller und bauen ihre Auswahl auf intuitiven Gefühlen und Erfahrungen auf.

Um herauszufinden, welcher Typ Sie bzw. Ihre Teilnehmenden sind, kann der folgende kleine Test helfen. Stellen Sie den Teilnehmenden im Seminar den Test auf einem Arbeitsblatt zur Verfügung.

Download: Test Entscheidertypen

Test: Maximierer oder Genügsamer?

1. Wie oft vergleichen Sie sich mit anderen?
a) Sehr oft
b) Manchmal
c) Selten

2. Wie wichtig ist es für Sie, stets die beste Wahl zu treffen?
a) Sehr wichtig
b) Wichtig, aber nicht entscheidend
c) Nicht so wichtig

3. Wie oft sind Sie unzufrieden mit Ihren Entscheidungen?
a) Häufig
b) Manchmal
c) Selten

4. Wie viel Zeit investieren Sie in die Suche nach der besten Option?
a) Sehr viel Zeit
b) Einige Zeit
c) Wenig Zeit

5. Wie wichtig ist es für Sie, dass andere Ihre Entscheidungen bewundern?
a) Sehr wichtig
b) Wichtig, aber nicht entscheidend
c) Nicht so wichtig

Auswertung:

- Haben Sie überwiegend mit a) geantwortet, dann sind Sie wahrscheinlich ein Maximierer. Sie streben danach, immer die beste

Option zu finden und vergleichen sich oft mit anderen. Sie sind möglicherweise häufig unzufrieden mit Ihren Entscheidungen, da Sie immer das Gefühl haben, es könnte etwas Besseres geben.

- Haben Sie überwiegend mit b) geantwortet, dann sind Sie möglicherweise eine Mischung aus Maximierer und Genügsamem. Sie legen Wert darauf, gute Entscheidungen zu treffen, sind aber nicht so besessen davon, immer die beste Option zu finden. Sie vergleichen sich gelegentlich mit anderen, aber nicht zu häufig, und sind meistens zufrieden mit Ihren Entscheidungen.

- Haben Sie überwiegend mit c) geantwortet, dann sind Sie wahrscheinlich ein Genügsamer. Sie legen keinen großen Wert darauf, immer die beste Option zu finden oder sich mit anderen zu vergleichen. Sie sind in der Regel zufrieden mit den Entscheidungen, die Sie treffen, und investieren nicht viel Zeit in die Suche nach alternativen Optionen.

Tipp

Einen weiteren Test finden Sie unter https://www.coverdale.at/entscheidungen-treffen-was-macht-es-so-schwierig/ (abgerufen am 20.08.2023).

Bewegung – Weg von/Hin zu

Erläuterungen

Die Veränderung, die häufig mit der Entscheidung verknüpft ist, stellt einen weiteren wichtigen Aspekt dar. Sie bedeutet, dass wir in gewissen Situationen Altes loslassen sollten. Gerade das **Loslassen** von Gewohntem und Vertrautem stellt oft eine Herausforderung dar, zumal die neue Situation nicht eingeschätzt werden kann. Denken Sie hier nur mal an einen Wechsel des Arbeitgebers oder Wohnsitzes. Sie wissen nicht, wie Sie sich fühlen werden in der neuen Umgebung, mit neuen Menschen und neuen Situationen.

In Bezug auf Veränderungen ist die Fähigkeit entscheidend, **Informationen zu analysieren**, Zusammenhänge zu erkennen und verschiedene Alternativen zu bewerten, um die Vor- und Nachteile einer Entscheidung abzuwägen. Je tiefgreifender Entscheidungen und je unvorhersehbarer deren Auswirkungen sind, desto wichtiger ist es, sich eine **Fehlertoleranz** zuzugestehen und auch einen **Perspektivwechsel** vornehmen zu können. Auch **Erfahrungen** aus der Vergangenheit und Wissen über ähnliche Situationen können helfen, Entscheidungen besser einschätzen und mögliche Risiken und Chancen besser abschätzen zu können.

In beruflichen Kontexten spielt ferner die Urteilskraft im Sinne der **Fachkompetenz** eine wichtige Rolle. Hier hilft es auch, je nach Fachgebiet mit unterschiedlichen Strategien den Prozess der Urteilsbildung zu verbessern. Denken wir beispielsweise an Mitarbeiterbeurteilungen, wo gemeinsame Skalen für eine gewisse Entscheidungshygiene sorgen.

Je nach Tragweite von Entscheidungen sollte ausreichend Zeit und Ruhe vorhanden sein, um verschiedene Optionen sorgfältig zu bedenken. Hier kann es auch hilfreich sein, unterschiedliche **Methoden der Entscheidungsfindung** zu kennen.

Was ist häufig der Kern, wenn es um Entscheidungen geht? Es geht meistens darum, **„weg von ...“** einer Situation oder Problemstellung zu kommen und **„hin zu ...“** einem gewünschten Ziel. Metaphorisch betrachtet könnte das „weg von“ und „hin zu“ bedeuten, dass wir uns von einer aktuellen Situation oder einem aktuellen Zustand entfernen und hin zu einem anderen Zustand oder einer anderen Option **bewegen.** Wir treffen eine Entscheidung, um uns von etwas zu trennen und uns hin zu etwas anderem zu bewegen, sei es eine neue Karriere, ein neuer Lebensstil, eine neue Beziehung oder eine andere Veränderung in unserem Leben.

In Bezug auf das **WIE** der Entscheidungsfindung steht daher der achtsame Umgang mit sich selbst und die Klarheit über die eigenen Wünsche und Bedürfnisse im Vordergrund. Wir sprechen hier auch vom authentischen Selbst, hinter dem Selbstakzeptanz, Selbstbewusstsein und Selbstvertrauen stehen. Fehlt uns dieses authentische Selbst, so führt das oft zu Unentschlossenheit in Entscheidungsprozessen. Wichtig ist außerdem, Emotionen zuzulassen und sich bewusst zu sein, dass unsere Emotionen Hinweise auf unsere Bedürfnisse sind. Zu wissen, wie wir Entscheidungen treffen, kann für unseren Entscheidungsprozess ebenfalls hilfreich sein.

Intro-Vorschlag

„Zusammenfassen möchte ich unsere Überlegungen wie folgt: Was ist häufig der Kern, wenn es um Entscheidungen geht? Es geht meistens darum, ‚weg von ...‘ einer Situation oder Problemstellung zu kommen und ‚hin zu ...‘ einem gewünschten Ziel zu gelangen. Entsprechend der beiden Pole ‚weg von‘ und ‚hin zu‘ sind wir in zwei Grundhaltungen im Umgang mit Herausforderungen: Entweder wir beschäftigen uns damit, was uns behindert, oder wir sind auf der aktiven Seite und setzen uns mit unseren Ressourcen, die uns zum Ziel bringen, auseinander.“

Methodischer Hinweis

Ergänzen Sie, falls wichtige Aspekte fehlen sollten. Arbeiten Sie jeweils die Bedeutung der Aspekte für die Entscheidungsfindung heraus, z.B. mit Nachfragen wie „Was bedeutet es, wenn ich nicht loslassen kann?" oder „Was bedeutet es, wenn ich keinen Perspektivwechsel vornehmen kann?", gerade bei Entscheidungen, die im Zusammenhang mit anderen Personen stehen.

Voraussetzungen für die Entscheidungsfindung

Vorgehen

Gehen Sie jetzt zur nächsten Fragestellung „Welcher Voraussetzungen bedarf es?". Fragen Sie die Teilnehmenden nach den persönlichen Voraussetzungen, die Entscheidende mitbringen sollten. Sammeln Sie die Aussagen per Mitschrift am Flipchart und formulieren Sie sie gegebenenfalls um (in Abstimmung mit der Person, die den jeweiligen Punkt genannt hat).

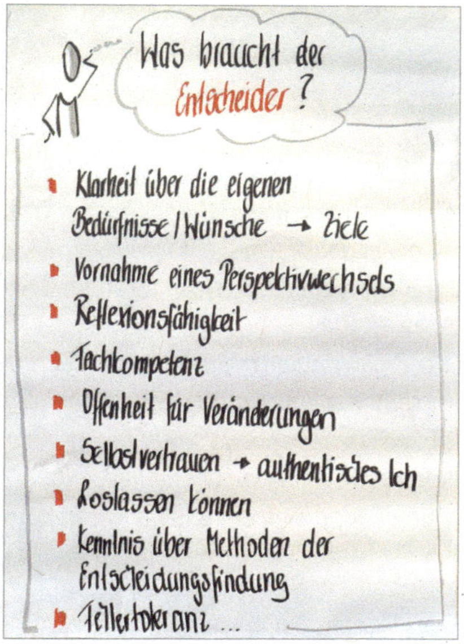

Intro-Vorschlag

„Nachdem Sie gehört haben, was Entscheidungen beeinflusst und wie wir Entscheidungen treffen, frage ich Sie: Welche persönlichen Voraussetzungen des Entscheidenden sind unabdinglich? Über welche Fähigkeiten sollte die Person beispielsweise verfügen? Lassen Sie uns Ihre Aspekte sammeln."

Abb.: Flipchart zu den Voraussetzungen für Entscheider

Vorgehensweise bei der Entscheidungsfindung

Erläuterungen

Bearbeiten Sie zum Abschluss dieses Themenblocks die Frage „Was hilft uns bei der Entscheidungsfindung?". Grundsätzlich gibt es einige gängige Elemente, die ich hier in sechs Schritten zusammengefasst habe. Stellen Sie die Schritte am Flipchart oder per PowerPoint vor, je nachdem, was Ihnen am angenehmsten erscheint.

Intro-Vorschlag

„Bevor wir in die Pause gehen und uns danach den methodischen Ansätzen zur Entscheidungsfindung widmen, möchte noch die dritte Frage klären,

*die lautet '**Was hilft uns in der Entscheidungsfindung?**'. Sprechen wir von Entscheidungsfindung, sprechen wir von einem Prozess. Einem schrittweisen Vorgehen, das uns unterstützt. Lassen Sie uns nun auf die sechs Schritte für eine fundierte Entscheidung schauen.*

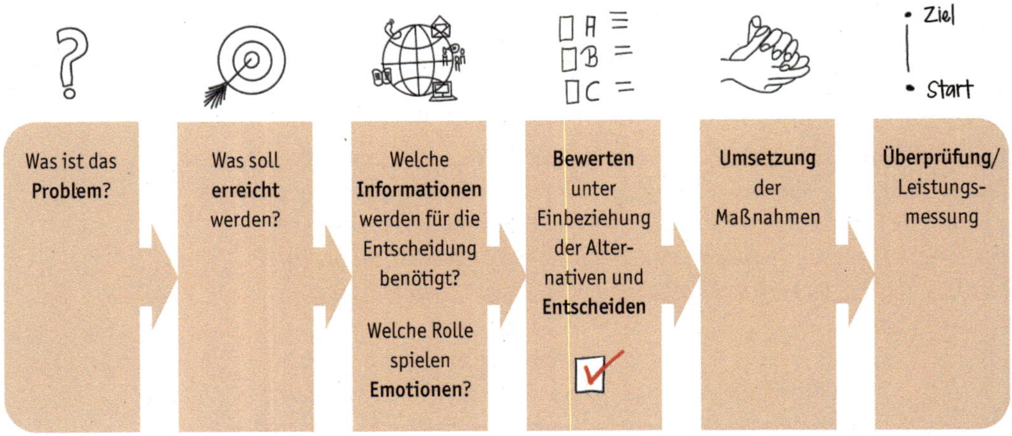

Abb.: Entscheidungsablauf in sechs Schritten

1. ***Problemidentifikation und Zieldefinition:** Der erste Schritt besteht darin, das Problem oder die Fragestellung zu identifizieren. Dies kann durch Beobachtung, Analyse von Daten oder Feedback von Beteiligten geschehen. Danach wird das Ziel definiert. Was konkret soll erreicht werden?*

2. ***Informationsbeschaffung:** Nach der Problemidentifikation ist es wichtig, ausreichend Informationen zu sammeln, um eine fundierte Entscheidung treffen zu können. Dies kann durch Recherche von relevanten Daten, Einholen von Meinungen oder Durchführen von Analysen geschehen. Informationen sammeln kann aber auch heißen, die eigenen Befindlichkeiten und Emotionen zu betrachten.*

3. ***Alternative Bewertung:** Auf Basis der gesammelten Informationen werden verschiedene Alternativen oder Optionen identifiziert und bewertet. Dabei können verschiedene Kriterien oder Bewertungsmethoden verwendet werden, um die Vor- und Nachteile oder auch Konsequenzen der Optionen abzuwägen.*

4. ***Entscheidung:** Nach der Bewertung der Alternativen wird eine Entscheidung getroffen. Das kann auf Basis von rationalen Überlegungen, persönlichen Präferenzen, den eigenen Werten, Erfahrungen oder einer Kombination verschiedener Faktoren erfolgen. Auch die Überlegung 'Was passiert, wenn keine Entscheidung getroffen wird?' sollte in den Entscheidungsprozess mit einbezogen werden.*

5. ***Umsetzung:*** *Die getroffene Entscheidung wird in die Tat umgesetzt. Dies kann z.B. die Kommunikation der Entscheidung an relevante Beteiligte, die Festlegung von Maßnahmenplänen oder die Zuweisung/Verteilung von Ressourcen umfassen.*

6. ***Überprüfung:*** *Nach der Umsetzung wird die Entscheidung überprüft, um ihre Wirksamkeit zu bewerten. Dabei können Rückmeldungen, Leistungsmessungen oder weitere Analysen verwendet werden, um festzustellen, ob die Entscheidung die gewünschten Ergebnisse erzielt hat.*

Je nach Kontext und Komplexität können die Schritte in einem Entscheidungsablauf variieren oder weitere untergeordnete Schritte enthalten sein. Das grundlegende Ziel eines Entscheidungsablaufs besteht jedoch darin, eine informierte und rationale Entscheidung zu treffen, um ein bestimmtes Problem oder eine Fragestellung zu lösen."

Methodischer Hinweis

Dieser Trainerinput kann zügig erfolgen. Wichtig ist es, auf die Wichtigkeit der ersten drei Schritte einzugehen. Die Identifikation des Problems und des Ziels sind die Basis für jede Entscheidung und Lösungsfindung. Schritt 3 weist darauf hin, möglichst viele Aspekte bei der Informationsbeschaffung einfließen zu lassen. Die Schritte vier bis sechs sorgen für die Umsetzung und Klärung der Zuständigkeiten. Schritt sechs ist wichtig als Basis für den Erfahrungsschatz.

Quellen

- Kahneman, Daniel (2017): Schnelles Denken, Langsames Denken. München, Penguin Verlag.
- Kahneman, Daniel (2021): Noise. München, Siedler Verlag.
- Schwartz, Barry (2006): Anleitung zur Unzufriedenheit – Warum weniger glücklich macht. Berlin, Ullstein Taschenbuch.
- https://www.zeit.de/zeit-wissen/2011/06/Entscheidungen/komplettansicht (abgerufen am 08.07.2023)
- www.youtube.com/watch?v=AqQNX2UelRo (abgerufen am 08.07.2023)
- www.youtube.com/watch?v=b8SOUPQ_fZY (abgerufen am 08.07.2023)
- https://www.swr.de/swr2/wissen/der-psychologe-daniel-kahneman-warum-wir-uns-oft-falsch-entscheiden-104.html (abger. am 08.07.2023)
- https://www.bing.com/videos/search?q=daniel+kahneman&docid=603520605375894470&mid=1B5EEF06105CF4FFD0001B5EEF06105CF4FFD000&view=detail&FORM=VIRE (abgerufen am 08.07.2023)
- https://www.coverdale.at/entscheidungen-treffen-was-macht-es-so-schwierig/ (abgerufen am 08.07.2023)

14:30 Uhr – 14:45 Uhr

– Kaffeepause –

14:45 Uhr

Methoden zur Entscheidungsfindung

Orientierung

Ziele

- Vielfalt der methodischen Ansätze und deren Einsatzbereiche vorstellen
- Anwendung einzelner Methoden auf eigene Beispiele
- Impulse zur fundierten Entscheidungsfindung

Zeit

- 60 Minuten

Material

- PowerPoint-Folie oder Flipchart zu den Themeninhalten
- Flipcharts

Erläuterungen

Runden Sie das Thema Entscheidungsfindung damit ab, gemeinsam mit den Teilnehmenden verschiedene praktische Entscheidungsmethoden zu sammeln und kurz vorzustellen. Jede Methode hat ihre Vorteile, aber auch Herausforderungen und Stolpersteine.

Es geht größtenteils um Techniken, die sinnvoll sind, wenn es um tiefgreifendere Entscheidungen geht, die sich langfristig auf die Lebensplanung auswirken oder/und von denen auch dritte Personen betroffen sind. Oder wenn im beruflichen Kontext die Minimierung von Risiken und die Begründung der Hintergründe für die Entscheidung wichtig sind. So können die Entscheidungsprozesse jederzeit transparent dargestellt werden.

Die Wahl der Entscheidungsmethode sollte von der zu entscheidenden Thematik, dem Umfang, der Tragweite, der Situation sowie von der zu lösenden Fragestellung abhängig gemacht werden.

Vorgehen

Fragen Sie die Teilnehmenden, welche Entscheidungsmethoden sie kennen und für welchen Zweck sie die jeweilige Methode einsetzen. Die Sammlung per Mitschrift erfolgt an einem vorbereiteten Flipchart. Stellen Sie danach ergänzend Ihre Auswahl an Methoden vor. Fragen Sie anschließend bei den Teilnehmenden nach, ob Themen anstehen, die mit einer der Methoden bearbeitet werden können und bearbeiten Sie je nach Gruppe und Zeitrahmen gemeinsam ein Beispiel.

Intro-Vorschlag

„Ich hoffe, Sie haben alle in der Pause Energie tanken können, damit wir das Thema Entscheidungsfindung jetzt mit den methodischen Ansätzen zur Entscheidungsfindung abrunden können. Hier gleich die Frage an Sie: Welche Methoden nutzen Sie bzw. kennen Sie, wenn Sie Entscheidungen treffen? Ich sammle alles am Flipchart und schaue dann, wo ich die Liste noch um weitere Methoden ergänzen kann, die Ihnen zukünftig neue Möglichkeiten eröffnen. Lassen Sie uns starten."

Methodischer Hinweis

Dieser Abschnitt im Training lässt viel Variabilität zu und gestaltet sich je nach Teilnehmenden und noch vorhandener Energie auch sehr unterschiedlich. Stellen Sie, nachdem die Teilnehmenden alle ihnen bekannten Methoden vorgestellt haben, ebenfalls eine Auswahl vor. Eine Empfehlung ist, maximal drei bis sechs Methoden vorzustellen. Es können zum Beispiel drei Klassiker (Pro-/Contra-Liste, Alternativrad und Bewertungsmatrix) sowie drei kreative Methoden (Brainwriting, Denkhüte von De Bono und die Walt-Disney-Methode) vorgestellt werden. Falls er nicht von den Teilnehmenden genannt wurde, nenne ich immer auch den Münzwurf. Diese Methode verdeutlicht noch mal das Zusammenspiel von Kopf und Bauch.

Weitere klassische Entscheidungsmethoden

Eine Auswahl von klassischen Entscheidungsmethoden, die dabei helfen können, Entscheidungen im persönlichen und teils auch im beruflichen Umfeld zu treffen, finden Sie hier jeweils kurz erläutert:

Münzwurf

Diese Methode kommt zum Einsatz, wenn Sie bereits recherchiert haben und zwischen zwei scheinbar gleichwertigen Optionen entscheiden wollen. Bevor die Münze fällt, hat sich Ihr Bauch schon intuitiv entschieden. Der Münzwurf wird daher genutzt, um eine spontane Reaktion oder Präferenz aufzudecken. Wenn Sie mit dem Ergebnis nicht zufrieden sind, ist dies ein Hinweis darauf, dass Sie die andere Option bevorzugen.

Pro-Contra-Liste

Die Pro-Contra-Liste ist den meisten bekannt. Nachdem eine geschlossene Entscheidungsfrage formuliert wurde, geht es anschließend darum, jene Argumente aufzulisten, die dafür bzw. dagegen sprechen. Hier kann die Anzahl der Punkte auf der jeweiligen Seite bereits ein Indiz in Bezug auf die Gewichtung sein.

Hier ein Beispiel zur Frage „Nehme ich das Jobangebot an?“:

Pro	Contra
▸ Höheres Einkommen	▸ Längere Anfahrtszeiten
▸ Zusatzleistungen	▸ Ggf. Wohnsitzwechsel
▸ Neue Herausforderungen	▸ Auslandsaufenthalte
▸ Karrieresprung	▸ Neues Team

Benjamin-Franklin-Liste
Eine Ergänzung der Pro-Contra-Liste ist die Benjamin-Franklin-Liste. Es gibt verschiedene Umsetzungsvarianten. In meinem Beispiel habe ich mich für die Variante entschieden, bei der die beiden Aspekte quantitative Wichtigkeit (Wi) und Wahrscheinlichkeit des Eintritts (Wa) ergänzt werden. Diese Aspekte werden jeweils auf einer Skala von 1 bis 10 eingeschätzt.

Beispielfrage: „Nehme ich das Jobangebot an?“

Pro	Wi	Wa	Wert	Contra	Wi	Wa	Wert
▸ Höheres Einkommen	8	10	80	▸ Längere Anfahrtszeiten	9	10	90
▸ Zusatzleistungen	7	10	70	▸ Ggf. Wohnsitzwechsel	7	7	49
▸ Neue Herausforderungen	5	9	45	▸ Auslandsaufenthalte	6	10	60
▸ Karrieresprung	6	10	60	▸ Neues Team	8	2	16
Summe Pro	26	39	225	Summe Contra	30	29	215

Gesamtwerte für die einzelnen Aspekte ergeben sich, wenn man die Werte Wi und Wa miteinander multipliziert. Die Summe der Werte und ein Vergleich der Summen bei Pro und Contra gibt uns die Antwort auf die Ausgangsfrage. Im genannten Beispiel fällt das Urteil für das neue Jobangebot aus (255 Punkte bei Pro vgl. 215 Punkte bei Contra).

Stehen sehr viele Aspekte auf der Liste, dann ist es sinnvoll, Argumente mit der gleichen Bewertung zu eliminieren (quasi mathematisch zu „kürzen“), um das Zusammenrechnen zu erleichtern. Im Beispiel sind das Karrieresprung (Pro) und Auslandsaufenthalte (Contra). Einzeln betrachtet sind sie natürlich wichtig, aufgrund der gleichen Gewichtung heben sie sich in der Punktewertung aber auf.

Alternativrad
Diese Methode ist vielleicht nicht so bekannt, doch sie ist gerade für persönliche Entscheidungsprozesse ein interessanter und kreativer Ansatz. Man zeichnet dazu in die Mitte eines Blattes einen Kreis, in dem die Fragestellung notiert wird. Von diesem Kreis ausgehend werden 7-10 Speichen gezeichnet. An jede dieser Speichen wird eine mögliche Handlungsoption zu dem Thema geschrieben. Die erste Alternative heißt dabei immer: Alles bleibt, wie es ist. Danach werden die Alternativen auf einer Skala von null bis zehn bewertet. Die Null bedeutet, dass eine Handlungsoption für uns keine wirkliche Bedeutung hat, während die Zehn für die höchste Priorität steht. Dieser Prozess der Bewertung löst oft verschiedene emotionale Reaktionen aus, u.a. abhängig vom Thema. Die Alternative „Alles bleibt, wie es ist" nimmt hierbei häufig Druck aus der Entscheidung und kann daher sehr hilfreich sein. Haben Inhalte die gleiche Bewertungszahl (siehe drei Optionen mit dem Wert 8 im Beispiel), so kann hier noch mal genauer hingesehen werden: „Warum habe ich hier eine 8 vergeben und keine 7 oder 9?" Idealerweise stellt sich in diesem direkten Vergleich heraus, welche Option für mich eine höhere Priorität als die andere(n) hat. Falls es keine klare Entscheidung gibt, bietet sich hier wiederum z.B. ein Münzwurf (Seite 167) an. Nach der Entscheidung für eine Option wird eine Umsetzungsliste erstellt.

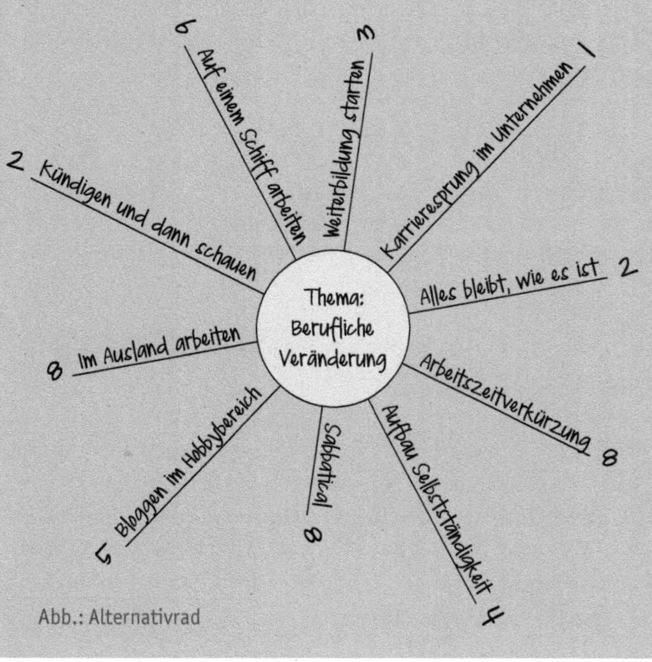

Abb.: Alternativrad

Entscheidungsbaum

Geht es um komplexe Entscheidungen, ist der Entscheidungsbaum geeignet, um ein Gesamtbild über Alternativen sowie deren Risiken und Chancen darzustellen. Ferner können die Alternativen mit Kosten und Erträgen bewertet werden. Der Entscheidungsbaum ist ein Flussdiagramm, in dem verschiedene Arten von Knotenpunkten mit Symbolen dargestellt werden, die den Prozess der Entscheidungsfindung nachvollziehbar machen.

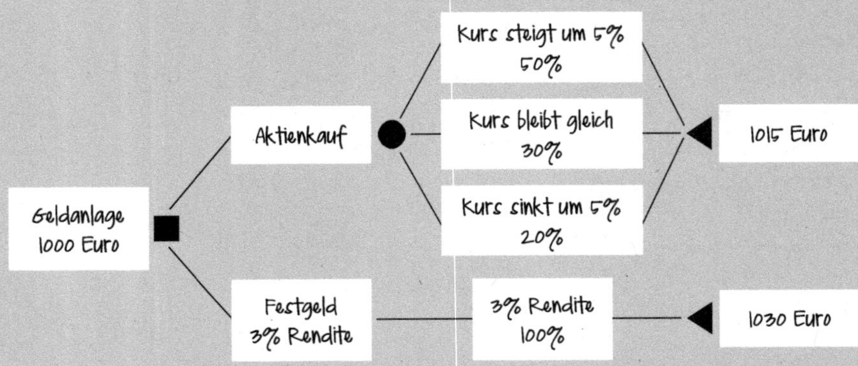

Abb.: Beispiel für einen Entscheidungsbaum

Es gibt folgende Symbole, denen noch Notizen zu den Entscheidungen hinzugefügt werden:

■	●	◀
Entscheidungsknoten Hier kann eine Entscheidung getroffen werden	**Zufallsknoten** Wie wahrscheinlich tritt das Ergebnis ein? (1-100%)	**Endknoten** Ergebnis einer Entscheidung

Das Vorgehen erfolgt in vier Schritten, erläutert am Beispiel einer Geldanlage:

- **Schritt 1:** Notieren Sie entsprechend der Aufgabenstellung – die Wahl einer Geldanlage – Ihre Optionen als Entscheidungsknoten (Quadrat). Möglichkeiten für Verzweigungen könnten sein:

  – Aktienkauf
  – Festgeld mit 3 % Rendite

- **Schritt 2:** Bauen Sie jetzt den Baum weiter aus. Es werden Knoten für Zufälle (Kreis) und/oder Entscheidungen (Quadrat) hinzugefügt. Bleiben wir bei unserem Beispiel: Je nachdem, wie sich ein Aktienkurs zufällig entwickelt, können hier verschiedene Ergebnisse erzielt werden.

- **Schritt 3:** Das Diagramm wird so lange weitergeführt, bis alle Endpunkte (Dreiecke) erreicht sind. In unserem Beispiel wurden keine weiteren Entscheidungspunkte hinzugefügt. Sie können daher mit der Analyse der einzelnen Entscheidungen beginnen.

- **Schritt 4:** Je nach Art des zu entscheidenden Themas erfolgt eine Nutzenanalyse. In unserem Beispiel bedeutet dies zur Errechnung des zu erwartenden Wertes:

Aktienkauf: 1.000 x 1,05 x 0,5
+ 1.000 x 1,00 x 0,3
+ 1.000 x 0,95 x 0,2 = 1.015 EUR

Festgeld: 1.000 x 1,05 x 1 = 1.050 EUR

Bewertungsmatrix

Mithilfe der Bewertungsmatrix können verschiedene Wahloptionen systematisch nach verschiedenen Kriterien bewertet werden. Sie gehört damit zu den rationalen und analytischen Entscheidungstechniken. Die Matrix kann auf verschiedene Weisen ausgewertet werden. Nachfolgend finden Sie zwei Beispiele:

Kriterien	Option 1	Option 2	Option 3
Kriterium 1	5	1	1
Kriterium 2	2	5	3
Kriterium 3	4	5	2
Ergebnis	11	11	6

Beispiel 1: einfache Bewertung

		Option 1		Option 2		Option 3	
Kriterien	Gewichtg.	Note	Wert	Note	Wert	Note	Wert
Kriterium 1	40 %	5	20	1	5	1	4
Kriterium 2	20 %	2	4	5	10	3	9
Kriterium 3	40 %	4	16	5	20	2	4
Ergebnis			40		35		17

Beispiel 2: Auswertung mit Gewichtungsfaktor

An diesen beiden Beispielen ist gut zu erkennen, dass sich das Ergebnis trotz gleicher Benotung bei unterschiedlicher Gewichtung verschieben kann. In Beispiel 1 erzielen Option 1 und Option 2 das gleiche Ergebnis. In Beispiel 2 ist auf Basis der Gewichtung Option 1 der Gewinner. Läge z.B. in Beispiel 2 auf dem Kriterium 2 eine höhere Gewichtung, so würde sich das Ergebnis ganz klar verschieben.

Best-Case-/Worst-Case-Analyse

Hierbei handelt es sich um eine Szenariotechnik, die es ermöglicht, potenzielle Chancen und Risiken zu berücksichtigen und eine informierte Entscheidung zu treffen. Mit Blick auf eine bestimmte Entscheidungsoption wird, anhand von Annahmen über mögliche Einflussfaktoren, ein zukünftiges Ergebnis bzw. ein möglicher Verlauf vorhergesagt.

Best Case (Optimistischstes Szenario):

- Im Best Case wird davon ausgegangen, dass alle Bedingungen und Faktoren optimal sind.
- Alle Risiken werden vermieden oder gemildert und alle Annahmen erfüllen sich positiv.
- Ressourcen sind ausreichend und es gibt keine unvorhergesehenen Probleme.
- Das Ergebnis ist das bestmögliche positive Ergebnis.

Worst Case (Pessimistischstes Szenario):

- Im Worst Case wird davon ausgegangen, dass alles schiefgeht, was schiefgehen kann.
- Alle Risiken treten ein, Annahmen erfüllen sich nicht, und unvorhergesehene Probleme treten auf.
- Ressourcen könnten knapp sein, und externe Einflüsse könnten besonders ungünstig sein.
- Das Ergebnis ist das schlechtmöglichste negative Ergebnis.

Es ist wichtig, zu beachten, dass die Realität oft zwischen den beiden Extremen liegt, und es gibt oft auch in der Mitte liegende oder besonders wahrscheinliche Szenarien. Die Best-Case-/Worst-Case-Analyse dient dazu, die Spannbreite der möglichen Ergebnisse zu verdeutlichen und Entscheidungsträgern dabei zu helfen, besser informierte Entscheidungen zu treffen.

Analysefragen zur Entscheidungsfindung

Die Auseinandersetzung mit Analysefragen hilft, einen Perspektivwechsel vorzunehmen. Je nach Tragweite der Entscheidung wecken die Fragen neue Aspekte in uns. Die offene Frage ist entscheidend im Prozess, da sie unsere Aufmerksamkeit auf verschiedene Aspekte lenkt. Im Verlauf des Prozesses können aber auch Entweder-oder-Fragen sowie Skalierungsfragen sehr hilfreich sein. Ein paar Impulse für mögliche Fragen:

Umschreibung des Problems

- Was sind die Fakten zum Problem? Was Interpretationen?
- Was sind meine Herausforderungen/Blockaden für meine Entscheidungsfindung?
- Worin liegt das Problem? Wie lange besteht es? Was hat sich im Laufe der Zeit verändert?
- Was passiert, wenn nichts passiert? Was sind mögliche Konsequenzen?
- Was ist der Vorteil des Problems? Was hält es am Leben?
- Wer leidet unter dem Problem? Welche Personen sind beteiligt? Welchen Vorteil bringt es anderen, dass das Problem besteht?
- Wann ist das Problem behoben? Was müsste konkret geschehen?
- Bewerten Sie auf einer Skala von 1-10: Wie belastend ist das Problem? Hinterfragen Sie Ihre Auswahl außerdem: Sie wählen z.B. 7. Was macht den Unterschied zu 6 aus und was müsste noch passieren, damit Sie 8 sagen?

Perspektivwechsel vornehmen

- Mit welchem Film, Buch oder mit welchem Theaterstück assoziieren Sie das Problem? Welche Rolle spielen Sie darin? Was kennzeichnet die Rolle?
- Wie würde Ihre Oma/Ihr Opa mit dem Problem umgehen?
- Wie würde Barack Obama handeln?
- Wenn Sie jünger/älter wären, wie würden Sie dann handeln?
- Was wäre, wenn das Problem morgen nicht mehr da wäre?

Diese Liste können Sie endlos weiterführen. Suchen Sie sich 5 bis maximal 10 Fragen aus, die Sie in der Lösungsfindung unterstützen. Nutzen Sie hier auch gern Ihr eigenes Repertoire an Fragestellungen.

Zeitreisemethode (10-10-10-Methode)

Die Zeitreisemethode ist eine kreative Technik, um eine andere Perspektive einzunehmen und potenzielle Auswirkungen einer Entscheidung zu betrachten. In der Vorstellung reisen Sie in die Zukunft und stellen sich vor: Wie werden Sie in 10 Minuten, in 10 Monaten, in 10 Jahren über Ihre Entscheidung denken? Betrachten Sie die Auswirkungen der Entscheidung. Wie würden sich verschiedene Aspekte Ihres Lebens verändern? Was wird nach dem entsprechenden Zeitraum noch von der Entscheidung beeinflusst? Achten Sie dabei auf Ihre Emotionen und spüren Sie in sich hinein.

Es gibt noch viele weitere Techniken aus dem Wirtschaftsbereich, wie etwa die Konsequenztabelle, Nutzwertanalyse, Risikoanalyse, SWOT-Analyse sowie agile Methoden. Interessant im Rahmen des Seminars sind ferner noch die kreativen Methoden, wie z.B. die Denkhüte von De Bono oder die Walt-Disney-Methode. Alle Techniken im Detail vorzustellen, sprengt den Rahmen dieses Buches, daher nenne ich Sie Ihnen hier lediglich als Anregung.

Falls ausreichend Zeit ist, können die Teilnehmenden Methoden direkt auf ihre eigenen Themen anwenden. Hier bietet es sich an, auch noch einmal hilfreiche Fragestellungen zum Perspektivwechsel (Seite 173) anzusprechen und zu vertiefen. Sie können die Teilnehmenden dazu in Gruppenarbeit zehn Fragestellungen erarbeiten lassen. Diese Variante bringt in den Nachmittagsstunden wieder Energie in die Gruppen und sorgt für Abwechslung im methodischen Ansatz.

Ein weiteres Vorgehen wäre, je nach Gruppengröße, die direkte Anwendung einer Methode mit allen im Plenum. Hierfür bietet sich das Alternativrad an. Fragen Sie in die Runde, wer hierfür ein Thema hat. Die Person, deren Vorschlag bearbeitet wird, schreibt am Flipchart mit. Falls Sie ein Fotoprotokoll führen, fragen Sie, ob davon ein Bild in das Protokoll darf.

Quellen

- Asgodom, Sabine; Bock, Petra (2008): Die Frau, die ihr Gehalt mal eben verdoppelt hat … München, Kösel Verlag.
- https://www.consulting-life.de/benjamin-franklin-methode/ (abgerufen am 09.07.2023)
- https://www.projektmagazin.de/methoden/szenariotechnik (abgerufen am 10.07.2023)
- https://www.lucidchart.com/pages/de/was-ist-ein-entscheidungsbaum (abgerufen am 11.07.2023)

Mein Resilienzbaum

15:45 Uhr

Orientierung

Ziele

- Reflexion der eigenen Resilienz
- Verankerung des Wissens aus den beiden Tagen
- Veränderung mit sich vereinbaren

Zeit

- 45 Minuten

Material

- Flipcharts oder DIN-A4-Papier
- Arbeitsblatt mit Vorlage oder Baumbilder (je nach Umsetzung)
- Arbeitsblatt mit den Bearbeitungsfragen
- Buntstifte, Wachsmalstifte, Filzstifte oder Kreide
- Ggf. Papiertaschentücher

Erläuterungen

In diesem Modul werden die Inhalte der letzten zwei Tage reflektiert und jeder kann noch einmal auf seine persönliche Resilienz schauen. Dazu eignet sich die Übung „Mein Resilienzbaum", die an den Ressourcenbaum nach Prof. Elke Berninger-Schäfer angelehnt ist.

Auf dem zugehörigen Arbeitsblatt steht ein Baum als Symbol in der Mitte. Um ihn herum ist ein Kreis mit den sieben Faktoren der Resilienz eingezeichnet. Sie können für das Seminar diese Vorlage nutzen oder Sie lassen die Teilnehmenden selbst zeichnen. Letzteres hat den Vorteil, dass die Teilnehmenden ganz persönliche Bäume zeichnen können und damit eine höhere Identifikation stattfindet. Eine dritte Option ist, dass statt eines gezeichneten Baumes verschiedene Baumbilder zur Verfügung gestellt werden, aus denen die Teilnehmenden sich jeweils den Baum aussuchen können, der sie anspricht. Das Arbeitsblatt mit den Fragen zur Bearbeitung sollte aber in jedem Fall für alle zur Verfügung stehen.

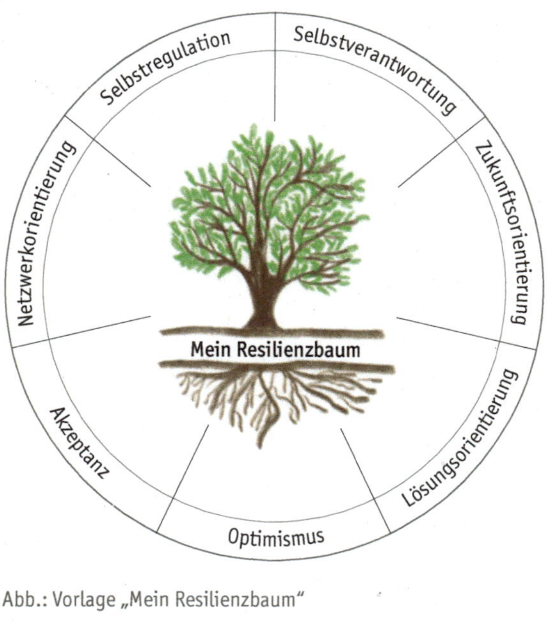

Abb.: Vorlage „Mein Resilienzbaum"

Vorgehen

Stellen Sie das Modell vor und laden Sie die Teilnehmenden ein, ihre eigene Resilienz anhand des Baumes zu reflektieren. Sollten Sie für sich selbst einen Resilienzbaum erstellt haben, können Sie auch diesen für die Vorstellung nutzen. Je nachdem für welche Umsetzungsvariante Sie sich entschieden haben, stellen Sie die Materialien zur Verfügung. Anhand der Fragen des Arbeitsblattes bearbeiten dann alle Teilnehmenden für sich ihren persönlichen Resilienzbaum. Geben Sie für die Bearbeitung ca. 20 bis 30 Minuten Zeit. Sollten Sie danach noch ausreichend Zeit in Ihrem Trainingsablauf zur Verfügung haben, laden Sie die Teilnehmenden ein, ihren Resilienzbaum vorzustellen. Wenn ein gutes Gruppenklima herrscht, finden sich aus Erfahrung immer zwei bis fünf Personen, die ihren Baum vorstellen wollen. Achten Sie darauf, dass eine Verknüpfung zu den Resilienzfaktoren erfolgt. Sie können z.B. direkt beim Vorstellenden nachfragen, welcher Resilienzfaktor bei welchem vorgestellten Punkt jeweils zum Tragen kommt, welchen Resilienzfaktor sie oder er stärken will bzw. welchem sie oder er zukünftig mehr Aufmerksamkeit schenken will. Damit werden die Wissensinhalte des Seminars noch einmal vertieft und das Thema abgerundet.

Downloads: Vorlage Resilienzbaum + Bearbeitungsfragen

Intro-Vorschlag

„Zwei intensive Tage liegen hinter uns. Diese zwei Tage möchte ich mit einer Selbstreflexion zu Ihrer ganz persönlichen Resilienz abrunden. Dazu lade ich Sie zu einem kreativen Prozess ein. Sie sehen, dass hier für jeden von Ihnen ein Flipchart bereitsteht. Auf diesem Flipchart entsteht gleich Ihr eigener Resilienzbaum. Was ist damit gemeint? Anhand meines Resilienzbaumes möchte ich Ihnen die Übung vorstellen. Sie haben dann 20 Minuten Zeit, Ihren Resilienzbaum zu erstellen und zu überlegen, wo Sie stehen und was Sie vielleicht für die Zukunft verändern möchten. Nutzen Sie dazu gerne alle bereitliegenden Buntstifte, Wachsmalstifte oder Filzmarker. Als Hilfestellungen und Anregung finden Sie auf diesem Arbeitsblatt verschiedene Fragestellungen. Ich würde mich freuen, wenn Sie nach der Umsetzung so offen sind, uns Ihren Resilienzbaum vorzustellen. Gibt es von Ihrer Seite noch Fragen? Dann wünsche ich Ihnen jetzt einen kreativen Prozess."

Der Baum wird in drei Abschnitte unterteilt und mit den jeweiligen Fragestellungen reflektiert.

Die Wurzeln

Die Wurzeln stehen für das, was uns Halt gibt. Sie verankern uns und geben uns Kraft und Stabilität. Passende Fragen sind hier:

- Was gibt mir in meinem Leben Halt?
- Was sind die Werte, die mich erden?
- Was nährt mich und gibt mir Energie?

- Was gibt mir Kraft – mit Bezug auf die Resilienzfaktoren?
- Was sorgt dafür, dass ich den Umwelteinflüssen trotzen kann?

Der Stamm

Jeder Ring eines Baumes steht für ein Wachstumsjahr. Die Jahresringe eines Baumes verraten, unter welchen Bedingungen ein Baum gewachsen ist. Ist der Ring breit, dann ist der Baum stark gewachsen. Ist der Ring eher schmal, dann war es vielleicht ein Jahr, in dem es trocken war und der Baum nicht so viel Nährstoffe bekommen hat. Übertragen wir dies auf uns, dann spiegelt der Stamm die Gesamtheit unserer Persönlichkeitsentwicklung wider. Es sind sowohl unsere individuellen Besonderheiten in der körperlichen Erscheinung als auch auf der Verhaltensebene und in unserer Erlebenswelt. Fragen zu diesem Bereich sind:

- Welche besonderen Fähigkeiten habe ich?
- Wo und wie zeigen sich meine Resilienzfaktoren im Verhalten?
- Was kennzeichnet mein Kompetenzprofil?
- Wofür bin ich Spezialist/Spezialistin?
- Was sind meine besonderen Stärken?
- Welche Erfahrungen haben mich geformt?

Krone und Früchte

Denken wir an den Wechsel der Jahreszeiten, so erleben wir gerade die Krone sehr unterschiedlich. Im Frühling sprießen die Knospen. Im Sommer trägt mancher Baum Früchte. Im Herbst verfärben sich die Blätter bunt und lassen den Baum wieder ganz anders aussehen. Kurz vor dem Winter wird der Ballast an Blättern abgeworfen und je nach Wetterlage bekommt der Baum ein Schneekleid. Um Wandel und Erneuerung geht es bei den Fragen zur Krone:

- Was lässt mich wachsen und Neues entfalten?
- Was habe ich schon erreicht?
- Was sind die Früchte meines bisherigen Wirkens?
- Was muss ich loslassen?
- Was muss vielleicht abgeschnitten werden, damit ich Ballast loswerde und neue Dinge Platz haben?
- Welchen Resilienzfaktor muss ich stärken, um den Herausforderungen gewachsen zu sein?

Methodische Hinweise

Übungen, in denen nicht nur mit dem Kopf gearbeitet wird, sondern mit Stiften und Kreativität, lösen noch mal ganz andere Prozesse in der Wahrnehmung aus. Es ist immer wieder erstaunlich, welche Bilder hier entstehen. Lassen Sie den Teilnehmenden gern auch die Freiheit, die Bilder mit weiteren Symbolen zu ergänzen, wie z.B. mit einer Sonne oder mit dem tanzenden Selbst. Aus Erfahrung lassen sich Teilnehmende leichter auf den Zeichenprozess ein, wenn Sie die Methode an einem eigenen Beispielbaum vorstellen. Und falls sich Teilnehmende bezüglich ihrer künstlerischen Fähigkeiten unsicher sind: In der Übung geht es nicht darum, einen perfekten Baum zu zeichnen. Es geht um die Auseinandersetzung mit den Fragestellungen analog zu den verschiedenen Bereichen des Baumes.

Die Vorstellung einzelner Resilienzbäume am Ende der Übung ist für manche ein sehr emotionaler Moment. Es kann auch mal passieren, dass hier Tränen fließen, welche allerdings Erleichterungstränen sind. Halten Sie daher im Training immer Papiertaschentücher bereit. Wenn es die Teilnehmenden erlauben, machen Sie gern Fotos von den Darstellungen für das Fotoprotokoll.

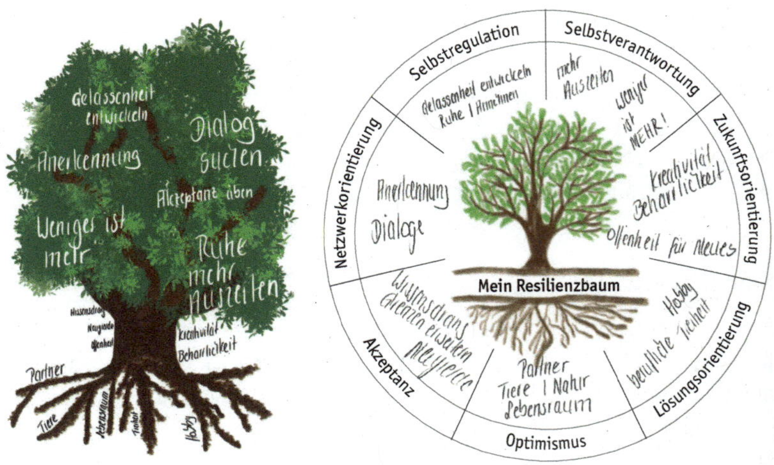

Abb.: Bearbeitete Resilienzbäume in unterschiedlicher Darstellung

Variante: NeuroGraphik®

Eine weitere Möglichkeit der Visualisierung ist die NeuroGraphik®. Diese kreative Transformationsmethode von Prof. Dr. Pavel Piskarev beruht auf Kenntnissen aus verschiedenen Bereichen, wie z.B. der Neuropsychologie, der analytischen Psychologie und der Gestaltpsychologie. Intuitiv werden Farben genutzt und Formen gezeichnet, um einen individuellen „Neurobaum" zu kreieren. Dabei wird die archetypische Qualität und Symbolik des Baumes genutzt, da dieser eine tiefe Verankerung und Bedeutung in allen Kulturen hat.

Das abstrakte Zeichnen erfolgt nach klaren Regeln. Begonnen wird von unten nach oben. Die Zeichenführung ist dabei sehr spontan und sollte in Ruhe durchgeführt werden, indem man in die Linie/den Stift hineinspürt. Wo sich Linien überkreuzen, werden diese abgerundet, was Harmonie in das Bild bringt. Die so entstehenden Muster sind charakteristisch für Neurographische Zeichnungen. Gerade dieser Zeichenschritt kostet Zeit und hat meditative Anteile. Bedenken Sie, dass Sie, wenn Sie die Methode selbst im Seminar einsetzen wollen, über vertiefendes Hintergrundwissen verfügen sollten. Es lohnt sich jedoch, mal selbst einen Kurs mitgemacht zu haben und in das eigene Empfinden zu kommen.

Abb.: Beispiel für einen ersten Neurobaum

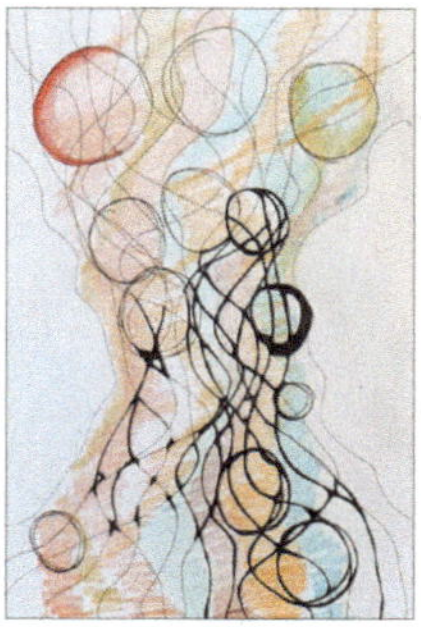

Quellen

- https://www.cai-world.com/help-center/guide/chapterFormatsAndTools/tools_resourcesTree.html (abgerufen am 15.07.2023)
- Berninger-Schäfer, Elke (2018): Online-Coaching. Wiesbaden, Springer Verlag.
- www.youtube.com/watch?v=slYOhwdLahw (abgerufen am 18.07.2023)
- www.youtube.com/watch?v=qe9djF7bpig&list=PLjHDP4mAjPLx323iBPZRNo3UvbwJRy4TT&index=2 (abgerufen am 18.07.2023)

Feedback und Verabschiedung

16:30 Uhr

Orientierung

Ziele
- Differenziertes Feedback aus drei Perspektiven
- Je nach Seminargestaltung Ausfüllen der Feedback-Bögen

Zeit
- 30 Minuten

Material
- Drei Überschriften: „Rückblick“, „Aktuell“, „Vorausschau“
- Flipchart/PPT zum Perspektivwechsel/zur Vorgehensweise
- Internetlink zum Tool für den Brief an die Zukunft oder Briefumschlag und Moderationskarte
- Ggf. Feedback-Bögen
- Teilnahmezertifikat
- Je ein Briefumschlag und eine mit dem Namen versehene Moderationskarte pro Person

Erläuterungen

Zum Ende des Seminars werden die Inhalte und der gemeinsam gegangene Weg mit der 3-Perspektiven-Methode noch einmal kurz in Erinnerung gerufen. Die Methode gibt den Teilnehmenden außerdem einen Impuls für die zukünftige persönliche Umsetzung mit. Sie selbst erhalten Rückmeldung von den Teilnehmenden zur Seminarumsetzung, die Ihnen beim Planen zukünftiger Trainings hilft. Noch eine kleine Besonderheit zum Schluss, die den Teilnehmenden sicher in Erinnerung bleiben wird: der persönliche nächste Schritt wird ihnen als „Zukunftsbrief" zugestellt.

Vorgehen

Nutzen Sie die Flipcharts vom Einstieg (Seite 78) und rufen Sie den Lernprozess bzw. den persönlichen Wachstumsprozess in Erinnerung, indem Sie auf die Inhalte der zwei Tage zurückschauen. Bedanken Sie sich bei den Teilnehmenden für ihre Bereitschaft, sich auf die Übungen und Reflexionen einzulassen. Formulieren Sie aus dem Empfinden kurz ihre Eindrücke zu den Entwicklungen. Stellen Sie im Anschluss daran die 3-Perspektiven-Methode vor. Die Methode lädt dazu ein, in drei verschiedene Richtungen zu schauen: zurück, auf das Aktuelle und in die Zukunft.

- Unter dem Oberbegriff **„Rückblick"** schauen die Teilnehmenden noch einmal zurück auf ihre Ausgangswünsche und -fragen. Sind diese für sie gut bearbeitet worden? Beim Punkt „Aktuell" wird auf die aktuelle Befindlichkeit und das persönliche Erleben im Rahmen des Seminars geblickt. Bei der „Vorausschau" sollen die Teilnehmenden auf einer Moderationskarte notieren, was ihr erster Schritt/ihr erstes Vorhaben sein wird, um ihre persönliche Resilienz nachhaltig weiterzuentwickeln und zu sichern.

- Die Rückmeldungen zum Punkt **„Aktuell"** sollten Sie sich notieren und für zukünftige Weiterentwicklungen nutzen – nach einem Seminar ist immer wieder auch vor einem Seminar. Sollte eine Übung nicht so gut angekommen sein, probieren Sie sie trotzdem zwei- bis dreimal aus, bevor Sie sie ganz verwerfen bzw. ersetzen.

- Für den Punkt **„Vorausschau"** legen Sie für jeden Teilnehmenden einen Briefumschlag und eine Moderationskarte bereit.

Teilen Sie je nach Seminarrahmen noch Feedback-Bögen oder Teilnahmezertifikate aus.

Intro-Vorschlag

„Zwei intensive Tage liegen hinter uns. Lassen Sie uns noch mal auf eines unserer ersten Flipcharts blicken, auf den Lernprozess bzw. Ihren Wachstumsprozess. Mit welchen Inhalten haben wir uns in den letzten zwei Tagen auseinandergesetzt? (Fassen Sie hier kurz zusammen.) *An dieser Stelle möchte ich mich bei Ihnen bedanken: dafür, dass Sie die Offenheit hatten, sich auf den*

Prozess einzulassen. Dafür, dass Sie mir das Vertrauen geschenkt haben, Sie gut durch die zwei Tage zu führen. Dafür, dass Sie bereit waren, sich immer wieder aktiv einzubringen und auch kritische Fragen gestellt haben. Ich möchte nun mit Ihnen zum Abschluss des Seminars drei Perspektiven betrachten:

Perspektive 1 – Rückblick

- *Schauen Sie bitte noch mal auf Ihre Ausgangswünsche und -fragen. Wurde alles bearbeitet?*

Perspektive 2 – Aktuell

- *Wie zufrieden sind Sie mit den zwei Tagen?*
- *Mit welchen Emotionen gehen Sie nach Hause?*

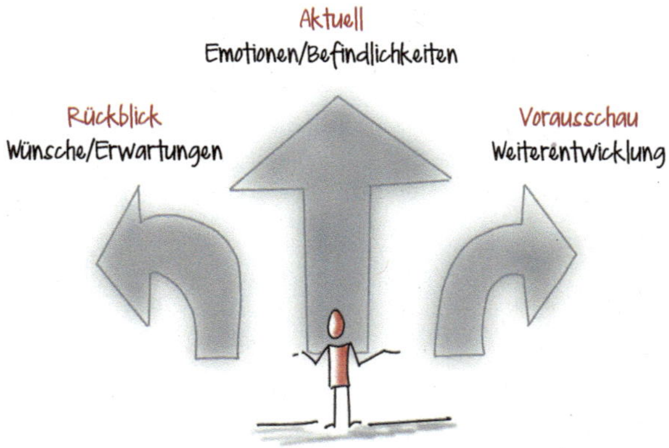

Abb.: Drei Perspektiven

Perspektive 3 – Vorausschau

- *Notieren Sie bitte auf der Moderationskarte mit Ihrem Namen, was Ihr nächster Schritt zu Ihrer persönlichen Weiterentwicklung ist. Ferner bitte ich Sie, diese Moderationskarte nach der Präsentation in den Umschlag zu stecken und den Umschlag mit Ihrer Adresse zu versehen. Die Umschläge sammle ich anschließend ein. Sie bekommen dann irgendwann Post von mir – bzw. von sich selbst. Ich werde Ihnen den Umschlag in den nächsten 2-4 Wochen zusenden. Sie können dann für sich überprüfen, ob Sie schon erste Schritt zu Ihrem Ziel unternommen haben. Falls ja, klopfen Sie sich auf die Schulter. Falls nein, ist dies vielleicht noch mal ein Schubser, jetzt aktiv zu werden. Kleben Sie bitte den Umschlag nicht zu, da ich noch eine Kleinigkeit als Überraschung hinzufügen möchte."*

Methodische Hinweise

Üblicherweise sind die letzten offenen Fragen durch die Reflexion zum Tageseinstieg identifiziert und an diesem zweiten Tag im Training beantwortet worden.

Resilienzentwicklung ist niemals ein abgeschlossener Zustand, sondern ein kontinuierlicher Prozess. Um genau diesen Gedanken zu etablieren und die Bedeutung von Zielen und der damit verbundenen ersten Handlung zu verankern, eignet sich der „Zukunftsbrief". Fügen Sie dem Brief vor dem Absenden noch eine Kleinigkeit bei. Das kann ein Bild, eine Postkarte, ein Gedicht oder etwas Süßes sein. So rufen Sie den Teilnehmenden das Seminar beim Erhalt des Briefes noch einmal nachhaltig in Erinnerung.

Sie können die Zukunftspost auch digital versenden lassen, z.B. über https://www.futureme.org/sites/aLe5ysPyzqA7Yx6crYzHY9JD/letters/new?iframe=true . Weisen Sie die Teilnehmenden aber je nach verwendetem Online-Tool darauf hin, dass sie vor dem Absenden prüfen müssen, dass der Brief privat versendet und nicht öffentlich gespeichert wird.

Laden Sie die Teilnehmenden bei der Verabschiedung gern noch ein, Ihnen im Nachgang eine E-Mail über ihr zukünftiges Alltagserleben zu senden. Aus der Erfahrung kommt immer mal wieder ein Erfolgsbericht per E-Mail zurück, was wiederum Sie und Ihre Arbeit bestätigt und Ihre eigene Resilienz stärken kann.

Hallo,

ich möchte mich nochmals für das unglaublich gute Seminar bedanken, das Sie neulich für meine Kollegen und mich abgehalten haben (Resilienz-Training)!

Seitdem kann ich das, was ich als meine Schwächen bezeichnen würde, endlich aktiv angehen und sehe bereits erste Erfolge. Sei es in Projektmeetings, in der Kommunikation mit meinem Vorgesetzten oder in der allgemeinen Lebensplanung – Wahnsinn! Ich habe mich immer gefragt, wie andere Leute das hinkriegen. Jetzt schaffe ich es auch!

Was mir eine enorme Hilfestellung bietet, sind die Selbstregulationskonzepte (besonders „Beobachten statt Beurteilen") und die 4-A-Methode (beginnend mit „Akzeptanz"). Die habe ich von nun an immer im Hinterkopf.

Ich konnte meine eigene Resilienz aufbauen (die mir bis dahin völlig fehlte), kann schweigen, wenn es angebracht ist (konnte ich vorher nicht), und auch die kurze Lücke zwischen Reiz und Reaktion kann ich nun in vielen Fällen in meinem Sinne nutzen.

Alles in allem würde ich sagen, das war das effektivste Seminar, an dem ich je teilgenommen habe.

Vielen Dank!

Abb.: Anonymisierte Beispielnachricht aus meiner Praxis

Live-Online-Training

Planung und Vorbereitung 186

Seminarfahrplan für das Live-Online-Training 191

Planung und Vorbereitung

Das hier vorgestellte eintägige Live-Online-Seminar beschränkt sich auf die synchrone Arbeitsphase. Falls Sie zusätzliche asynchrone Arbeitsphasen einbauen möchten, sollten Sie entsprechend vorplanen bzw. zusätzliche Zeit einplanen.

Das Online-Training hat den Hauptfokus auf der Bewältigung von Stress und Stärkung der Resilienz. In den Übungselemente erreichen wir nicht die Tiefe in Bezug auf alle Faktoren der Resilienz wie im Präsenzseminar. Es werden viele kleine Impulse in Form von Übungen gegeben, die später die Selbsthilfe ermöglichen. Die einzelnen Übungen sind kürzer und immer geprägt von Dialogaustauschen unter den Teilnehmenden, damit die Aufmerksamkeit gegeben ist. Viele der Übungen können auch in Präsenz übernommen werden und somit bietet dieser Abschnitt Ihnen eine Erweiterung Ihrer Handlungsoptionen für die Gestaltung des eigenen Seminars.

Grundlegende Vorbereitungen

Mittlerweile sind Live-Online-Trainings und -Meetings in den meisten Unternehmen ein fester Bestandteil des Alltags. Daher vor dem Einstieg nur ein paar wenige Hinweise zur Umsetzung auf Basis meiner Erfahrungen als Seminargeberin und -teilnehmerin verschiedenster Live-Online-Seminare. Live-Online-Seminare können sehr unterschiedlich gestaltet sein. Vom Ablesen eines Manuskriptes bis hin zum reinsten Feuerwerk an Boards, Methoden und Tools habe ich schon alles erlebt.

Mein Tipp: Schauen Sie auf sich und nutzen Sie die nachstehenden Fragen für Ihre Vorbereitung:

- Wie steht es um meine digitalen Kompetenzen?
- Wie steht es um die digitalen Kompetenzen meiner Teilnehmenden?
- Welche verschiedenen Online-Werkzeuge kenne ich?

- Welche Anforderungen hat mein Auftraggeber an die eingesetzten Tools in Bezug auf IT-Sicherheit und Datenschutzrichtlinien und wer ist mein Ansprechpartner für die Technik im Unternehmen?
- Wo benötige ich noch Unterstützung im Vorfeld oder später in der Umsetzung?
- Welche Teilnehmerzusammensetzung habe ich im Training und was benötigt diese? Wo kann ich mir gegebenenfalls Anregungen holen?
- Was ist mein Ziel in der Inhaltsvermittlung?
- Welche Methoden brauche ich, um die Inhalte zu vermitteln? Wie kann ich dabei auch vielfältig gestalten, um Nachhaltigkeit zu gewährleisten?
- Will ich den Teilnehmenden die Ausarbeitungen später zur Verfügung stellen und wie sichere ich für ein mögliches Fotoprotokoll die Unterlagen? Erfolgt gegebenenfalls sogar ein Mitschnitt des Seminars?
- Welche Variationsmöglichkeiten habe ich, falls die Technik mal nicht mitspielt?
- Welche technischen Hilfsmittel (z.B. Stream Deck, Boards etc.) will ich gegebenenfalls nutzen?
- Habe ich für mich gut gesorgt?
- Liegt alles bereit für die Umsetzung?
- Haben die Teilnehmenden und ich Kontaktdaten ausgetauscht, falls es mal eine technische Unterbrechung gibt, damit Informationen zum weiteren Verlauf ausgetauscht werden können?

Im Großen und Ganzen gibt es drei wesentliche Aspekte bei der Umsetzung zu beachten:

- Eine gute Vorbereitung und Vertrauen in sich selbst.
- Weniger Technik und Tools ist mehr.
- Stellen Sie die Teilnehmenden in den Mittelpunkt.

Falls es Ihr erstes Online-Seminar ist, nutzen Sie Übungsmöglichkeiten mit Kollegen oder Freunden, um für sich Sicherheit zu gewinnen. Entsprechend Ihrer digitalen Kenntnisse können Sie mit verschiedenen Boards arbeiten, die Ihnen die Arbeit vor und während des Seminars, sowie die Nachbereitung erleichtern.

In den jeweiligen Quellenangaben finden Sie noch ein paar Buchtipps zu Live-Online-Trainings mit Grundlagenwissen und vielen zusätzlichen Impulsen von der Vermarktung bis zur Nachbereitung. Dort können Sie noch differenzierter nachlesen, was alles in Summe bei Live-Online-Trainings zu beachten ist.

Teilnehmenden-Anspruch

Aus Erfahrung sind die Ansprüche von Teilnehmenden an ein eintägiges Live-Online-Seminar zum Thema Resilienz die gleichen wie an mehrtägige Präsenzseminare. Achten Sie daher bei der inhaltlichen Abstimmung mit dem Auftraggeber darauf, aufzuzeigen, was digital umsetzbar ist und was nicht. Wenn es dann in die Planung geht, überlegen Sie genau, welche methodischen Ansätze Sie wählen und wie weit Sie in die Tiefe gehen können. Methoden, bei denen die Teilnehmenden in den Austausch gehen, selbst aktiv sein müssen, binden die Teilnehmenden am besten mit in das Training ein und erhöhen somit auch die Aufmerksamkeit. Als wichtigste Partizipationsmöglichkeiten in Online-Umgebungen haben sich Chats, Breakout-Räume und das wiederholte Einbinden der Teilnehmenden ins Seminargeschehen, z.B. über anklickbare Reaktion wie Handheben und Emojis, über eigene Tests oder sonstige Aktivitäten, als sinnvoll erwiesen. Reine Inputphasen sollten Sie dagegen möglichst kurz halten. Auch hier gilt wie schon erwähnt: Weniger ist oft mehr – und es entlastet Sie. Ferner sollten im Vergleich zum Präsenzseminar häufigere Pausen und auch Bewegungseinheiten integriert sein, um das Erleben für die Teilnehmenden entspannter zu gestalten.

Vorabimpuls: Überraschungspaket

Wer freut sich nicht über unerwartete angenehme Post? Eine Möglichkeit, schon vor dem Seminar einen Impuls zu setzen und eine analoge Verbindung untereinander herzustellen, ist ein kleines Vorabpaket an Ihre Teilnehmenden. Natürlich ist es von Ihrem Budget abhängig, doch unterschätzen Sie nicht die Wirkung einer solchen Aufmerksamkeit. Die Paketinhalte können Sie dann aktiv in Ihren Seminarablauf einbauen. Hier ein paar Vorschläge:

- Kleine Jonglierbälle
- Energie-Riegel, Bliss-Kugeln oder einfach nur ein Rezept dafür
- Postkarten mit individuellen Sprüchen oder der Abbildung der sieben Resilienzfaktoren und vielleicht einem Aufsteller für die Karte dazu
- Selbst gestaltete Postkarten mit Reflexionsfragen zu den Resilienzfaktoren
- Duftstein mit Duftöl für Energie und Konzentration
- Geduldsspiel, z.B. Mini-Labyrinth
- Gedanken-Change-Memory
- Kleine golden angemalte Steine oder Miniedelsteine
- Sorgenmonster
- Bedruckte Tasse mit Entspannungstee
- Makramee-Bänder oder -Schlüsselanhänger

Je nach Budget und Zeitkontingent können Sie das ein oder andere sogar kostengünstig selbst herstellen oder gestalten. Die günstigste Variante ist, statt einer Mail vorab eine Postkarte mit Fragen zu versenden. Unterschätzen Sie hier die Wirkung nicht und bauen Sie schon vor dem Training eine gute Beziehung zu Ihren Teilnehmenden auf.

Umsetzungsgestaltung

Bei der Vorstellung des Live-Online-Tagestraininings verweise ich bei Grundlagen-Inputs auf bereits beschriebene Inhalte des Zwei-Tages-Präsenztrainings. Die meisten Teilnehmenden erhoffen sich, ebenso wie in der Präsenzveranstaltung, ein gewisses Grundlagen-Know-how vom Seminar, da nach wie vor viele mit dem Wort Resilienz noch gar nichts oder sehr Unterschiedliches verbinden. Über das Vermitteln der Grundlagen sorgen Sie für ein einheitliches Verständnis.

In Tagestrainings arbeite ich gerne im sogenannten „Dreiertakt". Damit gemeint sind drei große Themenblöcke, die jeweils wiederum drei Vertiefungspunkte beinhalten. Dieses modulare System erlaubt es, abgeschlossene Themenblöcke zu gestalten und Unterpunkte individuell zusammenzustellen, anstatt für jedes neue Seminar immer den gesamten Ablauf anpassen zu müssen. Teilnehmende können sich dank der klaren Struktur außerdem schnell orientieren. Meine klassischen drei Blöcke sind:

Resilienz – Worüber sprechen wir?
- Definition und Faktoren
- Resilienz in der Wissenschaft
- Wie kann ich Resilienz entwickeln?

Die Verknüpfung zwischen Stress und Resilienz
- Stressdefinition
- Mein Stresslevel
- Stressampel nach Kaluza

Meine Resilienz entwickeln
- Faktor Akzeptanz
- Lösungsorientierung statt Problemdenken
- Bedeutung von Netzwerken

Auf Basis dieser Struktur finden Sie im Folgenden exemplarisch einen typischen Seminartag mit Zeitplan. Aus den verschiedenen Teilen dieses Buches können Sie auch Inhalte für eigene Blöcke oder einzelne Module ziehen und ggf. im Ablauf austauschen.

Andere mögliche Themenblöcke können z.B. sein:

Resilienz im Unternehmen
- Gesundheit und Arbeitszufriedenheit
- New Work
- Organisationale Resilienz

Erfolgreich durch Krisen
- Krisendefinition
- Rollen und Bedürfnisse
- Lösungen finden und Entscheiden

Kurzer Hinweis zum Medieneinsatz im Live-Online-Seminar

Bei der Verwendung von unterschiedlichen Medien (Bilder, Musik etc.) im Training ist es immer auch wichtig, die jeweiligen rechtlichen Nutzungsaspekte (GEMA, Urheberrechte usw.) zu beachten. Bei internen Seminaren und manchen Plattformen können zudem Zugangsbeschränkungen vorliegen. Auch die jeweilige Chatfunktion ist oft unterschiedlich gestaltet, was sich auf Nachvollziehbarkeit und Dokumentation auswirken könnte. Klären Sie etwaige Stolpersteine bereits in der Planungsphase.

Live-Online-Tagestraining im Überblick

Seite	Thema/Übung	Dauer	Uhrzeit
192	Ankommen | Kennenlernen | Ziele und Vorgehen | Unser Miteinander | Agenda	45 Minuten	9:00 bis 9:45 Uhr
196	Resilienzdefinition | Abgrenzung und Entwicklung	45 Minuten	9:45 bis 10:30 Uhr
	Pause	15 Minuten	10:30 bis 10:45 Uhr
201	Aktivierender Einstieg	10 Minuten	10:45 bis 10:55 Uhr
201	Verknüpfung Stress und Resilienz | Stressampel | Lebensrad	95 Minuten	10:55 bis 12:30 Uhr
	Mittagspause	60 Minuten	12:30 bis 13:30 Uhr
209	Aktivierung nach der Mittagspause	15 Minuten	13:30 bis 13:45 Uhr
210	Krisen-ABC	15 Minuten	13:45 bis 14:00 Uhr
212	Keep cool – ABC des Wohlbefindens	30 Minuten	14:00 bis 14:30 Uhr
	Pause	15 Minuten	14:30 bis 14:45 Uhr
213	Aktivierender Einstieg: Rechts-links-Stimulation zum Stressabbau	15 Minuten	14:45 bis 15:00 Uhr
215	Ressourcen aktivieren – Berlin-Ressourcenliste	45 Minuten	15:00 bis 15:45 Uhr
218	Mein Resilienz-Schutzschild	30 Minuten	15:45 bis 16:15 Uhr
220	Feedback und Verabschiedung	15 Minuten	16:15 bis 16:30 Uhr
	Ende des Tages		

09:00 Uhr

Tageseinstieg und Aktivierung

Orientierung

Ziele
- Gestaltung einer vertrauensvollen Zusammenarbeit
- Aktive Einbindung der Teilnehmenden von Anfang an
- Übersicht und Rahmen geben
- Vereinbarungen für den Umgang miteinander treffen

Zeit
- 45 Minuten

Material
- Falls möglich: eine gute Vorabgestaltung des Warteraums
- PowerPoint-Folien oder Flipcharts je nach Ihren Umsetzungsmöglichkeiten
- Digitales Whiteboard

Erläuterungen

Wer kennt nicht die Haltung „‚Fernseher' an, entspannen, berieseln lassen"? Doch genau das sollte in Ihren Seminaren nicht passieren. Daher sind aktive Anteile für den Einstieg und auch im späteren Verlauf des Seminars so wichtig. Überraschen Sie hier die Teilnehmenden und binden Sie sie von Anfang an mit ein. In meinem Setting erfolgt das mit der Übung „Wohlfühlorte". Sie können hier aber auch andere Übungen nutzen, die in Verbindung mit dem Thema Resilienz stehen.

Geben Sie den Teilnehmenden zu Beginn Orientierung und klären Sie organisatorische und ggf. technische Fragen. Es folgt eine aktive Kennenlern-Übung an einem digitalen Whiteboard Ihrer Wahl. Danach geht es gleich weiter auf dem Board mit drei Fragen, zu denen sich die Teilnehmenden in Kleingruppen austauschen. Abschließend erfolgt eine kurze Vorstellung der Ergebnisse.

Vorgehen

Legen Sie sich vor Beginn Ihre benötigten Materialien in Reichweite. Vielleicht haben Sie auch eine Hilfscheckliste zur Hand, falls Teilnehmende doch mal technische Probleme haben.

Je nach Konferenztool und Ihren Einstellungen werden Ihre Teilnehmenden zur Startzeit in den Raum gelassen oder Sie lassen die Personen nach und nach manuell hinein. Begrüßen Sie die Teilnehmenden mit Namen und führen Sie dabei gleich den Audiocheck durch. Schauen Sie auf die

Namensanzeige, ob die Angaben stimmig sind. Wenn alle Teilnehmenden anwesend sind, starten Sie.

Machen Sie auf die Bedeutung der Teilnahme mit der Kamerafunktion aufmerksam. Immerhin geht es hier oft um Persönliches und daher möchte man die anderen Personen auch sehen und deren Verhalten wahrnehmen. Im Vorfeld können Sie dies schon in der Einladung kurz erwähnen.

Stellen Sie Ihren Fahrplan/Ihre Agenda mit den Pausenzeiten für den Tag vor. Gehen Sie danach auf die Kommunikation miteinander ein. Differenzieren Sie hier auch die Verantwortlichkeiten: Was steuern Sie? Was liegt in der Verantwortung der Teilnehmenden? Und wie kann ich als Teilnehmer bzw. Teilnehmerin am meisten „mitnehmen“? Klären Sie, in welcher Art Sie kommunizieren wollen („Sie“ oder „Du“)? Hierzu können Sie schon die Funktion „Reaktionen“ nutzen. „Ja“ zum „Du“ bedeutet z.B., die Hand heben oder einen grünen Haken setzen. Erwähnen Sie, welche Methoden und Medien (z.B. Chat, Bildschirmteilung, Breakout-Räume, Whiteboard etc.) Sie nutzen werden. Fragen Sie nach, wie weit die Teilnehmenden damit vertraut sind und geben Sie den Teilnehmenden die Sicherheit, dass Sie sie unterstützen, falls etwas nicht bekannt ist.

Kennenlern-Übung Wohlfühlorte

Wenn Sie den organisatorischen Part abgeschlossen haben, starten Sie mit der Kennenlern-Übung. Als Kennenlern-Einstieg eignet sich eine Übung, die auch etwas Persönliches zum Ausdruck bringt und die positiv belegt ist. Die erste Aufgabe für die Teilnehmenden lautet: „Finden Sie im Netz oder vielleicht auf Ihrem Rechner ein Bild von einem Ort, wo Sie sich wohlfühlen, und fügen Sie auf einem Post-it drei Stichworte hinzu.“ Die Bilder und Stichworte können auf einem digitalen Whiteboard angeordnet oder je nach Technik in den Chat hochgeladen werden.

Abb.: Kennenlern-Übung „Wohlfühlorte“ auf dem digitalen Whiteboard

Wenn alle die Aufgabe umgesetzt haben, starten Sie mit der Vorstellung Ihres eigenen Bildes und Ihrer Stichwörter und geben dann an die nächste Person weiter. Die stellt ihren Beitrag vor und wählt wiederum jemanden, der vorstellt usw., bis alle etwas gesagt haben.

Intro-Vorschlag

„Schön Sie alle hier live zu sehen. Danke, dass Sie alle Ihre Kamera angeschaltet haben, damit wir uns auch gut im Miteinander erleben können. Wir haben eben einen Blick auf die Agenda geworfen und Sie alle kennen sich mit dem Einsatz von Boards bereits aus. Bei unserer ersten Übung möchte ich Sie auf ein Board einladen. Den Link dazu habe ich in den Chat gestellt. Setzen Sie bitte alle kurz einen Haken, wenn der Link bei Ihnen funktioniert, damit ich dann auf das Bord wechseln kann und Ihnen dort die Funktionen, die Sie für die Übung benötigen, und die Übung vorstelle. (Gehen Sie hier auf die individuelle Funktionsweise Ihres gewählten Tools ein.)

Ich möchte Sie einladen, uns Ihren ganz persönlichen Wohlfühlort vorzustellen. Suchen Sie bitte im Netz oder auf Ihrem Rechner ein Bild, welches Ihren Wohlfühlort darstellt. Das kann ein Urlaubsort sein, ein Ort aus Ihrem tagtäglichen Umfeld, ein Raum im Haus oder der Wohnung etc. Notieren Sie dann bitte auf einem Post-it drei Stichworte, die Ihnen spontan zu Ihrem Wohlfühlort einfallen und dazu Ihren Namen, damit wir wissen, zu wem der Ort gehört. Falls Sie nicht klarkommen mit dem Board, stellen Sie das Bild und die Stichworte in den Chat und ich lade sie dann für Sie auf das Board. Wenn alle fertig sind, starten wir in die Vorstellung." (Danach stellen sich alle mit ihren Bildern und Stichworten vor.)

Drei Fragen an die Teilnehmenden

Nach der Übung geht es gleich weiter auf dem Board. Leiten Sie in den nächsten Schritt über und bilden Sie zufällige Gruppen mit 3-4 Personen, die in Breakout-Räume gesandt werden. Die Teilnehmenden sollen sich innerhalb ihrer Gruppe zu den nachstehenden Fragestellungen 10-15 Minuten lang austauschen:

- Was waren Ihre Beweggründe, sich für das Seminar anzumelden?
- Was ist Ihre Definition von Krise bzw. was macht für Sie eine Krise aus?
- Was wollen Sie im Seminar erfahren/lernen?

Anschließend erfolgt eine kurze Vorstellung der Ergebnisse im Plenum.

Intro-Vorschlag

„Nachdem wir uns jetzt ein wenig kennengelernt haben, möchte ich Sie in einen weiteren Austausch untereinander schicken zu den folgenden drei Fragestellungen (s. oben). *Die Gruppen habe ich nach dem Zufallsprinzip zu-*

sammengestellt. In einer Gruppe sind: (nennen Sie kurz die Namen). *Wenn ich den Breakout-Raum starte, haben Sie für die Umsetzung zwölf Minuten Zeit. Bitte machen Sie sich zu den Fragestellungen Notizen. Dazu finden Sie auf dem Board, welches wir eben bereits verwendet haben, einen Bereich, in dem jede Gruppe ihre Ergebnisse zu den Fragestellungen festhalten kann. Nach dem Gruppenaustausch schauen wir dann gemeinsam darauf und jede Gruppe stellt kurz ihre Ergebnisse vor. Gibt es von Ihnen noch Fragen zum Vorgehen? Ich wünsche Ihnen viel Spaß beim Austausch."*

Abb.: Musterbeispiel einer Umsetzung

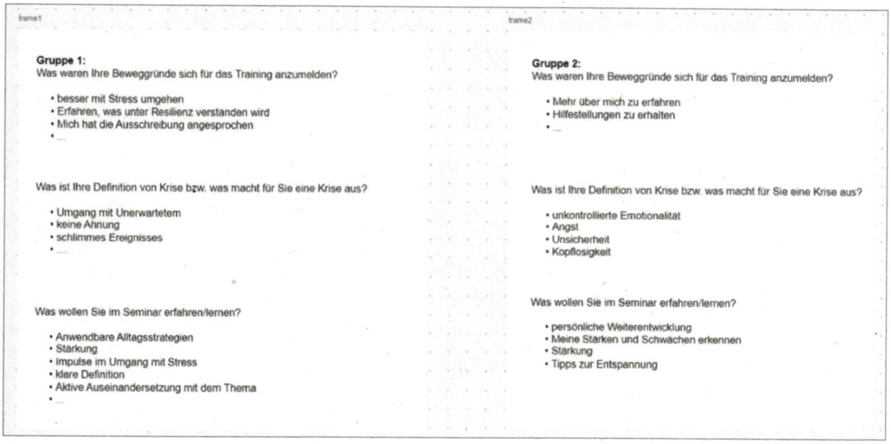

Methodischer Hinweis

Beim ersten Durchgang und der Arbeit mit dem Board kann es sein, dass Sie unterstützen müssen. Die Erfahrungen mit Boards sind sehr unterschiedlich, da es ja auch immer davon abhängt, in welchen Systemen Sie gewohnt sind zu arbeiten bzw. welche Systeme die Teilnehmenden kennen. Aus Erfahrung gibt es bei Gruppenarbeiten immer mindestens eine technisch versierte Person pro Gruppe und die Gruppe arrangiert sich in der Regel selbst. Fragen Sie bei der ersten Übung in den Gruppen nach, ob alles klappt oder ob Unterstützung gewünscht wird. Kündigen Sie beispielsweise an, dass Sie bei der Aufgabe kurz in die Gruppen schauen und dass Sie ansonsten per „Hilferuf"-Funktion herbeigerufen werden können.

Quellen

- Luber, S.; Geisler, I. (2021): Online-Trainings und Webinare – von der Vermarktung bis zur Nachbereitung. 2. Auflage. Weinheim/Basel, Beltz.
- Kresse, A., Herzog, J. (2020): Live Goes Online: Meetings, Präsentationen, Seminare online erfolgreich durchführen. Berlin, edutrainment company.
- Schilling, G. (Hrsg.) (2021): 80 Spiele fürs Live-Online-Training. 2. Auflage. Bonn, managerSeminare.
- http://www.weiterbildungsblog.de/ (abgerufen am 14.08.2023)
- https://www.gesetze-im-internet.de/urhg/(abger. am 14.08.2023)

09:45 Uhr

Resilienz – Worüber sprechen wir?

Orientierung

Ziele
- Basis legen für den weiteren Austausch zur Thematik Resilienz
- Aufzeigen, wie sich Resilienz entwickelt hat und auch immer noch in der Forschung weiterentwickelt wird
- Aufzeigen der Resilienzfaktoren in Bezug auf Krise(n)
- Überleitung zur eigenen Resilienzentwicklung

Zeit
- 45 Minuten

Material
- PowerPoint-Folie oder Flipchart, wenn gewünscht
- Vorab erstellte Umfrage auf der Präsentationsplattform und parallel dazu das Arbeitsblatt als PDF für die Auswertung
- Ball oder Schwamm zur Demonstration

Erläuterungen

Dieser Teil des Trainings ist theorielastig, gibt aber dafür schon Antworten auf einen Großteil der Fragen der Teilnehmenden.

Stellen Sie **Definitionen von Resilienz**, die **Entstehung bzw. Entwicklung des Resilienzbegriffes** sowie die aktuellen **Forschungsschritte** im Bereich Resilienz vor. Führen Sie dann zur Auflockerung einen **Resilienztest** mit den Teilnehmenden durch und besprechen Sie anschließend die Ergebnisse sowie die Bedeutung der **Resilienzfaktoren** im Umgang mit Krisen. Abgeschlossen wird dieser Themenblock mit **Aspekten, die nötig sind, um Resilienz zu entwickeln.**

Die vorgestellten Themen entsprechen denen von Seminartag 1 in Präsenz. Die jeweiligen Inhalte im Detail finden Sie hier:

- Definition von Resilienz, Seite 19ff
- Resilienz in der Forschung, Seite 22ff
- Vorstellung der Resilienzfaktoren, Seite 33ff
- (Psychosoziale) Krise, Seite 52ff
- Resilienz entwickeln, Seite 55ff

Resilienzdefinition und Resilienz in der Forschung

Vorgehen

Da Sie die Teilnehmenden in der Vorstellungsrunde nach deren Definition von „Krise" fragen, können Sie darüber nahtlos zur Bedeutung von Resilienz, den Resilienzfaktoren und der Entwicklung von Resilienz überleiten.

Intro-Vorschlag

„In die Runde gefragt: Wie würden Sie Resilienz definieren? Der Begriff Resilienz stammt ursprünglich aus der Werkstoffkunde und steht für Widerstandskraft, Belastbarkeit und Elastizität. (Nutzen Sie gerne einen Ball oder Schwamm, um darzustellen, was Sie meinen.) *Bezogen auf uns Menschen wird gerne das Bild des Stehaufmännchens assoziiert, das in der Lage ist, sich immer wieder aufzurichten. Ich definiere Resilienz wie folgt ...* (setzen Sie hier Ihre Definition ein). *Resilienz hat sich im Laufe der Jahre in den verschiedenen Forschungsrichtungen auf Basis von unterschiedlichen Fragestellungen weiterentwickelt. Das bekannteste Resilienzmodell stammt von Emmy Werner und beruht auf einer Langzeit-Studie ..."* (Stellen Sie jetzt gerne die weiteren Inhalte zum Themenblock „Resilienz in der Forschung" vor.)

Resilienztest

Führen Sie danach zum Einstieg in das Thema Resilienzfaktoren einen Resilienztest als Online-Fragebogen durch, in dem die Teilnehmenden eine Selbsteinschätzung ihrer Resilienzfaktoren vornehmen können. Nach der Umfrage erfolgt die Auswertung und jeder Teilnehmende kann sein Ergebnis selbst einordnen. Zudem gibt es noch eine Gruppenauswertung, die die Widerstandskraft der Gruppe darstellt.

Intro-Vorschlag

„Nun möchte ich mit Ihnen genauer auf Ihre Resilienz schauen. Dazu habe ich Ihnen einen Resilienz-Selbsttest mitgebracht. Sie bekommen von mir gleich 21 Fragen, die Sie bitte bezogen auf sich selbst auf einer Skala von 1-10 einschätzen. (Erläutern Sie jetzt das technische Vorgehen.) *Da ich gerne auch ein Gesamtbild der Gruppe erstellen würde, habe ich den Test als anonyme Umfrage erstellt. Ich bitte Sie, sich Ihre Antworten auf die Fragen parallel auf einem Blatt zu notieren. Sie bekommen dann die Fragen von mir noch als PDF-Arbeitsblatt in den Chat gestellt. So können Sie Ihre Antworten übertragen und anschließend nach zwei Verfahren auswerten. Ich bin gespannt auf das Ergebnis und starte jetzt die Umfrage. Danach schauen wir beim Thema ‚Umgang mit Herausforderungen und Krisen' auf die verschiedenen Phasen einer Krise und deren Zusammenhänge mit den Resilienzfaktoren."*

Methodische Hinweise

Die Einbindung des Resilienz-Selbsttests in der Mitte des Theorieblockes lockert diesen auf und bringt die Teilnehmenden in Aktivität. Es bietet sich an, erst die Befragung durchzuführen und dann den Test zur Nachbearbeitung in den Chat zu stellen. So liegt die Konzentration erst nur auf einem Aspekt und Sie verlieren keine Zeit bei der Umsetzung. In der Pause, die es nach dieser Einheit gibt, können sich die Teilnehmenden den Test bei Bedarf dann noch einmal genauer anschauen. Wahlweise können Sie den Teilnehmenden einen Arbeitsschritt erlassen und den Test direkt parallel als Umfrage im PDF-Arbeitsblatt ausfüllen lassen. Dann dauert aber die Bearbeitung insgesamt etwas länger.

Die Online-Variante mit Gruppenauswertung müssen Sie in einem entsprechenden Tool anlegen. Das Gruppenergebnis schätzen viele Teilnehmende und setzen ihr Ergebnis dazu in Bezug. Je nachdem, wie das Ergebnis ausfällt, können Sie bei der Vorstellung der sieben Resilienzfaktoren näher darauf eingehen.

Bauen Sie die Darstellung der Phasen der Krise Stück für Stück auf. In Bezug auf den Punkt, dass jede Person individuell einschätzt, was für sie eine Krise ist, können Sie den Faktor Wahrnehmung und die damit verbundene Subjektivität erläutern.

Download: Test Resilienzfaktoren

Selbsttest Resilienzfaktoren

Dieser Test erhebt keinen Anspruch auf wissenschaftliche Gütekriterien (Validität, Reliabilität). Ziel ist es, durch die Selbsteinschätzung einen ersten Hinweis auf die Stärken der persönlichen Resilienz zu bekommen.

Bewerten Sie die folgenden Aussagen auf einer Skala von 1 = „Diese Aussage trifft für mich überhaupt nicht zu " bis 10 = „Dieser Aussage kann ich voll zustimmen".

Optimismusfaktor

- Ich empfinde mein Leben als sinnvoll und lebenswert.
- Wenn ich mit neuen Herausforderungen konfrontiert werde, schaue ich optimistisch auf die Umsetzung.
- Ich weiß, was ich kann, und vertraue auf meine Fähigkeiten und Kompetenzen.

Akzeptanzfaktor

- Auch wenn in der Vergangenheit Dinge mal nicht so gut gelaufen sind, wie ich es mir gewünscht hätte, kann ich das annehmen und schaue nach vorne.

- Ich kann mich gut an Veränderungen anpassen, aber mich auch damit abfinden, wenn etwas nicht veränderbar ist.
- Wenn bei Aufgabenumsetzungen unvorhersehbare Probleme auftreten, dann wende ich mich schnell Überlegungen für den Umgang damit zu.

Lösungsorientierungsfaktor

- Ich finde es wichtig, mich auf die Lösung eines Problems zu konzentrieren, anstatt nach Schuldigen zu suchen.
- Ich habe die Erfahrung gemacht, dass ein Umfeld, das die Lösungsorientierung fördert, wichtig ist.
- Es gelingt mir oft, eine positive Einstellung bei der Suche nach Lösungen zu bewahren.

Selbstregulationsfaktor

- Selbst in stressigen Situationen gelingt es mir, angemessen zu reagieren und meine Gefühle zum Ausdruck zu bringen.
- Ich habe ein gutes Körperempfinden und spüre, was mir guttut und was nicht.
- An stressigen Tag gelingt es mir gut, nach der Arbeit den Hebel umzulegen und abzuschalten.

Selbstverantwortungsfaktor

- Wenn es darum geht, Entscheidungen zu treffen, vertraue ich auf mich und mache mich nicht abhängig von Meinungen anderer.
- Ich bin motiviert und weiß, was mich antreibt.
- Ich reflektiere meine Erfahrungen, lerne aus Fehlern und gestalte meine Zukunft.

Netzwerkorientierungsfaktor

- Ich nehme mir Zeit, um mit Menschen in Kontakt zu sein, und versuche, sie zu verstehen und zu unterstützen.
- Ich vertraue anderen und weiß, auf wen ich mich in Krisenzeiten verlassen kann.
- Mein Motto ist: „Freude teilen verdoppelt die Freude."

Zukunftsorientierungsfaktor

- Ich habe klare Prioritäten für meine weitere Lebensplanung.
- Veränderungen sind Herausforderungen, sich neu auszurichten.
- Ich kenne meine Werte und versuche, diese in meinem Leben zu leben.

Die Auswertung kann auf zwei Arten erfolgen:

Resilienzfaktoren-Einzelauswertung

Für jeden Resilienzfaktor erhalten Sie ein Ergebnis zwischen 3 und 30 Punkten.

3-10 Punkte: In dieser Kategorie haben Sie noch Potenzial, Ihre Resilienz weiterzuentwickeln. Schauen Sie sich die Aussagen genauer an und prüfen Sie, was für Sie sinnvoll sein könnte, zu verändern, und was der erste Schritt sein könnte.

11-20 Punkte: Hier befinden Sie sich im Mittelfeld. Ihre Resilienz hat eine gewisse Stabilität. Wenn Sie Ihre Resilienz weiterentwickeln wollen, nutzen Sie die nachstehenden Fragen zur Reflexion:

- Was gelingt bereits, sodass Sie diese Punktzahl vergeben haben?
- Warum habe Sie diese Punktzahl vergeben und was müsste sich verändern, damit Sie mehr oder sogar weniger Punkte vergeben würden?
- Was würde sich verbessern, wenn es eine Veränderung gäbe und wie müsste diese gestaltet sein?

21-30 Punkte: Bei diesem Resilienzfaktor liegen Ihre Stärken und Ressourcen. Sie machen positive Erfahrungen und können dadurch einiges erreichen in Ihrem Leben. Sie sind in vielen Lebenssituationen krisenfest und es gelingt Ihnen, proaktiv vorwärtszugehen.

Intuitive Auswertung

Für die vergebenen Zahlen setzen Sie jeweils einen gelben oder einen grünen Smiley ein, z.B. mit einem Zeichenwerkzeug im digitalen Whiteboard: für die Zahlen 1-5 einen neutralen gelben Smiley und für die Zahlen 6-10 einen grünen Smiley.

Gelb bedeutet: „Hier könnte ich noch was für meine Widerstandskraft tun. Es lohnt sich, noch mal genauer hinzuschauen und Entwicklungspotenziale zu nutzen."

Grün bedeutet: „Hey, es läuft schon vieles richtig super und ich bin mit mir und meinem Leben zufrieden."

Tipp

Möchten Sie mit einem professionellen, konzeptbasierten Test arbeiten, dann empfiehlt sich z.B. das folgende Produkt: https://shop.persolog.com/Produkte/Quick-Checks/Resilienz/ (abger. am 26.08.2023).

– Kaffeepause –

10:30 Uhr – 10:45 Uhr

Aktivierender Einstieg mit Entspannungsübungen

10:45 Uhr

Orientierung

Ziele
- Energieübung zur Stärkung der Aufmerksamkeit
- Lösen von Verspannungen in der Rückenmuskulatur

Zeit
- 10 Minuten

Material
- YouTube-Videos nutzen oder selbst vorstellen

Erläuterungen

Nach der Pause bringen Sie die Teilnehmenden wieder in die Aktivität, indem Sie kleine Energieübungen einsetzen. Damit sorgen Sie für eine bessere Aufmerksamkeit und mehr Wohlbefinden beim Training. Verweisen Sie auch darauf, dass die Teilnehmenden diese Übungen gerne auch in ihren Alltag integrieren können. Entsprechend Ihren eigenen Kenntnissen können Sie die Übungen selbst vorstellen oder kleine Videosequenzen nutzen.

Übungen können sein:
- Sich stehend oder auf dem Stuhl sitzend langsam Wirbel für Wirbel nach unten beugen. Sich, unten angekommen, wieder langsam Stück für Stück aufrichten und die Schultern nach hinten spannen.
- Arme zur Decke hochstrecken, so als ob man nach der Decke greifen möchte. Im Stehen: Sich dabei auch gerne auf die Zehenspitzen stellen.
- Abschließend noch mal den ganzen Körper mit den Händen wach klopfen, beginnend bei den Beinen und dann weiter nach oben.

- Sagen Sie bei den Übungen unbedingt immer an, dass jeder die Übungen nur entsprechend seiner Möglichkeiten umsetzen soll. Die Teilnahme ist freiwillig.

Vorgehen

Teilen Sie je nach gewählter Umsetzung ein Video oder machen Sie die Übung selbst vor. Achten Sie beim Einsatz eines Videos auf die Tonfreigabe.

Intro-Vorschlag

„Aus den Statistiken der Krankenkassen geht hervor, dass wir mehr als neun Stunden pro Tag im Sitzen verbringen. Das tut unserem Rücken nicht gut. Damit wir gleich wieder fit sind für unsere Inhalte, lade ich Sie ein, was für sich und Ihren Rücken zu tun. Ich habe für diesen Part eine Expertin eingeladen, die uns gleich per Video ein paar Übungen vorstellt. Nutzen Sie die Möglichkeit, etwas für sich zu tun. Wenn es Ihnen unangenehm ist, Sie aber gerne dabei sein wollen, schalten Sie auch ruhig für diesen Moment Ihre Kamera aus. Die Übung dauert ca. 5 Minuten. Und jetzt starte ich das Video und freue mich auf die Entlastung meines Rückens. Den Link zum Video stelle ich Ihnen anschließend in den Chat."

Methodischer Hinweis

Solche kleinen 5-Minuten-Sequenzen eignen sich gut als Wiedereinstieg nach Pausen. Wichtig ist, auf die Freiwilligkeit und die Möglichkeit, auch gerne die Kamera auszuschalten, hinzuweisen. Ferner setzen Sie mit den Übungen den Impuls, diese auch immer mal wieder im Büro zu nutzen, wenn der Rücken schmerzt.

Quellen

- www.youtube.com/watch?v=uY58qwoX9yk (abger. am 27.08.2023)
- www.youtube.com/watch?v=gwLyx1dgPMM (abger. am 27.08.2023)
- www.youtube.com/watch?v=Gpw8vvp5eMk (abger. am 27.08.2023)

Verknüpfung Stress und Resilienz

10:55 Uhr

Orientierung

Ziele

- Kurze Einführung in die Thematik Stress
- Vorstellung der Stressampel nach Prof. Dr. Gerd Kaluza
- Eigene Stressoren/Herausforderungen herausfiltern
- Ermitteln des „Wohlfühlfaktors“ in verschiedenen Lebensbereichen
- Auseinandersetzung zu Veränderungsstrategien

Gesamtzeit: 95 Minuten

- Vorstellung der Stressampel (10-15 Minuten)
- Überleitung und Einführung in die Aufgabe des Tortendiagramms und des Lebensrades (5-10 Minuten)
- Ausarbeitung des Tortendiagramms (15 Minuten)
- Bewertung des Lebensrades (30 Minuten)
- Austausch zur Ausarbeitung/zum Ergebnis im Partnergespräch (20 Minuten insgesamt, 10 Minuten pro Person)
- Austausch im Plenum zur Übung und den Erkenntnissen (10-15 Minuten)

Material

- PowerPoint-Folien oder Flipcharts, wenn gewünscht
- Arbeitsblatt mit Tortendiagramm zur Zeiteinteilung
- Arbeitsblatt Lebensrad

Erläuterungen

Die Auseinandersetzung mit ihren Belastungen und somit der Thematik Stress ist für viele Teilnehmenden ein wichtiger Faktor. Denn gerade die vielfältigen Anforderungen und Veränderungen in unseren Lebensbedingungen fordern uns heraus. Die Stressampel nach Prof. Dr. Gert Kaluza zeigt auf den drei Ebenen der Stressampel die verschiedenen Faktoren der Stressentstehung, die Stressverstärkung durch die eigene Haltung und Einstellung sowie die daraus resultierende Stresswirkung auf. Anschließend reflektieren die Teilnehmenden anhand eines Tortendiagramms ihre eigenen Stressoren, insbesondere im Zusammenhang mit ihren Rollendefinitionen. Darauf aufbauend analysieren sie mit dem „Lebensrad“ ihre tägliche Zeiteinteilung sowie ihre Zufriedenheit mit verschiedenen Lebensbereichen.

Die Stressampel

Vorgehen

Stellen Sie die Stressampel und die in den jeweiligen Phasen benötigten Stresskompetenzen nach Kaluza vor (Seite 104 ff).

Intro-Vorschlag

„Um Resilienz zu entwickeln, gilt es sich seiner Belastungen, Herausforderungen oder gar Krisen bewusst zu werden, um durch Veränderungen neue Strategien und Herangehensweisen zu nutzen. Als Basis dafür möchte ich mit Ihnen genauer auf das Thema Stress schauen. Die Stressampel von Prof. Dr. Kaluza zeigt auf, wie Stress entsteht, wie wir auf Basis unseres eigenen Verhaltens das Stressempfinden verstärken und welche Auswirkungen es auf unsere Gesundheit hat. Im Anschluss daran gehe ich mit Ihnen auf die Möglichkeiten der Stressbewältigung ein." (Stellen Sie jetzt die Stressampel vor.)

24-Stunden-Tortendiagramm und Lebensrad

Erläuterung

Bauen Sie danach die Reflexion für die Teilnehmenden unter verschiedenen Aspekten schrittweise auf. Der erste Schritt ist die Auseinandersetzung mit dem persönlichen Tagesgeschehen. Hierzu eignet sich ein Tortendiagramm, das die 24 Stunden des Tages abbildet. Die Teilnehmenden sollen für sich notieren, wie sich ein durchschnittlicher Tag für sie gestaltet. Dabei geht es auch um die Qualität der jeweiligen Zeitfenster und die Ermittlung der ganz persönlichen Herausforderungen und Stressoren des Alltags. Zur Erklärung der Aufgabe wird ein Beispieldiagramm (siehe rechte Seite) mit möglichen Fragestellungen Stück für Stück eingeblendet.

Durch diese Form der Darstellung wird Schlaf als wichtige Energiequelle sichtbar. Vielen Teilnehmenden ist die Bedeutung von Schlaf für den Organismus und die Regeneration nicht bewusst.

Eine wichtige Ergänzung ist hier, auf die eigenen Rollen zu schauen. Welche meiner Rollen (Arbeitnehmer, Mutter/Vater, Freund/Freundin, Tochter/Sohn etc.) benötigt welchen Zeitaufwand? Wo erlebe ich meine Aufgaben und Rollen als Energiequelle und wo sind es Energiezehrer? Durch das Einbringen der Rollenthematik eröffnen Sie einen weiteren Blickwinkel. Bezogen auf die Stressampel wird hier sichtbar, welche Erwartungen Teilnehmende an sich selbst haben bzw. welche Erwartungen andere an sie haben.

Intro-Vorschlag

„Um auf Ihre ganz persönlichen Herausforderungen des Alltags zu schauen, lade ich Sie ein, sich einen durchschnittlichen Tag Ihres Alltagserlebens genauer anzuschauen. Ich möchte Ihnen anhand eines Musterbeispiels kurz vorstellen, was ich damit meine und was Ihre nächste Aufgabe ist. Wenn wir

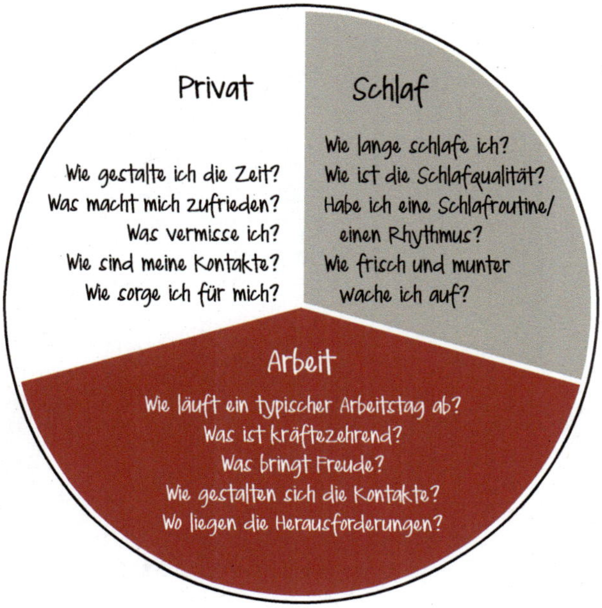

Abb.: Tortendiagramm eines möglichen Tagesablaufes mit Schlafphase (ca. 7 Stunden), Arbeitsleben (ca. 10 Stunden) und privatem/persönlichem Bereich (ca. 7 Stunden). Die Fragestellungen in den Feldern dienen den Teilnehmenden in der Übung als Hilfestellung.

ein Tortendiagramm in 24 Stunden einteilen, für was brauchen wir welche Zeit. Beginnen wir mal mit dem Schlaf. Ich bin hier von ca. 7 Stunden ausgegangen. Wie schaut es da bei Ihnen aus? Schreiben Sie doch Ihre durchschnittliche Dauer mal in den Chat. Und wenn wir schon mal bei dem Thema sind, wie steht es um Ihre Schlafqualität?"

Führen Sie hier gerne weiter aus und stellen Sie dann die anderen zwei Themenbereiche (Arbeitsleben, Privates) vor. Danach gehen die Teilnehmenden in die Übungsphase und bearbeiten zunächst das 24-Stunden-Tortendiagramm und anschließend das „Lebensrad". Das Tortendiagramm dient dabei als Vorstufe und Reflexion für die Zufriedenheitsbewertung mit dem Lebensrad.

24-Stunden-Tortendiagramm

Vorgehen

Die Teilnehmenden erhalten zunächst per Chat ein PDF-Arbeitsblatt zum Ausdrucken mit einem Tortendiagramm, das in 24 Stücke (Stunden) aufgeteilt ist. Daneben ist Platz für die Teilnehmenden, ihre Rollen zu notieren. Die Vorlage kann auch schnell selbst gezeichnet werden, falls ein Ausdruck nicht möglich ist.

Download: Vorlage 24-Stunden-Tortendiagramm

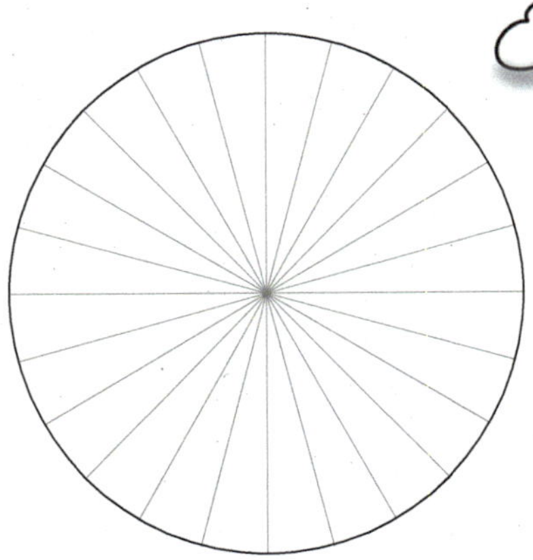

Nutzen Sie für die Übung die Fragestellungen zur Analyse der Stressoren. Regen Sie die Teilnehmenden an, auch über die Alltagsaktivitäten wie Einkaufen, Fahrzeiten, Wartezeiten, Essen, Gespräche mit Partner oder Kind(ern) etc. nachzudenken. Jeder soll für sich seine drei bis max. fünf intensivsten Stressoren notieren.

Methodische Hinweise

Die Umsetzungsumgebung können Sie sehr offen gestalten. Beispielsweise können Sie Breakout-Räume einrichten, deren Nutzung den Teilnehmenden freigestellt ist. So kann die Umsetzung der Übung sehr frei erfolgen und jeder kann entsprechend seinen Bedürfnissen aktiv werden. Manche Teilnehmenden arbeiten hier lieber für sich allein, andere nutzen gerne den Dialog und entwickeln dadurch neue Impulse.

Das 24-Stunden-Tortendiagramm ist eine Vorstufe und Reflexion zur nächsten Übung, der Zufriedenheitsbewertung mit dem Lebensrad.

Lebensrad

Erläuterungen

Mit dem Lebensrad wird die persönliche Lebensqualität in verschiedenen Lebensbereichen differenziert betrachtet. Auf einer Skala von 1 bis 10 können die Teilnehmenden ihren persönlichen Wohlfühlfaktor/ihre Befindlichkeit für jeden einzelnen Bereich notieren. Mit diesem Selbstcoaching-Tool können sich die Teilnehmenden Klarheit verschaffen, in welchen Bereichen sie eine Veränderung wünschen. In der weiteren Bearbeitung können sie dann entscheiden, was ihnen wichtig ist, und daraus Ziele und Prioritäten für die Umsetzung formulieren.

Vorgehen

Für jeden Bereich markieren die Teilnehmenden einen Wert für Zufriedenheit auf der Achse. 1 entspricht völliger Unzufriedenheit, 10 vollster

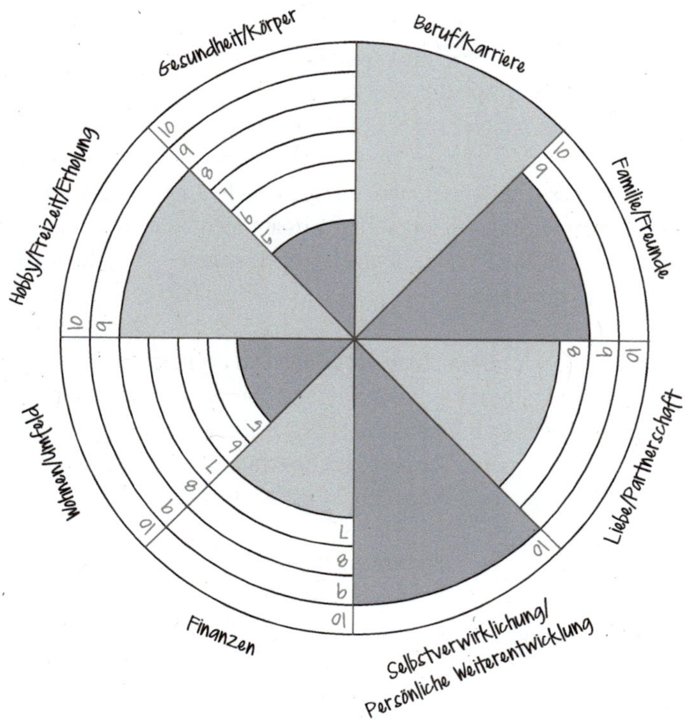

Abb.: Ausgefülltes Lebensrad

Download: Vorlage Lebensrad

Zufriedenheit. Im nächsten Schritt werden die Felder in den jeweiligen Bereichen ausgefüllt, wobei eine mehr oder weniger runde Form entsteht. Fragen sind: Wie „rund" ist mein Lebensrad? Wie läuft es? Stelle ich fest, dass es „holprig" ist?

Für die Auswertung sind folgende Fragen hilfreich:

Einschätzung/Bewertung des Ist-Zustandes

- Wie zufrieden bin ich mit dem Lebensbereich aktuell?
- Woran mache ich den gewählten Wert fest?
- Was würde eine Veränderung des Wertes nach oben oder unten bedeuten? Was wäre dann anders?

Reflexion der Ergebnisse

- Wie geht es mir mit dem Ergebnis?
- Was fällt mir auf?
- Muss der Wert immer 10 sein oder wann ist es gut, so wie es ist?

Veränderungspotenziale

- An welchen Punkten würde ich was verändern wollen?
- Was kennzeichnet meine Unzufriedenheit in dem Bereich?
- Woran würde mein Umfeld merken, dass ich zufriedener bin?

Umsetzung von Veränderungen
- Was ist meine Motivation, die Veränderung zu gestalten?
- Was wäre ein erster Schritt?
- Auf welche Ressourcen kann ich zurückgreifen?

Es ist wichtig, dass die Teilnehmenden ihre Überlegungen zu den einzelnen Skalenpunkten notieren. Dabei müssen nicht alle Fragen beantwortet werden. Die Fragen sollen eher dazu anregen, verschiedene Blickwinkel einzunehmen.

Gestalten Sie nach der Bewertung des Lebensrades ein kurzes Zusammenkommen im Plenum, bevor es in eine Partnerübung geht. Dann tauschen sich die Teilnehmenden in Zweier- oder Dreiergruppen über ihre Ergebnisse aus. Zum Abschluss der Übungssequenz erfolgt noch ein Austausch im Plenum über die Übungen und mögliche Erkenntnisse daraus.

Fragen Sie die Gruppe vor der Mittagspause auch noch einmal nach ihrer aktuellen Stimmungslage. So erkennen Sie den Energiestatus und sind achtsam für die weitere Umsetzung.

Methodische Hinweise

Die gesamte Übungssequenz ist sehr vielschichtig. Die stufenweise Herangehensweise ermöglicht eine Arbeit vom Einfachen hin zum Komplexeren. Einige Teilnehmende kommen mit dem Tortendiagramm leichter klar, andere finden die differenzierte Betrachtung über das Lebensrad für sich hilfreicher. Gerne können Sie auch nur eine der Varianten nutzen und sich dann dafür mehr Zeit nehmen.

Das Lebensrad gibt es in verschiedenen Ausführungen und auch die Lebensbereiche können variieren oder anders benannt sein. Sie können ggf. Alternativen nutzen oder ein auf Ihre Teilnehmergruppe abgestimmtes Lebensrad selbst erstellen.

In diesem Themenblock wird viel mit Breakout-Räumen gearbeitet und Sie haben nicht immer Zugriff auf alle Teilnehmenden. Für einen besseren Überblick über die Bearbeitungsdauer der einzelnen Inhalte finden Sie diesmal im Infokasten (Seite 203) eine etwas detailliertere Zeitenübersicht.

Quellen

- https://de.statista.com/statistik/daten/studie/1223765/umfrage/durchschnittliche-dauer-der-kommunikation-pro-werktag-bei-paaren/ (abgerufen am 28.08.2023)
- https://www.slideteam.net/blog/unverzichtbare-vorlagen-fur-das-lebensrad-mit-mustern-und-beispielen (abgerufen am 28.08.2023)

- https://www.niederhauser-mental.ch/lebensrad_vorlagen.shtml (abgerufen am 28.08.2023)
- https://greator.com/lebensrad-so-optimierst-du-alle-wichtigen-lebensbereiche/ (abgerufen am 28.08.2023)

– Mittagspause –

12:30 – 13:30 Uhr

Aktivierung nach der Mittagspause

13:30 Uhr

Orientierung

Ziele
- Bewegung nutzen zur Aktivierung
- Lachen und Humor stärken
- Alle Teilnehmenden aktiv einbinden

Zeit
- 15 Minuten

Erläuterungen

Um nach der Pause wieder aktiv einzusteigen, sind körperliche Aktivierungsübungen auch in Live-Online-Trainings immer hilfreich. Damit alle dabei sind, werden die Teilnehmenden eingeladen, einer nach dem anderen eine kleine Körperbewegung zur Aktivierung vorzumachen, die alle anderen dann mitmachen können. Die Übungen sollen entsprechend einfach sein.

Beispiele dafür können sein:
- Schulterkreisen, links- und rechtsherum
- Arm strecken und nach der Sonne greifen
- Langsames Kopfkreisen
- Bein links und rechts abwechselnd an den Körper heranziehen und umarmen
- Arme zu den Schultern führen und kreisen

Vorgehen

Stellen Sie kurz das Setting vor und starten Sie selbst mit einer ersten Übung. Geben Sie dann an eine beliebige Person weiter. Die gibt eine zweite Übung vor und gibt dann wieder weiter an die nächste Person, bis alle eine kurze Übung vorgestellt haben. Mittlerweile kennen viele Teilnehmenden solche kleinen Übungen durch die Einführung von „bewegten Pausen" auch aus Unternehmenskontexten.

Intro-Vorschlag

„Ich freue mich, Sie alle nach der Pause hier wieder zu sehen. Es gibt das Sprichwort: ‚Nach dem Essen sollst du ruhen oder tausend Schritte tun.' Für uns schlage ich vor, statt der tausend Schritte kleine körperliche Bewegungsübungen zu machen. Jeder von Ihnen überlegt sich kurz, was er zeigen kann und alle machen dann die Übung mit. Wer gerade eine Übung gemacht hat, gibt weiter an den Nächsten, indem derjenige kurz benannt wird. Ich starte und mache ein Beispiel vor. Wenn es keine Fragen gibt, macht dann die Person, die von mir benannt wird, weiter. Auf geht es!"

Krisen-ABC

13:45 Uhr

Orientierung

Ziele

- Einstimmung auf das Thema „Krisen bewältigen"
- Vorstellung der handlungsleitenden Themen anhand des Wortes „Krisen-ABC"

Zeit

- 15 Minuten

Material

- PowerPoint-Folie oder Flipchart, wenn gewünscht

Erläuterungen

Das „Krisen-ABC" ist eine Zusammenstellung von Empfehlungen und Anregungen, die von den Diplom-Psychologinnen Christa Diegelmann und Margarete Isermann entwickelt wurde. Es basiert auf dem theoretischen Hintergrund von TRUST, einem Ansatz, der darauf abzielt, individuelle Ressourcen zu aktivieren und die psychische Widerstandskraft zu stärken. TRUST nutzt Elemente aus der Neurobiologie und der Psychotherapie, darunter Imaginationen, Kognitionen, Symbole, Rituale, Metaphern und körperbezogene Interventionen.

Die Methode bietet eine strukturierte Herangehensweise, um Menschen in Krisensituationen zu helfen, ihre Gedanken, Gefühle und Handlungen zu organisieren und zu bewältigen. Es ist besonders in der Traumatherapie und Psychoonkologie erfolgreich angewandt worden und betont das Vertrauen in die eigenen Ressourcen. Die Buchstaben in „Krisen-ABC" stehen für handlungsleitende Elemente aus dem TRUST-Konzept, die dazu beitragen, die Stärke und Veränderung im Leben auf verschiedenen Ebenen zu fördern:

K eep cool
R essourcen aktivieren
I nnehalten und zuhören
S inn finden
E ngagement
N eues entdecken
A ktiv werden
B ewertungen ändern
C hancen erkennen

Dieser Ansatz betont, wie wichtig es ist, im Alltag bewusst die Kraft der individuellen, sozialen und sinngebenden Potenziale zu erkennen und zu nutzen.

Vorgehen

Stellen Sie zum Einstieg in das Thema „Krisen erfolgreich bewältigen“ das Wort-KAWA® (kreative Wort-Assoziation) „Krisen-ABC“ vor.

Intro-Vorschlag

„Als Einstieg in das Thema ‚Bewältigung von Krisen‘ stelle ich Ihnen das ‚Krisen-ABC‘ vor, eine Art Checkliste zum Thema. Hinter jedem Buchstaben verbergen sich verschiedene Maßnahmen, die Ihnen helfen können, wieder in Ihre Stärke und Energie zu kommen. Zu drei Maßnahmen werden wir gleich noch konkreter in die Tiefe gehen. Und nun zum ersten Buchstaben: Was verbirgt sich hinter ‚Keep cool‘? Es geht um ...“

Stellen Sie alle Maßnahmen hinter den Buchstaben vor. Im weiteren Verlauf des Seminars werden die Punkte „Keep cool“ und „Ressourcen aktivieren“ mit Übungen vertieft.

Methodischer Hinweis

Falls Sie den Impuls des Überraschungspaketes vor dem Seminar (Seite 188f) aufgreifen, können Sie eine Postkarte oder die im Handel erhältlichen Plastikkarten zum Krisen-ABC im Vorfeld mitsenden. So setzen Sie einen Anker.

Quellen

- https://www.psychologenverlag.de/Produkte/pid/347/ (abgerufen am 31.10.2023)
- https://www.idinstitut.de/ (abgerufen am 31.10.2023)
- Diegelmann, Christa; Isermann, Margarete (2014): Kraft in der Krise – Ressourcen gegen Angst. Stuttgart, Klett-Cotta Verlag.

14:00 Uhr

Keep cool – ABC des Wohlbefindens

Orientierung

Ziele

- Methoden des Herunterkühlens in stressigen Situationen kennenlernen
- Lebendigkeit und Spaß
- Verstärkung des positiven Netzwerkes im Gehirn

Zeit

- 30 Minuten

Material

- Digitales Glücksrad (https://wheelofnames.com)

Erläuterungen

Knüpfen Sie jetzt an Ihre Ausführungen zu „Keep cool", nämlich dem Herunterfahren des Stresssystems, an. Es geht darum, in stressbelasteten Situationen wieder einen kühlen Kopf zu bekommen, um adäquat auf die Herausforderungen reagieren zu können.

Beim ABC des Wohlbefindens geht es darum, auf positiv besetzte Lebensereignisse Zugriff zu nehmen. Damit stärken Sie langfristig positive Netzwerke im Gehirn. Durch das intensive Nachdenken wird ebenfalls die Amygdala heruntergefahren. Um die Teilnehmenden gut einzubinden, nutzen Sie z.B. das Glücksrad. Legen Sie dort alle Buchstaben des Alphabetes (evtl. ohne X und Y) an. Eine Teilnehmerin startet und dreht das Rad. Zu dem Buchstaben, der erscheint, soll sie sich drei Dinge überlegen, die mit dem Buchstaben anfangen und bei ihr für Wohlbefinden, Freude oder positive Erinnerungen stehen. Nehmen wir den Buchstaben S, so könnte das z.B. sein: Spaghetti essen, Spanien, Sandkasten, Seefahrt, Spazierengehen und vieles mehr. Danach wird die Person benannt, die weitermacht und als Nächstes am Glücksrad dreht. So geht es einmal reihum, bis alle etwas gesagt haben.

Vorgehen

Stellen Sie vor, was bei Stress in belastendenden Situationen in Bezug auf unsere Reaktionen passiert. Hier können Sie auch noch auf das Thema Emotionsregulation (Seite 41 ff) oder die Erläuterungen unter dem Punkt 5-A-Strategie (Seite 142 ff) verweisen. Sammeln Sie dann auf einem Whiteboard unter der Fragestellung „Was tun Sie, um in Belastungssituationen herunterzufahren?", welche Methoden von den Teilnehmenden bereits genutzt werden, um (akuten) Stress zu reduzieren. Leiten Sie anschließend zur Übung „ABC des Wohlbefindens" über.

„Keep cool – lassen Sie uns zu diesem Punkt unter der Fragestellung ‚Was tun Sie, um in belastenden Situationen herunterzufahren?' Ihre Tipps und erprobten Ansätze sammeln. Gerne vervollständige ich diese dann um weitere Ideen und Anregungen und dann steige ich mit Ihnen ein in das ABC des Wohlbefindens mit dem Glücksrad. Wer mag starten zu der Fragestellung?"

Intro-Vorschlag

Durch das Glücksrad bringen Sie im Live-Online-Training die Teilnehmenden in die Aufmerksamkeit. Jeder ist gespannt, welcher Buchstabe gleich kommt, und überlegt für sich schon mögliche Antworten. Damit verstärken Sie den Effekt des Erinnerns an positiv besetzte Lebensereignisse. Diese Übung kann auch als Ausstieg aus einem negativen Gedankenkarussell sinnbildlich genutzt werden.

Methodische Hinweise

Es ist oft interessant, wahrzunehmen, wie sich die Gesichtszüge der Teilnehmenden verändern, wenn sie nach positiv besetzten Lebensthemen suchen, passend zum Buchstaben.

Quelle

- Diegelmann, Christa; Isermann, Margarete (2014): Kraft in der Krise – Ressourcen gegen Angst. Stuttgart, Klett-Cotta Verlag.

– Kaffeepause –

14:30 – 14:45 Uhr

Rechts-links-Stimulation zum Stressabbau

14:45 Uhr

Orientierung

Ziele
- Stressabbau über körperliche Übungen
- Aktivierung nach der Pause
- Konzentrationsförderung

Zeit
- 15 Minuten

Erläuterungen

Nach der Pause werden die Teilnehmenden mit kleinen Übungen wieder aktiviert. In Anknüpfung an das vorherige Thema werden drei Körperübungen zum Stressabbau vorgestellt. Besonders geeignet sind Übungen zur Rechts-links-Stimulation, da sie das Gleichgewicht zwischen den beiden Gehirnhälften wieder herstellen und eine tiefere Entspannung fördern.

Hier drei Beispiele für Körperübungen:

- **Übung 1: Einbeiniges Wippen**
  Stehen Sie auf einem Bein und versuchen Sie, das Gleichgewicht zu halten. Das andere Bein schwingen Sie von vorne nach hinten. Damit verbessern Sie Ihre Stabilität und fördern das Gleichgewicht.

- **Übung 2: Trommeln**
  Trommeln Sie auf dem Tisch oder den Oberschenkeln. Trommeln Sie dabei mal mit der ganzen Hand und mal nur mit den Fingerspitzen. Trommeln Sie mal langsam und mal schnell.

- **Übung 3: Fluglotsenübung**
  Fangen Sie langsam an. Der rechte Arm macht eine Bewegung hoch und runter. Stoppen Sie nach drei Durchgängen und bewegen Sie dann nur den linken Arm folgendermaßen: hoch, zur Seite, runter. Wiederholen Sie auch diese Bewegung dreimal. Bewegen Sie danach beide Arme zusammen. Das bedeutet, der rechte Arm bewegt sich im Zweiertakt hoch und runter und der linke Arm bewegt sich im Dreiertakt hoch, zur Seite und dann runter. Führen Sie die Übung anschließend noch einmal mit ausgewechselten Seiten durch.

Vorgehen

Sagen Sie die Übungen jeweils an und machen Sie sie vor.

Intro-Vorschlag

„Nach der Pause und anknüpfend an unser Thema von eben möchte ich mit Ihnen Körperübungen zum Stressabbau und zur Konzentrationsförderung machen. Ich freue mich, wenn viele von Ihnen mitmachen. Lassen Sie gerne den Bildschirm für unser Gruppenerleben an. Wer dies aber nicht möchte, darf auch gerne den Bildschirm ausstellen. Schön wäre es auf alle Fälle, wenn Sie aktiv mit dabei sind. Und los geht es mit einer ersten Übung."

Methodische Hinweise

Stellen Sie den Teilnehmenden frei, ob sie ihre Kamera eingeschaltet lassen oder ausschalten. Das erhöht die Akzeptanz und die Bereitschaft zum Mitmachen.

Wählen Sie Übungen, die alle gut mitmachen können. Bei den Übungen stehen die Aspekte Bewegung und Spaß im Vordergrund.

Ressourcen aktivieren

15:00 Uhr

Orientierung

Ziele
- Eigene Ressourcen bewusst machen
- Differenzierung von Ressourcen
- Stärkung des Kohärenzgefühls

Zeit
- 45 Minuten

Material
- Arbeitsblatt „Berlin-Ressourcenliste"
- Bild einer Zitrone oder eine echte Zitrone

Erläuterungen

Ein Hilfsmittel, um Ressourcen aus unterschiedlichen Lebensbereichen zu sammeln, ist die Berlin-Ressourcenliste. Dabei stehen die Anfangsbuchstaben „B-E-R-L-I-N" für verschiedene Ressourcenbereiche: Body, Emotionen, Ressourcen, Liebe, Imaginationen und Natur.

Wenn man sich später, in einer angespannten Situation, imaginär in seine Kraftquellen hineinversetzt und sich diese vorstellt, hat dies bereits eine stressreduzierende Wirkung auf den Körper. Forschungsergebnisse haben gezeigt, dass, wenn wir uns etwas vorstellen, dieselben Zentren im Gehirn aktiviert werden wie beim realen Erleben.

Als Übung können Sie vorab das „Zitronenexperiment" durchführen. Es verdeutlicht die enge Verbindung zwischen unserer Vorstellungskraft und unseren körperlichen Reaktionen. Es zeigt, wie unsere Gedanken und inneren Bilder dazu in der Lage sind, echte Empfindungen und Reaktionen in uns auszulösen.

Zitronenexperiment

Vorgehen

Stellen Sie die Bedeutung von Ressourcen vor und führen Sie dann ein kurzes Gedankenexperiment durch. Nutzen Sie als Einstieg eine Zitrone bzw. das Bild einer Zitrone.

Intro-Vorschlag

„Jeder von uns hat seine ganz persönlichen Kraftquellen. Oft sind uns diese gerade in Zeiten, in denen wir angespannt sind, nicht bewusst. Wir sind im

Hamsterrad des Stresses und erlauben uns keine Gedanken, die uns Entlastung bringen könnten. Doch gerade diese helfen uns, den Körper wieder in einen guten Zustand zu bringen. Allein die Vorstellung davon bewirkt eine körperliche Reaktion. Um Ihnen das zu demonstrieren, möchte ich Sie mit dieser Zitrone zu einem Gedankenexperiment einladen.

Atmen Sie einmal tief durch und schließen Sie die Augen zu. Stellen Sie sich jetzt vor, dass eine Zitrone vor Ihnen liegt. Nehmen Sie die Textur und den Duft der Zitrone wahr. Stellen Sie sich vor, Sie schneiden die Zitrone in zwei Hälften. Sie nehmen jetzt den Duft noch klarer wahr und schmecken die Zitrone schon fast auf der Zunge. Nehmen Sie sich nun eine Hälfte der Zitrone und beißen Sie herzhaft hinein. Spüren Sie intensiv die Säure und den Geschmack der Zitrone in Ihrem Mund. Achten Sie nun einmal auf Ihren Körper. Spüren Sie, wie sich Ihr Mund mit Speichel füllt, wie sich Ihre Gesichtsmuskeln zusammenziehen? Fühlen Sie noch einmal genau hin. Öffnen Sie dann wieder die Augen."

Reflektieren Sie zum Abschluss des Gedankenexperimentes mit allen das Erlebte.

Berlin-Ressourcenliste

Vorgehen

Lassen Sie die Teilnehmenden jetzt in Einzelarbeit die Berlin-Ressourcenliste bearbeiten. Sammeln Sie zum Schluss im Plenum zu jedem Buchstaben ein paar Aussagen.

Intro-Vorschlag

„Schlagen wir nun einen Bogen zurück zur Resilienz. Um sich in Krisen- oder Stresssituationen auf Ihre Ressourcen zu besinnen, stelle ich Ihnen nun ein praktisches Hilfsmittel vor: die ‚Berlin-Ressourcenliste'. Dabei stehen die Anfangsbuchstaben B-E-R-L-I-N für verschiedene Ressourcenbereiche, die ich Ihnen gleich kurz vorstelle.

Die Liste kann dabei helfen, in sehr belastenden Lebenssituationen gezielt dort hinzuschauen, wo wir uns Kraft holen können. Was ist es, was uns wieder in die Energie bringen kann? Gerade unter Stress fällt uns vieles nicht mehr ein, aber mit der Berlin-Ressourcenliste haben wir schon bei dem Gedanken an das Wort ein Schmunzeln im Gesicht und können auf unsere Kraftquellen zugreifen. Ähnlich wie der Effekt, den Sie eben beim Zitronenexperiment erlebt haben, hat schon allein der Gedanke an die Ressourcenliste einen positiven Effekt und wirkt stressreduzierend auf unseren Körper."

- **Body:** Alles, was mit dem Körper zu tun hat, kann hier vermerkt werden. Beispiele: Sauna, Tango, Fahrrad fahren, ein Bad nehmen, Kleidung ...

Download: Berlin-Ressourcenliste

- **Emotionen:** Was löst gute Emotionen bei Ihnen aus? Was sind für Sie positiv besetzte Emotionen? Beispiele: Lieblingsmusik, Witze, Kerzenschein, Blick in die Natur, Stolz, Vertrauen, Lachen ...
- **Ressourcen:** Was sind Kraftquellen, die Ihren Akku wieder aufladen? Beispiele: Theaterbesuch, soziale Beziehungen, finanzielle Sicherheit, Rituale ...
- **Liebe:** Wo empfangen oder geben Sie Liebe? Was macht für Sie Liebe aus? Beispiele: Partnerschaft, Haustiere, Solidarität ...
- **Imaginationen:** Wo können Sie sich gut hineinversetzen? Was können Sie sich bildlich vorstellen, das Sie zur Ruhe bzw. in die Kraft bringt? Beispiele: Wohlfühlorte, Lichträume, Kinofilme, Träume ...
- **Natur:** Was in der Natur begeistert Sie? Was tun Sie gerne in der Natur? Beispiele: Wandern, Wolken gucken, barfuß am Meer, Vogelgezwitscher ...

Methodische Hinweise

Im Vorfeld hatten wir bereits bei verschiedenen Übungen wie der Einstiegsübung „Wohlfühlorte" (Seite 193 f) oder beim „Glücksrad" (Seite 212 f) den Aspekt des generellen Wohlfühlens. Die Berlin-Ressourcenliste dient nun der Festigung. Durch das Aufschreiben werden die eigenen Ressourcen nachhaltig verankert.

Lassen Sie während der Einzelarbeit gerne im Hintergrund Entspannungsmusik laufen. Vereinbaren Sie eine Zeit, zu der Sie sich mit den Teilnehmenden wieder am Bildschirm treffen (oder lassen Sie die Teilnehmenden einzeln in Breakout-Räumen arbeiten und beenden Sie nach einer vorher vereinbarten Zeit die Breakout-Phase). Empfehlen Sie den Teilnehmenden, sich einen Wecker zu stellen, damit Sie sich wirklich auf den Prozess einlassen können. Im anschließenden Plenumsaustausch geht es darum, einzelne Beispiele zu benennen und sich bewusst zu machen. Sie haben hier aber auch die Möglichkeit, weitere Impulse setzen, z.B. mit der Löffelliste (Seite 300 ff).

Quelle

- Diegelmann, Christa; Isermann, Margarete (2014): Kraft in der Krise – Ressourcen gegen Angst. Stuttgart, Klett-Cotta Verlag.

15:45 Uhr

Mein Resilienz-Schutzschild

Orientierung

Ziele
- Rückblick auf die Resilienzfaktoren
- Reflexion der eigenen Stärken
- Förderung der Entwicklung von Resilienz

Zeit
- 30 Minuten

Material
- PowerPoint-Folie mit der Übersicht aller Resilienzfaktoren
- PowerPoint-Folie bzw. Arbeitsblatt mit den Abschlussfragen
- Je nach Organisation PDF zur Seminarevaluation

Erläuterungen

Fassen Sie den Tag noch mal kurz zusammen und gehen Sie in Form einer Schnellübersicht auf die einzelnen Resilienzfaktoren und deren Bedeutung ein.

Dann gehen die Teilnehmenden mit einer Übung in die Selbstreflexion. Dabei reflektieren sie noch mal für sich jeden Resilienzfaktor und schauen, wo ihre Stärken liegen bzw. welchen Resilienzfaktor sie für die Zukunft stärken wollen.

Intro-Vorschlag

„Ich möchte mit Ihnen noch mal kurz den Tag Revue passieren lassen und Sie dann in eine letzte Reflexionsaufgabe zu Ihrer eigenen Resilienz einladen. Nach unserem Kennenlernen haben wir uns mit der Definition und Entwicklung von Resilienz auseinandergesetzt. Da Resilienz viel mit unseren Belastungen zu tun hat, habe ich Ihnen die Stressampel nach Kaluza vorgestellt. In verschiedenen aktiven Übungen haben Sie reflektiert und sich erarbeitet, wie Sie besser mit Herausforderungen umgehen können. Zum Schluss möchte ich dies verbinden mit konkreten Fragen zu den einzelnen Resilienzfaktoren und Sie einladen, für sich konkret zu werden. Nutzen Sie daher das Arbeitsblatt und nehmen Sie sich noch mal 15 Minuten für Ihr ganz eigenes Resilienzprofil Zeit. Bitte notieren Sie für unseren nachfolgenden Austausch im Plenum, was Sie tun wollen, um Resilienz in Ihrem Alltag stärker zu entwickeln."

Folgende Fragen bieten sich zur Reflexion der eigenen Resilienzfaktoren an:

Download: Abschlussfragen Resilienz-Schutzschild

Optimismus

- Was stärkt Ihren Optimismus?
- Wo gelingt es Ihnen in Herausforderungen Chancen zu sehen?
- Was können Sie besonders gut?

Akzeptanz

- Was macht Sie einzigartig?
- Was brauchen Sie, um Herausforderungen und Veränderungen Ihres Lebens akzeptieren zu können?
- Was hilft Ihnen, mit Unvorhergesehenem umzugehen?

Lösungsorientierung

- Was begeistert Sie?
- Wie gelingt es Ihnen, in die Lösungsfindung zu kommen?
- Welche Strategien wenden Sie an, um Hindernisse zu überwinden und Lösungen zu finden?

Selbstverantwortung

- Wofür stehen Sie?
- Wo packen Sie an und wie sorgen Sie für Ihre Energie, um die Aktivitäten umzusetzen?
- Wie grenzen Sie sich ab?

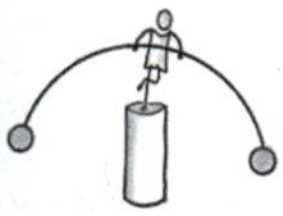

Selbstregulation

- Was bringt Sie in die Ruhe?
- Wie sorgen Sie für Ihr Wohlbefinden?
- Wie gut können Sie Ihre Emotionsregler steuern?

Netzwerkorientierung

- Welche Menschen machen Ihnen Mut und stehen zu Ihnen?
- Wie können Sie DANKE sagen in Ihrem Netzwerk?
- Mit wem freuen Sie sich mit?

Zukunftsorientierung

- Wie geht es weiter?
- Was ist Ihnen wichtig für Ihre Zukunft?
- Welche sind Ihre nächsten Ziele?

Methodischer Hinweis

Je nach eigenem Empfinden und der Dynamik in der Gruppe können Sie hier auch den Austausch im Plenum weglassen.

16:15 Uhr

Feedback und Verabschiedung

Orientierung

Ziele
- Seminarevaluation
- Stimmungsabfrage

Zeit
- 15 Minuten

Material
- Jeweils ein leeres Blatt und ein dicker Filzstift pro Person
- Ggf. PDF-Datei (oder ein Tool Ihrer Wahl) zur Seminarevaluation

Erläuterungen

Der Abschluss kann nach den vielen Reflexionen kurz gestaltet werden. Je nach eigenem Empfinden können Sie es auch ausführlicher gestalten.

Vorgehen

Bitten Sie die Teilnehmenden um ein kurzes spontanes Feedback und ggf. um eine ausführlichere Evaluation des Seminars.

Intro-Vorschlag

„Gerne möchte ich mit Ihnen den Tag mit einem kurzen Feedback abschließen. Im Chat stelle ich Ihnen parallel noch die Seminarevaluation zur Verfügung. Doch lassen Sie uns kurz und knapp mit dem Feedback starten. Nehmen Sie dazu bitte alle ein leeres Blatt und notieren Sie ein Wort zum heutigen Tag darauf. Wenn ich sage „LOS“ zeigen Sie es alle in die Kamera und ich mache zum Abschluss ein Foto von uns, welches ich Ihnen dann in das Fotoprotokoll mit einfüge. Schreiben Sie möglichst mit einem dicken Stift und groß, damit es gut lesbar ist.“

Methodischer Hinweis

Es kann sein, dass Teilnehmende nicht mit auf das Bild möchten. Gestatten Sie dann, die Kamera entweder auszumachen oder das Blatt groß in die Kamera zu halten, sodass die Person dahinter nicht mehr sichtbar ist.

Teil 3: Methodentools

In diesem Teil des Buches finden Sie unterschiedliche Methoden zu den verschiedenen Faktoren der Resilienz. Sie haben die Möglichkeit, sich damit Ihr individuelles Seminarprogramm zusammenzustellen. Häufig passen die vorgestellten Methoden auch zu verschiedenen Faktoren der Resilienz und bieten damit einen übergreifenden Ansatz.

In Bezug auf Online-Umsetzungen können Sie mit oft einfachen Modifikationen die ein oder andere Methode gut anpassen. So gewinnen Sie für Ihre Seminare mehr Flexibilität in Bezug auf Zeit, Methoden und Vielfalt. Die Methoden werden Ihnen wie im Seminarkonzept jeweils mit ihren Zielen, dem Zeitrahmen und den benötigten Materialien vorgestellt. Sie erhalten jeweils Erläuterungen zur Methode, Introvorschläge sowie weitere methodische Hinweise.

Optimismus 224
Akzeptanz 236
Lösungsorientierung 246
Selbstregulation 261
Selbstverantwortung 274
Netzwerkorientierung 286
Zukunftsorientierung 300

Optimismus

Gerade beim Resilienzfaktor Optimismus kommt es oft darauf an, seine Blickwinkel zu reflektieren und sich bewusst mit der eigenen Wahrnehmung auseinanderzusetzen. Sich die Zeit zu nehmen, positive Momente des Lebens zu verankern und ihnen Gewicht zu geben. Ziel ist es, das eigene Gehirn als Ressourcenspeicher zu nutzen und mit positiven Erfahrungswerten zu füllen.

Brief an das Glück

Orientierung

Ziele
- Veränderung der inneren Haltung
- Offenheit entwickeln für den Perspektivwechsel
- Einladung zur aktiven Auseinandersetzung damit, was Glück für einen selbst bedeutet

Zeit
- 20 bis 30 Minuten

Material
- Qualitativ hochwertiges Papier
- (Besonderer) Stift zum Schreiben
- Je nach eigenem Empfinden und Gestaltung einen Bilderrahmen

Erläuterungen

Die Idee zu dieser Übung ist entstanden im Dialog über das Leben und darüber, welche Bedeutung Partnerschaft auf das Glücksempfinden hat. Dabei wurde auch deutlich, wie schwierig es oft ist, einen Partner und das damit vielleicht verbundene Glück zu finden. Sich selbst auch darauf einzulassen und für sich zu sorgen. Fragen dazu waren dann auch: Wie findet man einen

Partner? Was tun wir, um nicht mehr allein durch das Leben zu gehen? So kamen wir auf die alte Art und Weise der Partnerschaftssuche per Partnersuchanzeige. Auch in der digitalen Welt machen wir nichts anderes, wir nutzen lediglich ein anderes Medium. Was genau machen wir da, wenn wir diese Partnerschaftsanzeige aufgeben? Wir setzen uns damit auseinander, was wir bieten und was wir suchen. Analog dazu ist diese Übung aufgebaut.

Vorgehen

- **Schritt 1:** Die Teilnehmenden überlegen sich „Was bedeutet Glück/Glücklichsein für mich?“ und machen sich dazu Notizen. Die Definition des eigenen Glücks kann kurz und knapp sein. Entscheidend ist, darüber zu reflektieren, da jeder eine andere Definition von Glück oder Glücklichsein hat und somit auch etwas anderes benötigt.

- **Schritt 2:** Es geht darum, hinzuschauen und zu prüfen: Wie lade ich das Glück zu mir ein? Was ist das Attraktive an mir und was biete ich dem Glück? Wie stelle ich mir ein Leben mit dem Glück vor bzw. was ermöglicht mir der Weg des Glückes?

- **Schritt 3:** Nun gilt es, einen Brief aus den gewonnenen Erkenntnissen zu formulieren und niederzuschreiben, in direkter Anrede. Die Einladung bzw. das Angebot an das Glück sollte positiv, ohne Verneinungen formuliert sein. Die Endfassung darf dann gerne auf dem „besonderen“ Papier notiert werden.

Intro-Vorschlag

„Ich möchte Sie auf eine Partnersuche der besonderen Art mitnehmen. Wieso der besonderen Art? Es geht darum, das Glück in Ihr Leben einzuladen. Sich zu öffnen für die schönen Dinge des Lebens und ihnen Raum zu geben. Sie kennen das vielleicht aus dem Alltag, wenn Sie eine Person anlächeln, lächelt sie meistens zurück. Verantwortlich dafür sind unsere Spiegelneuronen, die unsere Verhaltensweisen imitieren. Übertragen wir das auf den Optimismus: Wenn Sie das Leben anlächeln und Ihre Aufmerksamkeit auf die glücklichen Aspekte fokussieren, wird Ihnen eher Glück widerfahren, da Sie – wie wir umgangssprachlich sagen – das Glück anziehen. Da Glück für jede Person etwas anderes bedeutet, überlegen Sie bitte im ersten Schritt: Was bedeutet Glück für Sie? Oder aber, wenn es Ihnen leichter fällt, fragen Sie so: Wann sind Sie glücklich? Was ist in jenem Moment passiert, dass Sie Glück verspürt haben? Machen Sie sich dazu ein paar Notizen oder formulieren Sie gern Ihre ganz eigene Definition von Glück. Als Beispiel dazu stelle ich Ihnen ein paar Zitate vor:

‚Nichts ist so sexy wie Lebensfreude.‘
Susan Sarandon

‚Glück entsteht oft durch Aufmerksamkeit in kleinen Dingen, Unglück oft durch Vernachlässigung kleiner Dinge.‘
Wilhelm Busch

‚Glück hängt nicht davon ab, wer du bist oder was du hast. Es hängt nur davon ab, wie du denkst.‘
Dale Carnegie

‚Menschliches Glück stammt nicht so sehr aus großen Glücksfällen, die sich selten ereignen, als vielmehr aus kleinen glücklichen Umständen, die jeden Tag vorkommen.‘
Benjamin Franklin

Im zweiten Schritt lade ich Sie ein, eine Einladung an das Glück zu schreiben, wie sie in einer Partnerschaftsanzeige stehen könnte. Machen Sie hierbei gern einen Gedankensprung. Wann würden Sie sich eingeladen fühlen, die Person zu kontaktieren? Was bieten Sie dem Glück, damit es sich dazu endscheidet, zu Ihnen zu kommen? Was ist Ihnen wichtig für den gemeinsamen Lebensweg mit dem Glück?

Und nun überreiche ich Ihnen ein besonderes Blatt Papier, auf dem Sie Ihren Brief, ihre Einladung an das Glück formulieren können. Wenn Sie Lust haben, können Sie es später einrahmen und immer mal wieder betrachten.

Nehmen Sie sich für den Prozess 15 Minuten Zeit. Denken Sie bitte nicht zu kompliziert. Es muss auch heute noch nicht die Endfassung fertig werden. Falls doch, freue ich mich, wenn wir nachher ein paar Einladungen hören können. Sollte es Ihnen schwerfallen, einen Text zu entwickeln, tauschen Sie sich gern mit anderen aus. Nehmen Sie sich jedoch im ersten Schritt erst mal für sich selbst einen Moment, um ein paar Stichworte dazu zu notieren, was Glück für Sie bedeutet. Dann starten Sie mit dem Brief.“

Methodische Hinweise

Bei dieser Übung geht es um die Veränderung des Blickwinkels. Darum, den Fokus auf die positiven Dinge des Alltags zu richten. Sich selbst einen Rahmen zu schaffen, der das Erleben von Glück möglich macht. Sich bewusst darüber zu sein – wie in einer guten Partnerschaft –, was es bedeutet, immer wieder aufmerksam zu sein in Bezug auf die eigenen Wahrnehmungs- und Bewertungsprozesse. Auch glücklich zu sein bedeutet, immer wieder aktiv zu werden und selbst für diese Momente zu sorgen. Oft fällt es den Teilnehmenden im ersten Moment ein wenig schwer, sich auf die Übung einzulassen. Gern können Sie dann die Übung auch zu zweit oder zu dritt bearbeiten lassen. Selbst wenn kein Brief entsteht, sind der Austausch und die Gedanken dazu ein wichtiger Impuls. Entstehen dann Briefe, ist es immer wieder schön, diese laut zu lesen. Jene, denen es schwergefallen ist, einen Brief zu formulieren, bekommen dadurch wertvolle Impulse.

Je nach Setting des Seminars können Sie für alle noch Bilderrahmen mitbringen, sodass der Brief an das Glück, sprich die Einladung, eingerahmt werden kann und somit sichtbar bleibt.

Dieser Brief stammt aus einem meiner Seminare und zeigt auf, welche wunderbaren Zeilen entstehen können:

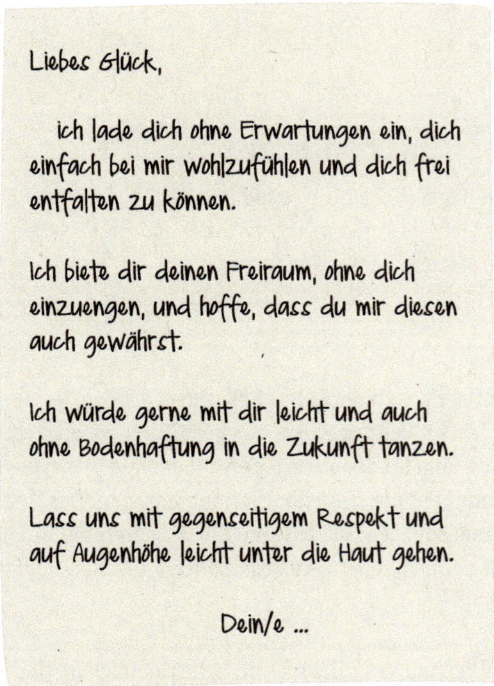

Liebes Glück,

ich lade dich ohne Erwartungen ein, dich einfach bei mir wohlzufühlen und dich frei entfalten zu können.

Ich biete dir deinen Freiraum, ohne dich einzuengen, und hoffe, dass du mir diesen auch gewährst.

Ich würde gerne mit dir leicht und auch ohne Bodenhaftung in die Zukunft tanzen.

Lass uns mit gegenseitigem Respekt und auf Augenhöhe leicht unter die Haut gehen.

Dein/e ...

Abb.: Beispielbrief aus der Praxis – „Liebes Glück ...“

Quellen

- https://www.brigitte.de/woman/leben-lieben/psychologie/prominente--promis-ueber-das-glueck--die-schoensten-zitate-10179732.html (abgerufen am 08.06.2023)
- https://www.studihub.de/glueck-die-besten-35-zitate-und-sprueche/ (abgerufen am 08.06.2023)

Seile des Glücks

Orientierung

Ziele

- Lernen, schwierige Ereignisse leichter zu nehmen
- Schwache Momente besser akzeptieren können
- Aktive Stärkung der Fähigkeit, etwas für das eigene Wohlbefinden zu tun

Zeit

- Je nach Umsetzung 15 bis 45 Minuten

Material

- Ein Balken mit zwei Haken, Kette und Seil zur Verdeutlichung
- Verschiedenfarbige Seile (mindestens 10 pro Person), Woll- oder Makrameebänder für alle Teilnehmenden sowie kleine Anhänger für die Begrifflichkeiten (mindestens 10 pro Person)
- Je nach Setting ein besonderes Präsent, z.B. ein Schlüsselanhänger als Erinnerung an die Übung

Erläuterungen

Die Übung basiert auf der Geschichte „Das Seil und die Kette" von Bernard Benson aus dem Buch „Der Weg ins Glück". In dem Buch gehen zwei Kinder auf die Suche nach dem Glück und erleben dabei viele prägende und merkwürdige Begegnungen, die zur Selbstfindung anregen. Das Buch ist generell sehr angenehm zu lesen, auch durch die verwendeten Illustrationen, und beinhaltet noch viele weitere Geschichten, die zum Nachdenken anregen.

Vorgehen

Nehmen Sie einen Balken mit zwei Haken und befestigen Sie an dem einen Haken eine etwas schwerere Kette und an dem anderen Haken ein farbig geflochtenes Seil oder Makrameeband. Versehen Sie die Kette und das geflochtene Seil mit positiven Begriffen, die für Wohlbefinden sorgen bzw. wichtige positive Lebensaspekte repräsentieren. Hier einige Beispielworte:

- Liebe, Musik, Lachen, Freunde, Gesundheit, Kinder, Lesen, Geld, Reisen …

Nun laden Sie die Teilnehmenden ein, sich die Kette und das Seil genauer anzuschauen und ihre ungefilterten Gedanken dazu auszusprechen.

Nach ein paar Äußerungen stellen Sie folgende Fragen: Was meinen Sie, was passiert, wenn in Ihrem Leben eines dieser Glieder bricht? Wie stabil meinen Sie, ist die Kette und wie stabil ist das Seil?

Entsprechend der Rückmeldungen aus der Gruppe können Sie dann noch das Fazit der Übung vorstellen: Knüpfen Sie Seile des Glücks. Wenn mal eines reißt, sind Sie zwar kurzfristig ein wenig schwächer, doch es zerfällt nicht gleich alles in Stücke.

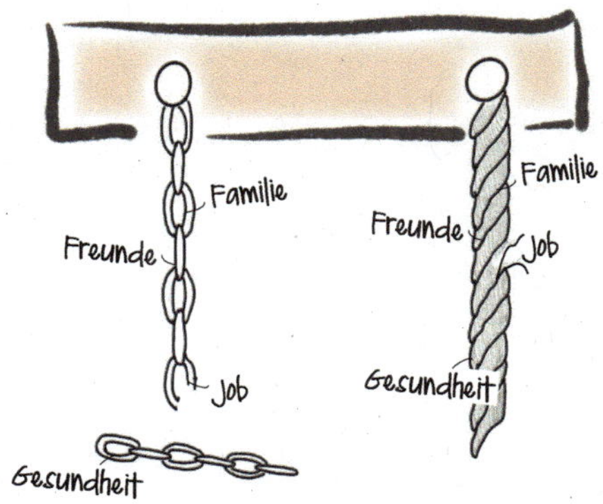

Abb.: Lieber Ketten oder lieber Seile des Glücks?

Um der Übung Nachhaltigkeit zu geben, lassen Sie die Teilnehmenden ihr eigenes Seil des Glücks flechten oder verteilen Sie zumindest ein paar verschiedenfarbige Bänder oder vielleicht auch einen Makramee-Schlüsselanhänger zur besseren Verankerung der Gedanken. Je nach Zeit oder persönlichem Empfinden können Sie auch den Schlüsselanhänger selbst knoten lassen.

Intro-Vorschlag

„Ich möchte Ihnen eine Geschichte vorlesen und Sie gleichzeitig einladen, in die innere Vorstellung zu gehen und sich Gedanken zu machen. Die Geschichte ist eine von vielen aus dem Buch ‚Der Weg ins Glück' von Bernard Benson. Die Geschichte beginnt damit, dass zwei Jungen auf der Suche nach dem Glück waren und sich in der Hütte eines alten Mannes befanden. Nach dem Verzehr einer warmen Suppe schauten sie sich im Raum um und entdeckten eine schwere Kette und ein Seil, die von der Decke hingen. Ringsherum standen kleine Hocker. Die Kinder fanden dies höchst seltsam und fragten den alten Herrn ‚Verzeihen Sie, lieber Herr, aber was machen Sie da?' Der Herr antwortete: ‚Ich helfe den Leuten dabei, ihr Glück zu finden!' Die Kinder: ‚Oh, bitte zeigen Sie uns, wie das geht, denn eben das suchen wir auch.' Der Herr: ‚Sehr gerne, das kann jeder lernen. Setzt Euch mal hin und schaut euch das Seil und die Kette aufmerksam an. Vielleicht werden sie euch etwas sagen.'

Genau diese Einladung möchte ich jetzt an Sie richten. Schauen Sie sich die Kette und das Seil an und äußern Sie gern laut Ihre Gedanken.

‚Die Kinder entdeckten nichts und der alte Mann lud sie ein, noch mal genauer hinzuschauen. Das taten sie dann auch und entdeckten, dass auf jedem Glied der Kette und auf jedem Strang des Seils ein Wort stand, das etwas Wichtiges ausdrückte. Sie verstanden es aber immer noch nicht. Der alte Herr erläuterte es ihnen: ‚Die meisten Erwachsenen machen einen entscheidenden Fehler ... sie bilden in ihrem Geist eine Art Kette aus all den Dingen, die ihnen für ihr Glück als wichtig erscheinen ... und wenn ein Glied bricht ... und das geschieht recht oft ... geht ihre Kette in Einzelteile auf und

ihr Glück ist dahin! Einzig wegen eines Gliedes haben all die anderen Glieder ihren Wert verloren … dabei sind sie jedes für sich immer noch bestens! Und dann braucht nur noch das Geringste schiefzugehen und schon bricht die ganze Welt zusammen.' Die Kinder fragten nach: ‚Aber was sollten die Leute dagegen tun?' Die Antwort des Alten: ‚Sie müssen lernen ‚Seile des Glücks' zu knüpfen, sodass, wenn mal ein Strang reißt, das Seil zwar ein wenig schwächer wird, aber nicht gleich alles in seine Einzelteile zerfällt.'

Jetzt möchte ich Sie fragen: Welche Situationen aus Ihrem Leben fallen Ihnen ein, wo es Ihnen vielleicht ähnlich ergangen ist? Wie nehmen Sie das Fazit wahr?"

Methodische Hinweise

Sie können die Übung anmoderieren, ohne die Geschichte zu erzählen, oder auch mit der Geschichte. In Abhängigkeit davon, ob das Training online oder in Präsenz stattfindet, ist es möglich, mit Zeichnungen eines Seils und einer Kette oder mit den realen Gegenständen zu arbeiten.

Um die Übung nachhaltig zu gestalten, lassen Sie die Teilnehmenden ihr eigenes Seil des Glücks flechten. Die Teilnehmenden notieren dann auf den Bändern, was für sie wichtig ist. Sie können ihnen auch nur ein paar verschiedenfarbige Bänder mitgeben. Je nach Zielgruppe kann es auch ein Makramee-Schlüsselanhänger sein. Entscheidend ist, dass sich der Gedanke durch die Haptik verankert und so langfristig erhalten bleibt.

Eine abgewandelte Art dieser Übung kann auch die Übung „Perlenkette des Glücks" aus dem „Logbuch Persönliche Stärken stärken" von Claudia Härtl-Kasulke und Sabine Lemke sein. Hierbei geht es darum, dass wir uns für glückliche Momente des Lebens oder auch des Alltags eine Perle auf unsere Perlenkette des Glücks ziehen.

Quelle

- Benson, Bernard (1995): Der Weg ins Glück. 10. Auflage. München, Droemer Knaur.
- Härtl-Kasulke, Claudia; Lemke, Sabine (2023): Logbuch Persönliche Stärken stärken – Erfolgstagebuch mit Übungen, Tipps und Anregungen. Weinheim, Beltz Verlag.

Der Optimisten-Energieriegel

Orientierung

Ziele
- Förderung der Aktivität auf verschiedenen Ebenen
- Bewusstes Schaffen von positivem Stärkenerleben
- Einbezug von anderen, um Momente des Glücks zu schaffen

Zeit
- Je nach Umsetzung 20 bis 60 Minuten

Material
- Hochwertige Energieriegel oder Bliss-Kugeln von verschiedenen Anbietern
- Ggf. Rezept zur Herstellung von Energieriegeln oder Bliss-Kugeln zum Mitgeben
- 3 Moderationskarten pro Person, möglichst in der gleichen Farbe

Erläuterungen

Dieser Ansatz beruht auf wissenschaftlichen Untersuchungen: Wir sind in der Lage, durch unterschiedlichste Aktivitäten Glückshormone wie Dopamin, Serotonin oder Oxytocin selbst zu generieren. Wenn es uns gelingt, aktiv für Veränderung zu sorgen und diese Momente bewusst zu erzeugen, werden wir dadurch stressresistenter.

Für unseren Optimisten-Energieriegel benötigen wir folgende Zutaten:
1. Achtsamkeit in der Wahrnehmung mit allen unseren Sinnen
2. Sinnhaftigkeit in den Aufgaben, die wir tagtäglich erledigen
3. Bewegung, denn unser Körper benötigt Aktivität
4. Beziehung, da wir uns durch positive soziale Kontakte glücklicher fühlen
5. Zuversicht durch den Blick auf das, was uns gelungen ist
6. Humor, denn unser Lächeln ist der schnellste Energiebooster
7. Do it yourself – etwas eigenständig herstellen

Was bedeuten diese „Zutaten" und wie erfolgt die „Herstellung"?

- **Zutat 1: Achtsamkeit**
  Nutzen Sie Ihre unterschiedlichen Sinne wie Sehen, Hören, Schmecken, Riechen und Fühlen. Wählen Sie ein Sinnesorgan aus und achten Sie für 30 Sekunden z.B. darauf, welche Zutaten Sie aus dem Schokoriegel herausschmecken. Oder richten Sie Ihre Aufmerksamkeit auf alle roten Gegenstände, die Sie in diesem Raum und an den Personen wahr-

nehmen. Danach auf alles Gelbe, Grüne etc. Atmen Sie dabei bewusst ein und aus und spüren Sie Ihre Atmung.

- **Zutat 2: Sinnhaftigkeit**
  Überlegen Sie für sich: Welche Aufgabe(n)/Aktivität(en) machen Sie zufrieden? Was gibt Ihnen diese Aufgabe und was ist vielleicht der tiefere Sinn dahinter? Notieren Sie sich Ihre Gedanken in Ihren Unterlagen, damit Sie immer wieder darauf schauen können. Hieraus können Sie langfristig Ihren eigenen Ressourcenspeicher entwickeln.

- **Zutat 3: Bewegung**
  Welche Bewegungsübung kennen Sie, die für Sie Lebendigkeit ausdrückt und Ihnen Energie bringt? Üben Sie diese Bewegung für 2-3 Minuten aktiv aus.

- **Zutat 4: Beziehung**
  In positive Beziehung zu anderen Menschen zu gehen, ist ein wichtiger Faktor in unserem Leben. Beim Unterstützen oder Helfen von anderen Menschen oder auch im Kontakt mit Tieren wird das „Kuschel-" oder „Harmoniehormon" Oxytocin erzeugt. Überlegen Sie sich daher, wem Sie hier im Raum ein echtes ehrliches Kompliment machen oder Ihre Wertschätzung ausdrücken könnten. Vielleicht entscheiden Sie sich aber auch dazu, allen ein wunderbares zugewandtes direktes Lächeln zu schenken. Achten Sie dabei mal darauf, was Sie zurückbekommen und was diese Geste mit Ihrem Befinden macht.

- **Zutat 5: Zuversicht**
  Blicken Sie auf die letzten 10 Tage zurück. Was ist Ihnen da gut gelungen? Welche angenehme(n) Situation(en) haben Sie erlebt? Was haben Sie vielleicht in den letzten Tagen erreicht? Der Blick zurück auf unsere positiven Umsetzungen stärkt uns in der Zuversicht und hilft uns, für unsere Zukunft Vertrauen in unsere Fähigkeiten zu schaffen.

- **Zutat 6: Humor**
  Kennen Sie vielleicht einen Witz oder eine witzige Anekdote, die Sie hier spontan erzählen können? Dann legen Sie gleich los und bringen Sie uns zum Lachen. Gerne können Sie aber auch humorvolle Videos anschauen, die Sie in eine gute Stimmung versetzen. Hier bieten sich die unterschiedlichsten Formate zu an.

- **Zutat 7: Selbermachen**
  Etwas selbst hergestellt zu haben und es danach betrachten zu können, ist für viele Menschen ein wundervoller Moment. Besonders Menschen, die gern etwas mit den Händen schaffen, gewinnen daraus sehr viel

Energie. Das kann die Gartenpflege sein, etwas basteln oder auch ein Gericht kochen. Hier im Seminar ist dies eine kleine Herausforderung. Doch was können Sie hier selbst herstellen? Falls Sie dafür ausreichend Fantasie haben, könnten Sie sich auch für diese Zutat entscheiden.

Vorgehen

Diese Übung können Sie beispielsweise wunderbar nach oder vor einer Pause machen. Legen Sie jeder Person einen Energieriegel auf den Platz oder legen Sie sie an einer zentralen Stelle hin. Bieten Sie einen Mix aus verschiedenen Energieriegeln von unterschiedlichen Herstellern an, sodass jeder „seinen" Energieriegel auswählen kann. Hier empfehle ich auch darauf zu achten, dass Sie Riegel von guter Qualität verwenden, damit die Verknüpfung mit der Übung positiv ist.

Abb.: Optimistenriegel

Leiten Sie die Übung humorvoll mit Hinweisen zum Thema Schokolade oder allgemein mit Hinweisen zur Bedeutung von Belohnung ein. Für viele Menschen bedeutet das Essen von Schokolade, dass sie sich einen glücklichen Moment kreieren. Gehen Sie anschließend darauf ein, dass wir die Produktion unseres Glückshormons ankurbeln können, indem wir bestimmte Aktivitäten ausführen, die dafür sorgen, dass unser Körper entsprechende Glückshormone wie Dopamin, Serotonin oder Oxytocin ausschüttet. Bleiben wir jetzt im Bild der Zutaten für unseren Optimisten-Energieriegel. Stellen Sie die Zutaten entsprechend der obigen Auflistung vor.

Die Umsetzung dieser Übung kann als Einzelaufgabe oder auch als Gruppenaufgabe erfolgen.

Umsetzungsvariante 1: Einzelaufgabe

Alle Teilnehmenden wählen für sich zwei Aspekte aus den sieben Zutaten aus. Die Umsetzung des einen Aspektes sollte heute hier aktiv erfolgen. Der zweite Aspekt soll am nächsten Tag umgesetzt werden.

Danach überlegt jede Person sich eine Idee, wie sie heute einen Glücksmoment für die Gruppe oder wenigstens für eine Person aus der Gruppe schaffen kann.

Alle Teilnehmenden notieren sich ihre Umsetzung auf einer Moderationskarte mit ihrem Namen und pinnen diese verdeckt an die Pinnwand. Am Ende des Tages werden die Moderationskarten gemeinsam aufgedeckt. Es ist jedes Mal interessant zu sehen, was die Teilnehmenden notiert und was sie wie umgesetzt haben.

Umsetzungsvariante 2: Gruppenaufgabe

Die Teilnehmenden überlegen sich in Gruppen zu jedem Aspekt mindestens eine Umsetzung bzw. tauschen sich zu den Gedanken zu dem jeweiligen Zutatenaspekt aus.

Ein Beispiel zur Zutat 3:
„Machen Sie in der Gruppe gemeinsam eine körperliche aktive Übung, an der sich alle beteiligen können, wie zum Beispiel intensives Strecken und Recken der Sonne entgegen."

Ein Beispiel zur Zutat 5:
„Denken Sie an die letzten zehn Tage und dann erzählt jeder kurz, knapp und knackig sein positives Erlebnis aus diesem Zeitraum."

Ein Beispiel zur Zutat 7:
„Vielleicht kennt jemand von Ihnen noch die kleinen Papierflieger. Nehmen Sie eine Moderationskarte und basteln Sie Ihren Papierflieger. Es macht Spaß, diesen einmal durch den Raum fliegen zu lassen." Gegebenenfalls haben Sie damit auch schon die **Zutat 6, den Humor**, parallel erledigt.
Für die Umsetzung geben Sie der Gruppe ca. 30 bis 40 Minuten Zeit. Die aktive Umsetzung der Zutaten muss nicht der Reihenfolge nach passieren. Zum Ende der Übung reflektieren Sie kurz gemeinsam das Erleben in den Gruppen.

Intro-Vorschlag Gruppenarbeit

„Wer kennt Sie nicht, die kleinen Glücksmomente, die wir uns selbst schaffen, in denen wir uns etwas Gutes tun und ein Stück Schokolade essen. Bei jemand anderem ist es vielleicht auch der in Ruhe getrunkene Kaffee oder das Schwätzchen dazu an der Kaffeemaschine mit anderen Mitarbeitenden des Unternehmens.

Da wir uns kurz vor der Pause befinden, möchte ich mit Ihnen die Zutaten für Ihren ganz eigenen Optimisten-Energieriegel vorstellen. Die ausgewählten Zutaten sorgen dafür, dass Ihr Hormonhaushalt die wichtigen Glückshormone Dopamin, Serotonin oder Oxytocin ausschüttet.

Sie werden gleich in Dreier-(oder Vierer-)Gruppen zusammen aktiv werden. Sie haben 30 Minuten Zeit für die Umsetzung. Symbolisch habe ich hier mal ein paar verschiedene Energieriegel mitgebracht, von denen Sie sich gern gleich einen aussuchen dürfen. Wie bei jedem Erfolgsrezept sind die Zutaten besonders zusammengesetzt.

Schauen wir uns jetzt die Zutatenliste für den Optimisten-Energieriegel genauer an. (Stellen Sie jetzt mit Ihren eigenen Worten die Zutaten vor.)

Die Aufgabe in der Gruppe ist es, zu jeder Zutat eine Umsetzung zu finden. Hat jemand von Ihnen vielleicht schon eine erste Idee? (Falls kein Teilnehmender eine Idee hat, verwenden Sie gern die zuvor genannten Vorschläge.) *Dann wünsche ich Ihnen viel Freude bei der Herstellung und ich bin jederzeit da, wenn Sie Fragen haben.* "

Methodische Hinweise

Die Übung ist sehr lebendig und ein echter Energiebooster. Sie eignet sich daher sehr gut für den Einsatz am Nachmittag. Mit der Übung bedienen Sie auch bereits weitere Faktoren der Resilienz wie Netzwerkorientierung, Selbstverantwortung und Selbstregulation.

Die eingekauften Riegel sind symbolisch zu sehen und dienen der besseren Verankerung für die Teilnehmenden. Führen Sie die Übung am ersten Tag durch, können Sie nur durch das Austeilen von Riegeln am zweiten Tag wieder diesen positiven Effekt verstärken.

Führen Sie die Übung als Einzelübung durch, so hat sie nicht den lebendigen, vertiefenden Charakter. Sie ist aber generell eine Übung, die Nachhaltigkeit erzeugen kann, wenn die Aspekte später im Alltag in die Umsetzung kommen.

Akzeptanz

Bei diesem Faktor geht es um das Annehmen von sich selbst sowie von dem, was in unserem Leben aktuell passiert und auch in der Vergangenheit passiert ist. Es geht auch darum, unsere eigenen Stärken und Schwächen anzunehmen. Oft bedeutet es aber auch das Loslassen von Vorstellungen, Wünschen, Erwartungen oder auch von Menschen. Hintergrund des Annehmens ist es, sich den Herausforderungen zu stellen und Veränderungen zu gestalten. Gehen wir hingegen in den Widerstand, kostet uns dieser viel Kraft und lässt uns im negativen Zustand verharren. Akzeptanz erfordert oftmals viel von uns, da wir diesen Zustand auch als Kontrollverlust über die Situation erleben. Ferner ist dieser Zustand häufig mit negativen Emotionen wie Wut, Ärger, Angst oder gar Trauer verbunden. Übungen zum Thema Akzeptanz haben viel mit der Auseinandersetzung mit Situationen und Ereignissen zu tun und sind das Bindeglied zum Faktor Lösungsorientierung. Denn es geht darum, proaktiv mit Ereignissen umzugehen und nicht den Kopf in den Sand zu stecken wie der Vogel Strauß.

Der Esel und der Brunnen

Orientierung

Ziele

- Annäherung an die Bedeutung von Akzeptanz
- Akzeptanz fördern durch unterschiedliche Reflexionsfragen
- Energie gezielt einsetzen für Veränderungen

Zeit

- 30 Minuten

Material

- Ein Ausdruck der Geschichte „Der Esel und der Brunnen“ je Gruppe
- Moderationskarten zum Festhalten der Ergebnisse

Erläuterungen

Mithilfe einer Metapher wird den Teilnehmenden die Wichtigkeit von Akzeptanz verdeutlicht. Anhand von Reflexionsfragen wird anschließend ein Bezug zum Alltag der Teilnehmenden geschaffen und ein Impuls für den Ausbau der eigenen Akzeptanzfähigkeit gesetzt.

Vorgehen

Führen Sie kurz mit ein paar Erläuterungen (z.B. Einleitung s.o.) in die Bedeutung der Entwicklung von Akzeptanz ein. Lesen Sie anschließend die Geschichte „Der Esel und der Brunnen" vor. Lassen Sie danach die Teilnehmenden in Kleingruppen ausgehend von der Geschichte einen Bezug zu eigenen Erlebnissen herstellen.

Intro-Vorschlag

„Um sich mit der Thematik Akzeptanz und deren Bedeutung für die Lösungsorientierung auseinanderzusetzen, habe ich Ihnen die Geschichte von Esel und Brunnen mitgebracht. Nachdem ich Ihnen die Geschichte vorgelesen habe, lade ich Sie ein, sich mit den nachstehenden Fragen zu beschäftigen. Für die Beantwortung haben Sie 15 Minuten Zeit. Vermerken Sie bitte Ihre wichtigsten Impulse und Gedanken auf Moderationskarten, um diese später der Gruppe vorzustellen."

Der Esel und der Brunnen

Eines Tages fiel ein Esel in einen tiefen Brunnen. Das Tier schrie fürchterlich, aber so sehr der Bauer und seine Nachbarn sich auch mühten, es gelang ihnen nicht, das Tier aus dem Schacht herauszuziehen. So beschloss der Bauer schweren Herzens, den Esel sterben zu lassen. Weil der Esel alt war und der Schacht sowieso zugeschüttet werden sollte, schaufelten die Männer Abfälle und Erde in den Brunnen, um ihn gleich dort zu begraben. Der Esel ahnte, was geschehen sollte, und schrie noch lauter. Nach einiger Zeit wurde es still im Brunnen. Die Männer schaufelten weiter. Als der Bauer endlich hinabsah, wunderte er sich sehr: Der Esel hatte etwas Erstaunliches getan. Jede Schaufel Dreck, die auf seinem Fell gelandet war, hatte er abgeschüttelt und festgetrampelt. So kam er langsam immer höher, bis er aus eigener Kraft aus dem Loch steigen und davontrotten konnte. (Unbekannter Autor)

Download: Geschichte von Esel und Brunnen

Fragen zur Reflexion:

- Welche Gedanken löst diese Geschichte in Ihnen aus?
- Wo sehen Sie Parallelen zu eigenen Lebensereignissen?
- Was verändert es bei Ihnen, wenn es Ihnen gelingt, in die Akzeptanz zu kommen?

- Was bedarf es aus Ihrer Sicht, um in die Akzeptanz zu kommen?

Die Erkenntnisgewinne sollen anschließend den anderen im Plenum präsentiert werden.

Methodische Hinweise

Drucken Sie die Geschichte mehrmals aus, damit jede Gruppe bei Bedarf die Geschichte nachlesen kann.

Die Geschichte soll die Brücke zu eigenen Erlebnissen schlagen; genau dorthin, wo wir uns im Alltag schwertun, in die Akzeptanz zu kommen. Das können kleine alltägliche Ereignisse sein oder aber auch komplexere Belastungssituationen. Entscheidend in der Übung ist die Auseinandersetzung mit den Fragen. Je nach Reifegrad der Gruppe braucht diese Übung mal mehr und mal weniger Zeit. Haben Sie genügend Zeit zur Verfügung, dann beobachten Sie den Arbeitsverlauf in der Gruppe.

7 Schritte zur Akzeptanzentwicklung

Orientierung

Ziele

- Systematische Vorgehensweise zur Veränderungsgestaltung
- Langfristige Verankerung des Konzepts Akzeptanz

Zeit

- Je nach Umsetzung und Gestaltung kann der Zeitbedarf sehr unterschiedlich sein. Es sollten mindestens 45 Minuten dafür vorgesehen sein

Material

- Arbeitsblatt „7 Schritte zur eigenen Akzeptanzentwicklung"
- Ggf. ein Ausdruck des Meditationstextes für Sie

Erläuterungen

Mit dieser Übung geben Sie den Teilnehmenden eine Methode an die Hand, mit der sie sich Schritt für Schritt systematisch mit Situationen auseinandersetzen können, in denen es ihnen schwerfällt, Akzeptanz zu üben. Die Reflexionsfragen ermöglichen eine intensive Auseinandersetzung mit individuellen Herausforderungen.

Vorgehen

Die Teilnehmenden beantworten anhand des Arbeitsblattes „7 Schritte zur eigenen Akzeptanzentwicklung" Fragen zu einer selbst gewählten Situation oder einem Thema, für die oder das sie Akzeptanz entwickeln wollen.

Die **Schritte 1 bis 4** sollten in Einzelarbeit umgesetzt werden, da die Fragen nach persönlichem Empfinden beantwortet werden sollen. Für die Bearbeitung sollten Sie etwa 10-20 Minuten einplanen. Führen Sie nach Bearbeitung dieser ersten vier Schritte einen Austausch im Plenum durch und fragen Sie, wie es den Teilnehmenden mit den Fragestellungen ergangen ist. Abhängig von den Antworten können weitere Fragen sein:

- Was hat sich bereits jetzt schon für Sie verändert?
- Was hat Sie erstaunt?
- Sind solche Fragestellungen für Sie hilfreich?

Die **Schritte 5 und 6** werden in Gruppen bearbeitet. Je nach Zeitrahmen und Gruppengröße stellt eine Person – oder auch mehrere – ihr Thema vor und es findet innerhalb der Gruppe ein Austausch dazu statt. Ziehen Sie anschließend ein Resümee im Plenum. Wenn die Gruppen offen dafür sind, lassen Sie je einen Fall pro Gruppe vorstellen.

Die Frage in **Schritt 7** wird abschließend in Einzelarbeit kurz beantwortet. Falls Sie den Prozess der Akzeptanzentwicklung bei den Teilnehmenden noch verdeutlichen und etwas genauer analysieren möchten, können Sie mit den nachstehenden Fragen arbeiten:

- Wo stand ich in meiner Akzeptanz zu meinem Fall vor der Bearbeitung?
- Wo stehe ich jetzt?
- Was waren die hilfreichen Schritte?

Ablauf

Die folgenden sieben Schritte werden nacheinander bearbeitet:

Schritt 1 – Identifikation

Download: 7 Schritte zur Akzeptanz

Auf Ihrem Weg zur Akzeptanz wählen Sie aus, für welchen Umstand, welche Begebenheit, welches Ereignis oder welche Person Sie Akzeptanz erlernen möchten und setzen sich damit auseinander:

- Was oder wer ärgert Sie konkret?
- Worunter leiden Sie in der jeweiligen Situation?
- Wodurch fühlen Sie sich unwohl?
- Was macht Ihnen die Akzeptanz so schwer?
- Welche Gedanken gehen Ihnen durch den Kopf?

Schritt 2 – Emotionalität

Analysieren Sie Ihre emotionalen Reaktionen: Beginnen Sie damit, Ihre Gefühle und Gedanken genau zu beobachten und zu notieren. Identifizieren Sie diejenigen Emotionen, die Ihnen Unbehagen bereiten oder die zu schwierigen Situationen führen. Seien Sie offen dafür, dass Emotionen Teil des menschlichen Erlebens sind, und dass es normal ist, dass Sie sich so fühlen. Emotionen sind Wächter unserer Bedürfnisse und es ist daher wichtig, sie wahrzunehmen.

- Welche Emotion/en wird/werden bei Ihnen ausgelöst?

Schritt 3 – Skalierung

Auf einer Skala von 0 (habe keine Energieressourcen mehr übrig) bis 100 (fühle mich voller Energie):

- Wie ist Ihr Energielevel, wenn Sie im Widerstand sind?
- Wie wäre Ihr Zustand, wenn es dieses Ereignis nicht gäbe? Wie würden Sie sich dann fühlen?

0 ———————————————————— 100

Schritt 4 – Hinterfragung

- Was wäre besser: Das Ärgern über die Situation/Person oder die Situation/Person zu akzeptieren?
- Worauf könnten Sie alternativ Ihre Energie verwenden?
- Wo sollten Sie sich klar abgrenzen?

Schritt 5 – Perspektivwechsel

Versuchen Sie, die Situation aus verschiedenen Perspektiven zu betrachten:

- Wie würden Sie morgen, nach einer Woche, nach einem Monat oder nach einem Jahr darüber denken?
- Worauf könnten Sie Ihre Energie alternativ verwenden?
- Wollen Sie lieber Lachfalten oder lieber Sorgenfalten haben?
- Was würde XY zu der Situation sagen oder in dieser Situation tun?

Schritt 6 – Veränderungstaktiken

Bestimmen Sie, was Sie steuern können: Identifizieren Sie, auf welche Aspekte der Situation Sie Einfluss haben und welche Aspekte außerhalb Ihrer Kontrolle liegen. Konzentrieren Sie sich auf die Dinge, die Sie tun können, um die Situation zu verändern, d.h., zu verbessern. Seien Sie dabei offen für neue Erfahrungen, denn Veränderung ist ein natürlicher Teil des Lebens. Hier ein paar Fragen, die Ihnen vielleicht helfen können:

- Was brauchen Sie für sich, um „Ja" zu sagen und in die Akzeptanz zu gehen?
- Welchen Handlungsspielraum haben Sie?
- Welche Strategien haben sich in der Vergangenheit bewährt, die Sie jetzt nutzen können?
- Was hilft Ihnen dabei, um die Entscheidung, Veränderung oder Situation anzunehmen?
- Wie würde die Veränderung aussehen?

Schritt 7 – Reflexion

- Wie weit sind Sie auf dem Weg zur Akzeptanz der Situation gekommen? (0 = keinen Schritt weitergekommen, 10 = deutlich weitergekommen)

0 ——————————————————— 10

Seien Sie geduldig mit sich selbst und der Situation. Es kann einige Zeit dauern, Akzeptanz zu entwickeln und sie in positive Handlungen umzusetzen. Geben Sie sich Zeit, um Ihre Gedanken und Emotionen zu verarbeiten, und arbeiten Sie daran, Ihre Reaktionen langfristig zu verändern.

Methodische Hinweise

Sie selbst können den Prozess noch mit einem Trainerinput zur 5-A-Strategie (Seite 142 ff) unterstützen. Sie können die Teilnehmenden auch einladen, eigene Karten mit Fragestellungen zu entwickeln, die helfen, einen Perspektivwechsel durchzuführen. Anschließend lassen Sie diese vorstellen.

Eine weitere Möglichkeit ist es, die Übungsaufgabe mit einer Meditation zu starten. Diese kann helfen, sich auf den Prozess einzulassen und ihn später besser zu verankern.

Sie sollten im Vorfeld prüfen, wie viel Zeit Ihnen für diesen eher intensiveren Methodeneinsatz zur Verfügung steht und wie offen die Gruppe für dieses Ausmaß an Tiefgang ist.

Beispiel für eine Meditation (ca. 10 Minuten)

„Setze dich an einen ruhigen Ort, an dem du ungestört bist. Schließe deine Augen und finde zuerst eine bequeme Position für deinen

Körper, in der du entspannt sitzen oder liegen kannst. Atme tief ein und aus, um deinen Geist zur Ruhe zu bringen.

Nun konzentriere dich auf den Aspekt der Akzeptanz. Lasse alle Vorbehalte los und akzeptiere das, was ist, ohne Widerstand. Verbinde dich mit dem Gedanken, dass das Leben manchmal unvorhersehbar ist und dass es gut ist, die Dinge anzunehmen, wie sie sind. Visualisiere eine Atmosphäre der Gelassenheit und Offenheit in dir, in der Akzeptanz fließt wie sanftes Wasser.

Fühle, wie diese Akzeptanz dich zur Ruhe führt. Lasse los von allen Gedanken und Sorgen, die dich belasten. Konzentriere dich auf deinen Atem und lasse ihn in einem gleichmäßigen Rhythmus fließen. Mit jedem Atemzug spürst du, wie sich deine Muskeln entspannen und deine Gedanken zur Ruhe kommen. Dein Geist wird klar und offen für neue Möglichkeiten.

In diesem Zustand der Ruhe kannst du nun beginnen, Lösungen zu generieren. Öffne deinen Geist für neue Ideen und Inspirationen. Stelle dir vor, wie sich kreative Lösungen wie ein strahlendes Licht in deinem Inneren entwickeln. Vertraue auf deine Intuition und gib den Antworten Raum, die in dir aufkommen möchten. Nimm dir Zeit, um diese Lösungen zu erfassen und zu verinnerlichen.

Wenn du die passenden Lösungen gefunden hast, lerne nun, diese in dein Leben zu integrieren. Visualisiere, wie du Schritt für Schritt die notwendigen Veränderungen vornimmst, um deine Lösungen umzusetzen. Spüre die Kraft und Motivation in dir, die dich unterstützt, diese Veränderungen mit Leichtigkeit zu integrieren. Verankere diese Vorstellung in deinem Inneren, um deinen Weg zur Umsetzung der Lösungen zu finden.

Während du diese Veränderungen integrierst, erlaube dir, entspannt zu sein. Vertraue darauf, dass du den Prozess mit Gelassenheit und Ruhe bewältigen kannst. Entdecke deine inneren Ressourcen, die dir dabei helfen, auch in stürmischen Zeiten sanft und entspannt zu bleiben. Spüre, wie die Leichtigkeit und Entspannung deinen Körper, deinen Geist und deine Seele durchdringen.

Durch diese Meditation findest du inneren Frieden. Lasse dich von einem Gefühl des Friedens umgeben und spüre, wie er deine ganze Existenz erfüllt. Atme diesen Frieden ein und lasse ihn dich mit jedem

Atemzug durchströmen. Erlaube deinem Geist, zur Ruhe zu kommen, während du dich in diesem friedvollen Zustand befindest. Verweile noch einen Moment in dieser inneren Stille und fühle, wie sich der Frieden in dir ausbreitet.

Wenn du bereit bist, nimm einen tiefen Atemzug und öffne langsam deine Augen. Nimm dir noch einen Moment, um die Ruhe und den inneren Frieden, den du gefunden hast, in deinen Alltag zu integrieren. Erinnere dich daran, dass du jederzeit zu dieser Meditation zurückkehren kannst, um Akzeptanz, Ruhe, Lösungen, Veränderungen und inneren Frieden zu kultivieren."

Not-to-do-Liste

Orientierung

Ziele

- Bewusstseinssteigerung für die eigenen Belastungen
- Priorisierung durch das Treffen bewusster Entscheidungen
- Leichter Nein sagen können
- Konzentration auf das für einen Wichtige und Wesentliche

Zeit

- 25 Minuten (online)

Erläuterungen

Im Alltag entstehen eine Menge Stress und Überlastung, weil wir mit vielen Aufgaben und Ereignissen konfrontiert werden, die uns auf unterschiedlichste Art und Weise herausfordern. Bei der Vielzahl der Aufgaben und Herausforderungen ist es wichtig, sich bewusst abzugrenzen und für sich zu sorgen. Zur Akzeptanz gehört auch, Entscheidungen zu treffen und für sich Prioritäten zu setzen. Die Akzeptanz der eigenen Grenzen und Möglichkeiten stellt gerade in unserer heutigen Zeit eine große Herausforderung dar, sorgt aber dafür, dass wir besser in die eigene Balance finden. Mit der „Not-to-do-Liste" sollen die Teilnehmenden sich bewusst gegen das Erfüllen mancher Aufgaben oder Anforderungen entscheiden und so Überlastungen vermeiden oder Raum schaffen für wichtigere Prioritäten.

Vorgehen

Die folgende Beschreibung ist für die Online-Umsetzung ausgelegt. Die Übung kann aber auch in Präsenz durchgeführt werden (siehe methodische Hinweise.) Alle Teilnehmenden werden gebeten, sich einen Aspekt zu notieren, den sie nicht verändern oder aktuell nicht erledigen wollen, sowie eine Begründung dafür. Ein Beispiel könnte die Aussage sein, dass diese Woche im Garten nichts gemacht wird. Die Begründung dafür könnte lauten: *„Mir ist das angesagte Wetter zu heiß. Eine andere Aufgabe hat eine höhere Priorität. Ich kann damit leben, dass mal nicht alles picobello im Garten ist."* Anschließend tauschen sich die Teilnehmenden über drei Runden jeweils in Zweiergruppen über ihre Notizen aus.

Intro-Vorschlag

„Wir alle erleben Situationen im Alltag, in denen es uns schwerfällt, nicht daran zu denken, was wir noch zu erledigen haben. Oft sind wir mit der Vielfalt unserer Aufgaben überfordert und nur noch genervt und gestresst. Wir wollen den Anforderungen von anderen und unseren eigenen gerecht werden. Akzeptanz hat auch eine aktive Seite und das bedeutet, wir treffen Entscheidungen für unser Wohlbefinden. Sie alle kennen sicherlich die klassische To-do-Liste, auf der steht, was Sie heute alles umsetzen wollen oder müssen. Ich lade Sie heute zum Gegenteil ein, zur ‚Not-to-do-Liste'. Sie sollen sich gleich überlegen, was Sie in dieser Woche bewusst nicht machen wollen und dies begründen. Anschließend schicke ich Sie in Zweierteams in Breakout-Räume. Vorher setzen Sie bitte mal (zufällige Nennung verschiedener Teilnehmender) *eine 1 vor Ihren Namen. Die anderen bitte eine 2.*

Der Ablauf gestaltet sich dann wie folgt: Die Person mit der Nummer 1 berichtet innerhalb von einer Minute, was sie in dieser Woche nicht tun möchte. Danach berichtet die andere Person, ebenfalls eine Minute lang. Anschließend verschiebe ich die Person mit der 2 vor dem Namen in den nächsten Raum. Insgesamt wird es drei Austauschrunden geben. Gibt es dazu noch Fragen? ... Dann nehmen Sie sich jetzt bitte fünf Minuten Zeit und notieren Sie, was Sie nicht tun möchten und mit welcher Begründung. Anschließend starten wir mit dem Austausch."

Verschieben Sie als Moderator des Online-Seminars immer nach Ablauf einer Austauschrunde die Personen mit der 2 vor dem Namen in den jeweils nächsten Raum. Die dahinterstehende Methode nennt sich „Kugellager".

Holen Sie nach Ablauf der drei Runden alle Teilnehmenden zurück in den Hauptraum. Sind alle wieder versammelt, erfolgt die Auswertung der Übung mit den Fragestellungen:

- Was hat sich für Sie durch den Austausch verändert?
- Wie nehmen Sie die Aufgabe und bewusste Entscheidung für sich jetzt wahr?

- Erleben Sie nach der Übung mehr Akzeptanz für Ihre getroffene Entscheidung, etwas mal nicht zu tun? Wenn nein, was ist der Grund dafür?

Methodische Hinweise

Diese weniger bekannte Methode stammt aus dem Zeitmanagement. Es geht darum, bewusste Entscheidungen zu treffen und einen Switch zu schaffen „weg vom MUSS und hin zum ICH“. Das heißt, mir selbst die Erlaubnis zu geben, mich auf das zu fokussieren, was für mich in diesem Moment wichtig ist. Damit aber auch die Entscheidung zu treffen, welches Thema ich nicht bearbeite, und zu akzeptieren, dass dann Anforderungen nicht umgesetzt werden. Diese Akzeptanz nimmt uns Druck von den Schultern und führt dazu, dass wir andere Aufgaben dafür mit mehr Konzentration umsetzen können. Ziel der Not-to-do-Liste ist es, den Arbeitsalltag zu verschlanken, Ressourcen zu schonen und Zeit und Energie zu sparen.

Falls Sie diese Übung in einem Präsenzseminar anwenden möchten, gehen Sie wie folgt vor: Bauen Sie zwei Stuhlkreise auf, einen inneren und einen äußeren. Die Stühle sind so angeordnet, dass sich die Teilnehmenden sehen und dass sich immer zwei Personen gegenübersitzen werden. Der Abstand der Stühle sollte etwas größer sein, damit sich die Teilnehmenden nicht stören. Nachdem alle für sich ihr „Not-to-do-Item“ notiert haben, lassen Sie die Teilnehmenden auf den Stühlen Platz nehmen. Die Personen im Innenkreis beginnen, eine Minute lang zu erzählen, was sie nicht tun möchten. Danach berichten die Personen im Außenkreis. Nach dem kurzen Austausch bewegen sich die Personen im Außenkreis einen Platz nach links und mit dem Austausch zwischen den neuen Paaren startet die nächste Runde. Dieses Verfahren können Sie entsprechend Ihres Zeitrahmens mehrfach wiederholen. Die Übung ist nicht statisch, sondern lebendig und die Teilnehmenden kommen so in einen aktiven zielfokussierten Austausch.

Quelle

- https://www.impulse.de/selbstmanagement/not-to-do-liste/7310010.html (abgerufen am 17.06.2023)

Lösungsorientierung

Aus der Kombination der Faktoren Optimismus und Akzeptanz entsteht der nächste Schritt, das Suchen nach Lösungen. Es geht gerade in diesem Faktor um die persönliche Weiterentwicklung, um gestärkt aus Situationen herauszugehen. Darum, neue Perspektiven zu entwickeln, Altes hinter sich zu lassen und den Fokus auf die Ziele zu legen.

Kopfstandmethode (Umkehrmethode)

Orientierung

Ziele

- Aus dem negativen Denken heraus und zu neuen Lösungsansätzen hinkommen
- Blockaden lösen

Zeit

- 30-45 Minuten

Material

- Arbeitsblatt oder Flipchart mit den sechs Schritten

Erläuterungen

Wenn wir nach Lösungen suchen, passiert es häufig, dass wir uns verkrampfen und keine Ideen entwickeln. Unsere Denkprozesse verlaufen eher in einer Negativspirale und wir analysieren schnell sehr gut, was nicht funktioniert. Genau dieses Denken machen wir uns mit der Kopfstandmethode zunutze. Anstatt nach der besten Lösung zu suchen, zielt diese Technik darauf ab, genau in die andere Richtung zu gehen und die Schwierigkeiten zu identifizieren. Und zwar nicht für unser anfängliches

Problem, sondern für die Verschärfung der Situation hin zum Negativen. Die Lösungsfindung wird damit auf den Kopf gestellt.

Vorgehen

Leiten Sie kurz in das Thema Lösungsorientierung ein und sammeln Sie dann Problemstellungen der Teilnehmenden, für die Lösungen gesucht werden. Nachdem Sie einige Themen zusammengetragen haben, stellen Sie das Vorgehen vor. Nutzen Sie dazu gern das im Text aufgeführte Beispiel oder ein Beispiel aus Ihrem Kontext.

Um die Teilnehmenden in Aktivität zu halten, können Sie die Bearbeitung im Plenum durchführen oder Sie lassen die Teilnehmenden in zwei Gruppen arbeiten. Die Umsetzung benötigt etwa 20 Minuten Zeit. Lassen Sie anschließend die Ergebnisse im Plenum präsentieren.

Intro-Vorschlag

„Wenn es darum geht, Lösungen zu finden, tun wir uns häufig schwer. Als Erstes fällt uns eher ein, was nicht möglich ist. Diesen Faktor nutzen wir nun in der sogenannten ‚Kopfstandmethode'. Denken Sie an ein Thema, für das Sie eine Lösung benötigen. Lassen Sie uns ein paar Themen sammeln. Wie können Sie bei der Lösungsfindung vorgehen? Ich stelle Ihnen die sechs Schritte der Kopfstandmethode vor. Es handelt sich dabei um eine Brainstorming-Methode."

Ablauf

Download: Kopfstandmethode

Schritt 1: Formulieren Sie Ihr Problem als Frage.

- Beispiel: „Wie schaffe ich es, mit meinen Kollegen und Kolleginnen ein kooperatives und harmonisches Miteinander zu führen?"

Schritt 2: Stellen Sie Ihre Ausgangsfrage auf den Kopf.

- Beispiel: „Wie schaffe ich es, dass wir uns dauerhaft im Konflikt befinden und uns gegenseitig blockieren?"

Schritt 3: Sammeln Sie nun Antworten auf die Kopfstand-Frage.

Bitte bewerten Sie Ihre Antworten nicht, sondern sammeln Sie alles, was Ihnen spontan einfällt. Es geht hier um die Ideenmasse.

Antwortbeispiele:

- Keine Verantwortung für Aufgaben übernehmen
- Gegenüber den anderen Personen Vorwürfe äußern
- Informationen nicht weitergeben
- Verallgemeinerungen wie „nie" oder „immer"
- Fehler vorwerfen

Schritt 4: Formulieren Sie Ihre negativen Antworten ins Gegenteil um.

Finden Sie so eine Lösung für Ihr ursprüngliches Problem. Es dürfen gern mehrere Antworten sein.

Mögliche Umformulierungen von „Keine Verantwortung für Aufgaben übernehmen" sind zum Beispiel:

- Bewusst abstimmen, wer welche Aufgaben übernimmt
- Aufgaben nach den Kompetenzen vergeben
- Einander bei der Umsetzung der Aufgaben gegenseitig unterstützen
- Verantwortlichkeiten und den Stand der Umsetzungen regelmäßig untereinander abstimmen

Schritt 5: Konkretisieren Sie Ihr Vorhaben.

Betrachten Sie die Antworten genauer und prüfen Sie, wie Sie diese umsetzen können. Was genau ist in Zukunft zu tun?

Mögliche konkrete Maßnahmen zu „Bewusst abstimmen, wer welche Aufgaben übernimmt" sind zum Beispiel:

- Bei zukünftigen Projekten einen Maßnahmenplan erstellen
- Verantwortlichkeiten im Projekt genau abstimmen
- Eskalationsstufen besprechen für den Fall, dass etwas schiefläuft
- Vertretungsregeln festlegen für den Fall, dass Verantwortliche ausfallen
- Dokumentation zur besseren Nachvollziehbarkeit im Vertretungsfall

Schritt 6: Definieren Sie einen ersten Schritt zur konkreten Umsetzung.

Suchen Sie sich dafür eine der Maßnahmen aus Punkt 5 aus.

Mögliche konkrete Schritte zum Punkt „Bei zukünftigen Projekten einen Maßnahmenplan erstellen" sind zum Beispiel:

- Mustervorlage entwickeln
- Aufnahme in die Agenda des nächsten Meetings
- Verantwortliche Person für die Umsetzung definieren

Methodischer Hinweis

Die Umsetzung dieser Methode kann auf sehr unterschiedliche Weise erfolgen. Sie können die Übung als reinen Trainerinput im Dialogmodus mit den Teilnehmenden gestalten. Sie können aber auch wie beschrieben die Teilnehmenden in Gruppen an ihren Themen arbeiten lassen. Wenn Sie die Variante Gruppenarbeit wählen, empfiehlt es sich, das Arbeitsblatt mit den sechs definierten Schritten zur Verfügung zu stellen. Planen Sie erfahrungsgemäß einen kleinen Zeitpuffer ein, sodass Sie die Möglichkeit haben, zu verlängern, falls die Teilnehmenden die Bearbeitung nach den geplanten 20 Minuten noch nicht abgeschlossen haben. Im Falle der Gruppenarbeit sollte am Ende eine Präsentation im Plenum erfolgen, damit Sie gegebenenfalls nachsteuern können.

Quelle

- Noack, Karsten (2012): Kreativitätstechniken – Schöpferisches Potenzial erkennen und nutzen. Mannheim, Cornelsen Scriptor.

One-Pager-Sheet der systemischen Fragestellungen

Orientierung

Ziele
- Anregung zum Nachdenken aus vielfältigen und differenzierten Sichtweisen
- Kennenlernen verschiedener systemischer Fragearten und -techniken
- Blockaden lösen zur besseren Lösungsfindung

Zeit
- 90 Minuten

Material
- Arbeitsblatt mit einer Übersicht der Fragearten für die Partnerübung

Erläuterungen

Eine gute Kommunikation im beruflichen und privaten Bereich löst viele Herausforderungen und Probleme. Dabei spielen gezielte und wohldurchdachte Fragen eine wichtige Rolle. Im Dialog miteinander ist zudem die Haltung des Fragenden und gleichzeitig Zuhörenden wichtig. Es gilt, dem Gesprächspartner zugewandt, mit offenem Mindset, aktiv zuhörend und möglichst nicht bewertend zu begegnen. Es geht nicht darum, dem Gegenüber Löcher in den Bauch zu fragen, sondern darum, gut dosiert sinnvolle und im jeweiligen Kontext stimmige Fragen zu stellen. Ziel ist es, neue Perspektiven zu eröffnen, den Gesprächspartner zum Nachdenken anzuregen, Sichtweisen zu reflektieren und damit Lösungen zu generieren.

Systemische Fragen *„fragen nicht nach den Dingen, sondern nach der Beobachterin der Dinge, sie fragen nicht nach Eigenschaften, sondern nach Beschreibungen und Verhaltensunterschieden (wer mehr? wer weniger?), sie fragen nicht danach, was ist, sondern was beschrieben wird und was mögliche andere Beschreibungen sein könnten."* (von Schlippe und Schweitzer, 2016).

Die 10 + 1 wichtigsten systemischen Fragetechniken

1. Zirkuläre Fragen

... laden zu einem Perspektivwechsel ein. Es geht darum, sich in die Sichtweise einer anderen Person und deren mögliche Betrachtung/Einschätzung hineinzuversetzen:

- Wie nimmt Ihr bester Freund/Ihre beste Freundin Ihre Situation wahr?
- Was würde Ihr Geschäftspartner dazu sagen?
- Welche Erwartungen hat Ihr Partner/Ihre Partnerin an Sie?

2. Ressourcenorientierte Fragen

... identifizieren mögliche Unterstützungsformen aus Ihrem Umfeld. Diese können sehr unterschiedlich und vielfältig sein, z.B. Wissen, Zeit, Geld, Kompetenzen etc. Sie alle tragen jedoch dazu bei, Ihre Herausforderung besser zu meistern. Beispielfragen sind:

- Wie kann eine Einarbeitung unterstützt werden?
- Wer kann die Aufgabe übernehmen?
- Welche Motivation gibt es für die Aufgabe?

3. Skalierungsfragen

... beleuchten subjektiv empfundene Werte und deren Differenzierung. So ist es möglich, Veränderungen und den damit verbundenen Bedarf genauer zu definieren. Dabei fallen Schablonendenken und Bewertungen weg. Beispielfragen sind:

- Auf einer Skala von 1-10, wie zufrieden sind Sie mit ...?
- Was bedarf es, um in der Motivation von einer 5 auf eine 6 zu kommen?
- Was müsste sich verändern, damit Sie eine 8 geben?

4. Fragen nach der Wirklichkeitskonstruktion

... legen mögliche Glaubenssätze und Denkweisen offen. Sie hinterfragen den Bezugsrahmen und machen auf blinde Flecken aufmerksam:

- Was ist die Informationsquelle? Wie vertrauenswürdig oder objektiv ist sie?
- Auf Basis welcher Informationen treffen Sie die Aussage?
- Was würde passieren, wenn ... eintritt?

5. Vergleichsfragen

... fragen gezielt Unterschiede ab und zeigen auch mögliche Ausnahmen auf. So machen sie zukünftige Veränderungen deutlich. Beispiele sind:

- Was passiert in Situation A und was passiert in Situation B?
- Ist es besser, es so ... oder so ... durchzuführen?
- Womit vergleichen Sie das Angebot?

6. Hypothetische Fragen

... gehen von Annahmen aus. Es wird über den Tellerrand gedacht und überlegt, wie sich etwas entwickeln könnte. Beispielfragen sind:

- Angenommen, Sie hätten die Ressourcen. Wie würden Sie entscheiden?
- Nehmen wir an, Sie erleiden keine Verluste. Wie würden Sie handeln?
- Vorausgesetzt der Kunde sagt Ja. Was würden Sie ihm anbieten?

7. Lösungsorientierte Fragen

... fokussieren mögliche Lösungsansätze, ohne Ratschläge zu erteilen. Es geht dabei nicht um das Hinterfragen des Problems, sondern um den Blick nach vorn, in die Veränderung hinein. Beispiele sind:

- Was könnte ein nächster wichtiger Schritt in Richtung Lösung sein?
- Wie haben wir schon mal ein ähnliches Problem gelöst?
- Wer muss mit eingebunden werden in die Lösungsfindung?

8. Paradoxe Fragen

... sorgen für einen anderen Blickwinkel und stellen das Problem auf den Kopf (Kopfstandmethode, Seite 246 ff). Sie verstärken das Problem kurzzeitig, bevor es dann an die Lösung geht:

- Wie können Sie das Projekt zum Scheitern bringen?
- Was müssen Sie tun, damit Sie die Gehaltserhöhung nicht bekommen?
- Wie gelingt es Ihnen, dass der Kunde nicht mehr bei Ihnen kauft?

9. Ökologische Fragen

... befassen sich mit den Auswirkungen und dem Gesamtkontext. Sie gehen davon aus, dass das Problem gelöst ist, und hinterfragen die sich daraus ergebende Situation:

- Woran erkennen Sie, dass das Problem gelöst ist?
- Wenn Sie den Dialog mit XY geführt haben, wie zeigt sich das in der Zusammenarbeit?
- Wenn Sie den Umzug gemacht haben, wie wirkt sich das sowohl positiv als auch negativ aus?

10. Begründungsfragen

... beleuchten Denkprozesse und Überlegungen hinter Entscheidungen. Dabei werden eventuelle Denkfallen und Muster sichtbar. Beispiele sind:

- Was hat Sie zu dieser Entscheidung gebracht?
- Welche drei Argumente sprechen für diese Vorgehensweise?
- Auf welchen Erfahrungen basieren Ihre Überlegungen?

Die Wunderfrage

... ignoriert alle Hürden und fragt aus der Zukunft heraus. Alles ist gelungen und ein Rückwärtsdenken ist möglich. Zum Beispiel:

- Was würde sich verändern, wenn das Problem über Nacht wie von selbst gelöst wäre?
- Wodurch nehmen Sie dies wahr?
- Stellen Sie sich vor, alle Ängste haben sich wie von selbst aufgelöst. Wie fühlen Sie sich bei dem Gedanken?

Grundsätzlich kann man sagen, dass systemisches Denken und damit auch das systemische Fragen den Fokus auf die Komplexität und Wechselwirkungen in Systemen lenken. Systemisches Denken hat damit eine Schlüsselfunktion für Selbstorganisation und Selbstführung. Die Eigenverantwortlichkeit nimmt dadurch einen hohen Stellenwert ein. Systemische Fragen sind somit eine Art Selbsthilfe-Tool für einen besseren Reflexionsprozess und für die Entwicklung von Lösungsideen.

Vorgehen

Erläutern Sie den Teilnehmenden die Bedeutung und die Kraft von systemischen Fragen und verweisen Sie dabei auf die Grundprinzipien (siehe Intro-Vorschlag). Erklären Sie die elf unterschiedlichen Fragetypen anhand von Beispielen. Sie können ggf. auch mit weniger Fragetypen arbeiten. Stellen Sie dabei auch das One-Pager-Sheet vor, welches anschließend als Arbeitsblatt eingesetzt werden soll.

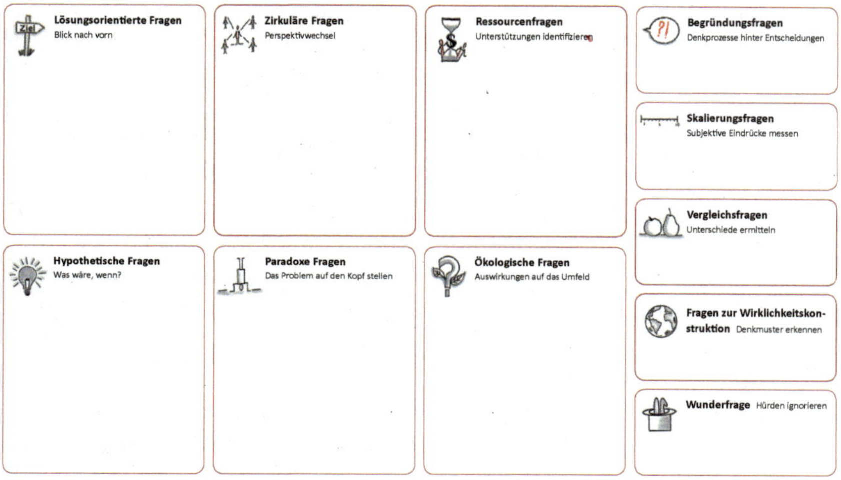

Abb.: One-Pager-Sheet der systemischen Fragestellungen

Download: One-Pager-Sheet der systemischen Fragestellungen

Die Teilnehmenden bilden nun Dreiergruppen für die Bearbeitung eigener Fälle. Es werden folgende Rollen verteilt: Fallgeber, Fragenstellende und Beobachtende und/oder Beratende. Im Vorfeld können Sie in die Runde fragen, welche Teilnehmenden einen Fall bearbeiten und vorstellen möchten. Es kann sich um ein Thema der Vergangenheit oder der Zukunft handeln. Die übrigen Teilnehmenden können sich den Fallgebern zuordnen. Die Fragenstellenden bekommen das One-Pager-Sheet und machen dort Notizen zu den Antworten als spätere Reflexionsmöglichkeit für den Fallgeber. Die Beobachtenden machen Notizen zum Ablauf im Prozess. Sie führen durch den gesamten Reflexionsprozess. Sie können ggf. auch die Fragen und/oder die Antworten und Kommentare mitschreiben, damit die Fragenden mehr Zeit für ihre Aufgabe haben. Abschließend wird der Prozess innerhalb der Gruppen reflektiert. Fragen dazu können sein:

- Was waren wichtige Schlüsselfragen?
- Wie gut ist das aktive Zuhören gelungen?
- Wo lagen die Herausforderungen für den Fragestellenden?
- Wie ging es dem Fallgeber mit dieser Art des Gespräches?
- Worauf ist besonders zu achten im Umgang mit den Fragen?

Die Beobachtenden nutzen die ersten beiden Reflexionsfragen, um der Gruppe ihre Wahrnehmungen zurückzumelden.

Der Zeitraum für die gesamte Gruppenphase umfasst ca. 45 bis 60 Minuten. Für das Zeitmanagement sind die Gruppen selbst verantwortlich.

Im Plenum geben die Gruppen danach noch kurz ein Feedback zu ihren Umsetzungen und Erkenntnissen aus der Übung. Je nach Gruppe sollte für die Auswertung im Plenum ausreichend (Puffer-)Zeit zur Verfügung stehen.

Intro-Vorschlag

„Im Alltag gibt es immer wieder Situationen, in denen wir in unseren eigenen Gedanken wie festgefahren sind. Wir drehen uns im Gedankenkarussell und kommen nicht weiter. Hier hilft es uns, wenn wir mit anderen in den Austausch gehen. Im professionellen Bereich unterstützen Coachs oder Therapeuten und liefern neue Erkenntnisse durch den gezielten Einsatz systemischer Fragestellungen. In manchen Fällen können wir uns selbst helfen oder ein gutes Gespräch mit der Führungskraft oder einem Kollegen sorgt für neue Impulse. Um mit Ihnen nachher Ihre Fälle zu beleuchten und thematisch mit Fragen zu durchdringen, stelle ich Ihnen die Technik des systemischen Fragens vor. Damit es für Sie leichter ist, die Vielfalt der Fragestellungen wahrzunehmen, habe ich ein Arbeitsblatt vorbereitet, welches Sie später auch bei der Fallbearbeitung unterstützen soll.

Was sind die Grundprinzipien des systemischen Fragens? Zunächst einmal die Haltung des Fragenden: Diese sollte dialogorientiert, zuhörend und nicht wertend sein. Gerade der Anteil des aktiven Zuhörens spielt im Reflexionsprozess und im weiteren Entwickeln von tiefergehenden Fragen eine wichtige Rolle. Als Fallgeber sollten Sie sich Zeit nehmen, um über die Fragen in Ruhe nachzudenken. Lassen Sie Emotionen zu und hören Sie in sich hinein. Oft werden durch die offenen, nicht wertenden Fragen neue Aspekte sichtbar. Nutzen Sie daher gleich die Chance, sich auf diesen Prozess einzulassen. Doch vorab möchte ich Ihnen einen Einblick in die Fragearten geben. Die aus meiner Sicht wichtigsten Fragen habe ich für Sie zusammengestellt. Die ein oder andere Frageart kennen Sie bestimmt und nutzen Sie schon, aber vielleicht haben Sie sie noch nie so bewusst eingesetzt. Lassen Sie uns starten." (Stellen Sie jetzt die Fragearten vor.)

Methodische Hinweise

Diese Übung hat einen gewissen Anspruch an die Teilnehmenden in Bezug auf Kommunikationsgrundlagen. Es kann sein, dass Sie im Vorfeld etwas Zeit investieren müssen, um die Thematik des aktiven Zuhörens oder auch der non-direktiven Gesprächsführung zu erläutern. Gegebenenfalls bietet sich auch eine kurze Probesequenz im Plenum an. Nach meiner Erfahrung liegt die größte Herausforderung für die Teilnehmenden darin, nicht in eine wertende Haltung zu gehen, die Fragen offen zu stellen und dem Fallgeber Zeit einzuräumen.

Nutzen Sie während der Bearbeitungsphase auch gern die Zeit und hören Sie bei den Gruppen rein. So können Sie im kleinen Kreis unterstützen und Hilfestellungen geben, damit die Fragen in die Wirkung kommen.

Je nachdem wie die Gruppe aufgestellt ist, sollten noch Ausführungen zur Kommunikation in Bezug auf Haltung und aktives Zuhören erfolgen.

Quelle

- von Schlippe, A.; Schweitzer, J. (2026): Lehrbuch der systemischen Therapie und Beratung. 3. Auflage. Göttingen, Vandenhoeck & Ruprecht.

Kollegiale Fallberatung

Orientierung

Ziele
- Sammeln von unterschiedlichen Lösungsansätzen
- Integration von Erfahrungswissen aus der Praxis für die Praxis
- Entwickeln von Schlüsselkompetenzen
- Förderung der konstruktiven kollegialen Zusammenarbeit

Zeit
- 45-60 Minuten pro Fall

Material
- Flipchart oder PowerPoint mit Erläuterung
- Flipchart zum Mitschreiben

Erläuterungen

Dieser methodische Ansatz bietet die Möglichkeit einer wechselseitigen Beratung zur Entwicklung von Lösungsansätzen für konkrete berufliche Praxisfälle. In Unternehmen wird damit die konstruktive Zusammenarbeit gefördert und Verstehensprozesse für unterschiedliche Befindlichkeiten und Herausforderungen bekommen mehr Gewicht. Das Vorgehen erfolgt nach einer einfachen und klaren Struktur.

Die Methode stammt aus sozialen und pädagogischen Berufsfeldern. Mittlerweile gibt es am Markt verschiedene Umsetzungsformen mit unterschiedlicher Anzahl an Phasen und Vorgehensweisen, auf die hier aufgrund der Komplexität nicht näher eingegangen wird. Die hier vorgestellte Methode folgt den Prinzipien des erfolgreichen Problemlösens und trennt die Problembehandlung von der Lösungsfindung. Geeignet ist die Methode für folgende Fallbeispiele und Fragestellungen:

- **Bewältigung neuer Aufgaben:** In meinem Team ist seit Kurzem ein Migrant, der kaum unsere Sprache spricht. Wie kann ich eine gute Integration begleiten?

- **Schwierigkeiten mit Kunden:** Bei einem meiner Kunden gibt es in der Auftragsumsetzung immer wieder Schwierigkeiten und Missverständnisse. Was kann ich zur Verbesserung tun?

- **Kritik von der Führungskraft:** Meine Führungskraft hat mich neulich vor dem kompletten Team zu Unrecht kritisiert. Ich wollte die verantwortliche Person nicht bloßstellen und möchte mich jetzt gegen dieses Verhalten wehren. Wie kann ich angemessen vorgehen?

- **Zusammenarbeit funktioniert nicht:** Wir arbeiten in einem Projekt abteilungsübergreifend sowie mit Externen zusammen. Eine enge Abstimmung muss gewährleistet sein, ansonsten laufen die Prozesse nicht. Die Rückmeldungen erfolgen nicht wie vereinbart. Wie kann ich am besten vorgehen?

Die kollegiale Fallberatung eignet sich für die unterschiedlichsten Berufsgruppen und Positionen. Es können hierarchieübergreifend Themen aufgegriffen werden und Zusammenarbeiten entstehen. Wichtig ist, dass die Teilnehmenden eine konstruktive Grundhaltung einnehmen und im kollegialen gleichberechtigen Austausch sind. Für die spätere Bearbeitung können Rollen vergeben werden wie Fallgeber, Moderatorin, Zeitwächterin und Dokumentator. Gleichzeitig agieren alle außer dem Fallgebenden als Beratende.

Ablauf in fünf Phasen

Phase 1 – Fallbeschreibung (ca. 5 Minuten)

Die Fallgebenden beschreiben ihre Fälle. Dies sollte in kurzen und knappen Sätzen erfolgen. Um an alle Aspekte des Falles zu denken, ist es hilfreich, dies anhand folgender Struktur zu tun:

Feld 1: Systemischer Kontext
- Wie sind die Strukturen und Abhängigkeiten?
- Welche Prozesse müssen möglicherweise eingehalten werden?

- An welcher Stelle sind welche Ansprechpartner im Unternehmen oder im Falle externer Beteiligung angesiedelt?

Abb.: Fallbeschreibung unter vier Aspekten

Feld 2: Konkrete Schlüsselsituation
- Was ist genau passiert?
- Was sorgt für das Ärgernis?
- Wer ist beteiligt bzw. war in der Situation dabei?

Feld 3: Inneres Erleben/Emotionen
- Was wurde in mir als Fallgeber damals in der Situation ausgelöst?
- Wo sind meine Stolpersteine?
- Wie stark ist bei mir der Erregungszustand/ die Betroffenheit?
- Welche Dialoge führe ich mit mir selbst?

Feld 4: Anliegen/Ziel
- Auf welche konkrete Fragestellung möchte ich eine Antwort vom Beraterteam haben?
- Was ist für mich wichtig in Bezug auf die Hilfestellung?

Wenn möglich, sollte eine Visualisierung erfolgen, insbesondere was die systemische Einordnung in den Kontext anbelangt. Die Fragestellung sollte in jedem Fall dokumentiert werden.

Phase 2 – Verständnisfragen (ca. 5 Minuten)

In diese Phase können die Beratenden Verständnisfragen zum Fall stellen. Die Fragen können sich auf alle vier Felder der Fallvorstellung beziehen.

Phase 3 – Austausch unter den Beratenden (ca. 15 Minuten)

Jetzt sind die Beratenden dran. Der Fallgeber setzt sich mit dem Rücken zur Gruppe und hört zu, lässt es wirken und macht sich gegebenenfalls Notizen. Es ist wichtig, dass der Fallgeber nur zuhört und keinen weiteren Input oder Kommentare äußert.

Die Beratenden tauschen sich untereinander zum Fall aus. Je nach Fragestellung und methodischem Kenntnisstand der Beratenden kann sich der Austausch unterschiedlich gestalten. Bezogen auf die Fragestellung gilt es, zu schauen, welche Art der Beratung für den Fallgebenden hilfreich sein könnte, was für ihn klärend, anregend oder erkenntnisreich sein könnte. Hier ein paar Beispiele:

- **Hypothesen entwickeln** in Bezug auf das Geschehen oder auf das Verhalten von am Fall Beteiligten. Beispielsweise: Was könnte das Verhalten erklären? Wie könnte sich der Fallgebende außerdem verhalten?
- **Resonanzrunde:** Welche Emotionen und damit verbundenen Reaktionen löst der beschriebene Fall aus? Was würden Sie empfinden, wenn Sie in der Rolle wären?
- **Tipps und Empfehlungen:** Wenn die Beratenden ein Rezept ausstellen würden, was würden Sie empfehlen? Welche Tipps haben Ihnen vielleicht schon mal geholfen?
- **Act Storming:** Was könnte der Fallgebende zum anstehenden Gespräch beitragen? Auf welche Formulierungen ist zu achten? Was muss betont werden?

Eigene Erfahrungswerte und Empfindungen können dabei einfließen. Kurz vor dem Ende der Beratungszeit ist es entscheidend, noch mal auf die Fragestellung des Fallgebers zu schauen und konkret zu werden für die Präsentation des Ergebnisses.

Phase 4 – Vorstellung der Beratungsergebnisse (ca. 5 Minuten)

Der Fallgeber dreht sich zu der Gruppe um und ihm werden die Lösungsideen/Empfehlungen/Emotionen der Beratenden vorgestellt, je nachdem wie diese ihren Austausch gestaltet haben.

Phase 5 – Reflexion (ca. 10 Minuten)

Der Fallgeber bedankt sich bei den Beratenden. Er reflektiert den Prozess und erläutert seine Erkenntnisse und Eindrücke bezogen auf sein Anliegen. Er gibt preis, welche Lösungsidee er gegebenenfalls umsetzt oder welche neuen Erkenntnisse bei ihm durch den Austausch der Beratenden entstanden sind.

Die Beratenden reflektieren noch mal, welchen Nutzen der Austausch hatte und welche Erkenntnisse sie daraus ziehen.

Wenn eine Dokumentation (auf einem Flipchart oder in anderer Form) stattgefunden hat, wird diese dem Fallgeber zum Abschluss überreicht.

Die Zeiten für alle Phasen sind bewusst knapp bemessen. Die Konzentration soll auf dem Wesentlichen liegen. Es soll auch nicht die „einzige richtige Lösung" gefunden werden. Durch den Austausch in dieser offenen Form profitieren alle Teilnehmenden für ihren Arbeitsalltag.

Vorgehen

Je nachdem, zu welchem Zeitpunkt Sie diese Methode in Ihrem Seminar einsetzen, kann sich das Vorgehen unterschiedlich gestalten. Erfahrungsgemäß eignet sich diese Methode für den Einsatz am zweiten Tag oder sogar in einem späteren aufbauenden Training.

Stellen Sie die Methode der kollegialen Fallberatung vor und starten Sie mit dem Sammeln von Fällen der Teilnehmenden aus ihrem Arbeitsalltag, zu denen diese gern Austausch, andere Ideen oder Lösungsimpulse haben möchten. Die Fälle können sich auch auf zurückliegende Ereignisse beziehen oder auf einen zukünftigen Anlass oder Termin. Lassen Sie anschließend die Teilnehmenden abstimmen, welche Fälle bearbeitet werden.

Zwei Umsetzungsvarianten

Je nach Aufbau Ihres Seminars kann nur ein Fall exemplarisch bearbeitet werden oder wahlweise mehrere, falls die zeitlichen Möglichkeiten bestehen. Die Bearbeitung der Fallbeispiele kann entweder in starker Begleitung durch den Trainer erfolgen oder bei entsprechender Gruppenstärke in Gruppen. Sie können dann auch je nach Gruppengröße zwei Fälle parallel bearbeiten lassen. Jede Gruppe sollte jedoch aus mindestens sechs Personen bestehen.

Nachdem die Übung umgesetzt wurde, sollten Sie im Plenum noch einen Austausch zur Methode anleiten. Fragestellungen für die Reflexion können sein:

- Wie haben Sie den methodischen Ansatz empfunden?
- Können Sie sich vorstellen, einen derartigen Austausch in Ihrem Unternehmen zu verankern?
- Wie haben Sie sich als fallgebende Person dabei gefühlt, nur zuhören zu dürfen?
- Welchen Mehrwert ziehen Sie als beratende Person aus dem Prozess und aus der Vorgehensweise?

Intro-Vorschlag zu Variante 1

„Sie alle kennen wahrscheinlich im beruflichen Kontext Situationen, bei denen Sie manchmal nicht wissen, wie Sie damit umgehen sollen. Was ein der Situation angemessenes adäquates Verhalten wäre. Wo Sie vielleicht auch noch im Nachhinein denken ‚Was hätte ich sonst noch tun können?' Bei diesen Situationen geht es darum, andere Perspektiven und Denkweisen zu erfahren. Oft gibt es hier auch nicht ‚das richtige Verhalten'. Ich möchte Ihnen dazu einen methodischen Ansatz vorstellen, mit dem Sie erlebte Si-

tuationen oder auch in der Zukunft liegende Ereignisse, zu denen Sie gern Handlungsimpulse hätten, reflektieren können. Beide Blickrichtungen sind möglich. Um mit Ihnen die Methode der kollegialen Fallberatung in das praktische Erleben zu bringen, wären Fälle geeignet, die nicht zu komplex sind. Ich nenne Ihnen hier mal Beispiele. (Nutzen Sie jetzt gerne eigene Beispiele oder die oben aufgeführten.) *Wer von Ihnen hätte einen Fall, den er gern hier besprechen würde? Ich schreibe die Fälle am Flipchart mit, dann stelle ich Ihnen die Methode vor und danach schauen wir, welchen Fall wir hier exemplarisch bearbeiten."*

Methodischer Hinweis

Die Gruppenkonstellation bestimmt Ihren Umgang mit der Gruppe. Handelt es sich um ein internes Seminar oder um eine offene Gruppe aus Einzelpersonen? Entsprechend wichtig ist hier, die Vertraulichkeit noch mal zu betonen. Es sollte für diese Übung generell auch ein wertschätzender Umgang in der Gruppe vorhanden sein. Wenn es um hierarchieübergreifende Themen geht, ist bei einem internen Teilnehmerkreis zu prüfen, welche Hierarchieebenen am Training teilnehmen. Kann es hier zu möglichen Konflikten kommen? Bei der ersten Durchführung sollten Sie als trainierende Person die Moderation des Prozesses übernehmen. Achten Sie darauf, dass Sie den Prozess laufen lassen oder ggf. nur über Fragestellungen steuern. Zu Ihrer Entlastung ist es immer hilfreich, noch eine Zeitwächterin und/oder einen Dokumentator zu bestimmen. Je nach Fallbeispiel können noch konkrete Umsetzungsschritte vereinbart werden. Achten Sie darauf, dass das ausgewählte Thema bzw. der Fall nicht zu komplex ist und auch keine grundlegenden organisatorisch nicht veränderbaren Aspekte beinhaltet.

Quelle

- Tietze, Kim-Oliver (2003): Kollegiale Beratung – Problemlösungen gemeinsam entwickeln. Reinbek bei Hamburg, Rowohlt-Taschenbuch.

Selbstregulation

Es ist von großer Bedeutung, ein Bewusstsein für unsere eigenen Emotionen zu entwickeln und zu verstehen, wie sie sich auf unser Erleben von Situationen auswirken. Darüber hinaus ist es wichtig, zu erkennen, welche Bedürfnisse hinter diesen Emotionen stehen. Das Erlernen von effektiven Techniken zum Umgang mit unseren Emotionen und die Fähigkeit, die wertvollen Botschaften, die Emotionen uns vermitteln, in unserem täglichen Leben sinnvoll zu nutzen, sind von entscheidender Bedeutung. Selbstregulation dient der Steuerung des eigenen Verhaltens, Denken und Fühlens, um uns den Erfordernissen der Situation anzupassen.

Das Gefühlsrad

Orientierung

Ziele

- Steigerung der Emotionalen Intelligenz
- Klarheit über die Bedeutung von Emotionen
- Verbesserung der emotionalen Steuerung

Zeit

- Je nach Variante 30-45 Minuten

Material

- Arbeitsblatt Gefühlsrad

Erläuterungen

Emotionale Intelligenz ist die Fähigkeit einer Person, ihre eigenen Emotionen und die Emotionen anderer Menschen zu erkennen, zu verstehen, zu regulieren und konstruktiv damit umzugehen. Sie spielt eine wichtige Rolle in zwischenmenschlichen Beziehungen, bei der Kommunikation und der Konfliktlösung und in Bezug auf den allgemeinen sozialen und beruflichen Erfolg. Umso wichtiger ist es, im Sinne der eigenen Resilienz, sich seiner Emotionen bewusst zu sein und Emotionen bei anderen erkennen zu können.

Der US-amerikanische Psychologe Daniel Goleman definiert Emotionale Intelligenz für sich als „die Intelligenz der Gefühle". *„Dazu gehören Fähigkeiten wie die, sich selbst zu motivieren und auch bei Enttäuschungen weiterzumachen; Impulse zu unterdrücken und Gratifikationen hinauszuschieben; die eigenen Stimmungen zu regulieren und zu verhindern, daß Trübsal einem die Denkfähigkeit raubt; sich in andere hineinzuversetzen und zu hoffen."* (Goleman, 1996, S. 54).

Paul Ekmann, US-amerikanischer Anthropologe und Psychologe, identifizierte sieben Basisemotionen, die kulturübergreifend auftreten. Diese Basisemotionen sind: Freude, Überraschung, Angst, Wut, Ekel, Trauer und Verachtung.

Die Auseinandersetzung mit und Differenzierung von eigenen empfundenen Emotionen ist hilfreich, um für sich in die Klarheit zu kommen. Mithilfe des Gefühlsrades können Situationen analysiert werden. Es kann uns in Verknüpfung mit einem Gefühlsprotokoll auch langfristig helfen, uns unserer tagtäglichen Emotionen bewusst zu werden. Es hilft uns, genauer hinzuschauen, welche Emotionen überwiegen und welche Situationen, Menschen oder Ereignisse welche Emotionen in uns auslösen.

Emotion	Trigger	Funktion
Freude	Wunscherfüllung, Bedürfnisbefriedigung	Lebendigkeit, Zukunftsmotivation
Überraschung	Unerwartetes	Informationsgewinnung, Orientierung herstellen
Angst	Bedrohung	Sicherheit erlangen
Wut	Werteverletzung, Zielhindernis, Bedürfnisverletzung	Werte klarstellen, Zielhindernis beseitigen
Ekel	Psycho-physische Verunreinigung	Distanzierung oder Beseitigung
Trauer	Verlust von Wertvollem	Rückgewinnung von Ressourcen
Verachtung	Unmoralische Handlung, mangelhafte Leistung	Überlegenheit wahren

Tabelle: Übersicht über die Trigger und Funktionen hinter den Emotionen aus der Mimikresonanz® von Dirk Eilert.

Das hier verwendete Gefühlsrad ist eine Kurzfassung, basierend auf den sieben Basisemotionen nach Paul Ekmann und in Anlehnung an das Gefühlsrad aus der Mimikresonanz® von Dirk Eilert. Die Intensität der jeweiligen gefühlten Emotion zeigt sich in der Wortwahl: eher schwächer im Innenkreis und zunehmend intensiver bis zum Außenkreis.

Variante 1: Analyse einer belastenden Situation

Die Teilnehmenden füllen für sich das Arbeitsblatt aus. Dort ist Platz für eine kurze Beschreibung der Situation, die analysiert werden soll. Anschließend werden verschiedene Fragen zur Situation beantwortet. Das Gefühlsrad gibt den Teilnehmenden eine Fülle von Wörtern an die Hand, um ihre Gefühle auszudrücken.

Fragen zur Situation:

- Wie geht/ging es mir in dem Moment?
- Welche Gefühlswörter beschreiben mein Empfinden am besten?
- Wie nehme ich mich selbst wahr?
- Welche Emotionen nehme ich an anderen wahr?
- Welche emotionsbeschreibenden Wörter wurden von anderen bzw. meinem Gegenüber genannt?
- Was bedeuten die wahrgenommenen Emotionen für die Gestaltung der Situation? Worauf ist zu achten?

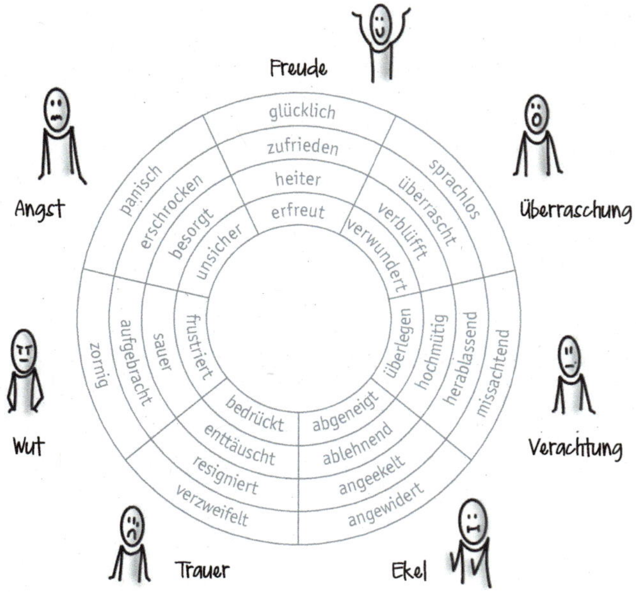

Download: Arbeitsblatt Gefühlsrad

Abb.: Das Gefühlsrad. Mithilfe der Bilder und Gefühlswörter können die Teilnehmenden tiefer in die eigene Gefühlswelt eintauchen

Hinter Emotionen stehen Bedürfnisse. Es ist hilfreich, sich dieser Bedürfnisse (vgl. Trigger in der Tabelle Seite 262) bewusst zu sein, um eine wertschätzende Kommunikation mit anderen und sich selbst zu gestalten.

Variante 2: Gefühlsprotokoll

Wenn wir für uns reflektieren möchten, welche Emotionen wir innerhalb eines Zeitraumes, z.B. einer Woche, haben, dann ist das Gefühlsprotokoll eine gute Hilfestellung. Es ermöglicht uns, in die Klarheit darüber zu kommen, was unser Emotionsmanagement ausmacht. Erleben wir eher negative Emotionen, überwiegen die positiven Emotionen oder halten sich beide die Waage?

Das Gefühlsprotokoll sollte über mindestens fünf Tage geführt werden. Ferner ist es sinnvoll, sich mehrmals am Tag Notizen zu machen. Hier ein Vorschlag für eine Protokollstruktur mit möglichen Einträgen:

Uhrzeit	Emotion	Gedanken	Situation
7 Uhr	zufrieden	Die Nacht durchgeschlafen und ich fühle mich ausgeruht	Am Frühstückstisch
9 Uhr	besorgt	Wie soll ich das bloß schaffen?	Start in den Arbeitstag, Durchsicht der Aufgabenvielfalt
11 Uhr	glücklich	Meine Arbeit kommt gut an. Die FK ist zufrieden.	Positive Rückmeldung zur Präsentation von der FK erhalten
13 Uhr	...	...	...
15 Uhr			
...			

Wenn wir über einen entsprechenden Zeitraum ein Gefühlsprotokoll erstellt haben, können wir dann prüfen, wie sich die eigene empfundene Realität darstellt. Es können mögliche Veränderungspotenziale identifiziert werden. Wir können eine Zufriedenheit entwickeln, immer abhängig vom Ergebnis des Protokolls.

Vorgehen

Stellen Sie kurz die Grundlagen zum Gefühlsrad vor und wie es eingesetzt werden kann. Steigen Sie anschließend in die Übung ein. Lassen Sie die Teilnehmenden in 3-4 Gruppen zusammen aktiv werden und eine Situation analysieren. Sie können aber auch jeden Teilnehmenden einzeln eine

Situation analysieren lassen. Stellen Sie nach der Durchführung auch noch mögliche andere Einsatzmöglichkeiten für die Methode vor.

Intro-Vorschlag

„Emotionen sind wichtige Botschafter für unser inneres Empfinden. Mit ihrer Hilfe können wir Situationen hinterfragen, um Impulse für Veränderungen zu erhalten und die wahren Bedürfnisse zu erkennen, bei uns selbst und bei anderen. So sorgen wir für eine verbesserte Kommunikation im Alltag. Um mit Ihnen tiefer einzusteigen, möchte ich Ihnen die sieben Basisemotionen vorstellen und welche Funktion hinter den Emotionen stehen. Mithilfe eines Arbeitsblattes und dem Gefühlsrad analysieren Sie in der Kleingruppe eine Situation aus Ihrem persönlichen Erleben." (Nutzen Sie die Inhalte unter dem Punkt „Erläuterungen" zur Einführung in das Thema.)

Methodische Hinweise

In Literatur und Praxis finden sich verschiedene Varianten und Ausführungen des Gefühlsrades.

Eine der bekanntesten ist das **Gefühlsrad von Robert Plutchik** oder auch „Kegel der Emotionen". Plutchik zufolge sind Emotionen durch natürliche Selektion entstanden und genetisch verankert. Er betrachtet Emotionen als komplexe Reaktionen auf Reize, die durch kognitive Einschätzungen ausgelöst werden. Diese Einschätzungen führen zu spezifischen Gefühlen, die wiederum Handlungen beeinflussen können.

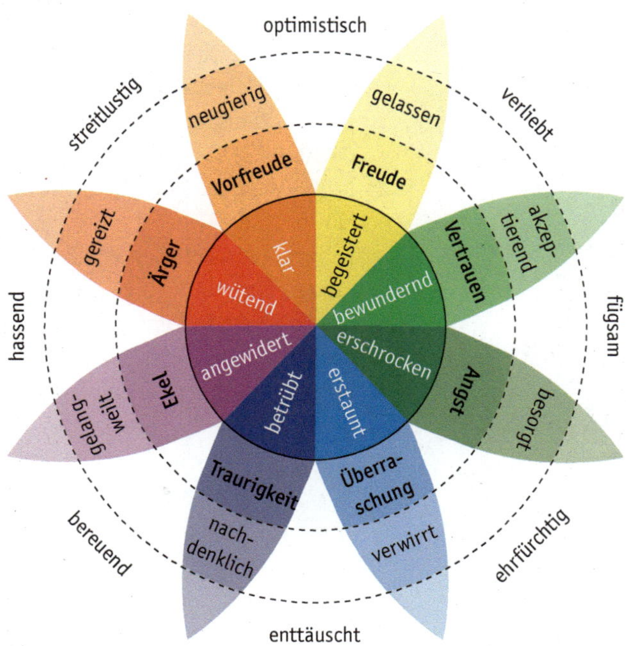

Abb.: Plutchiks Kegel der Emotionen

In seinem Modell benennt Plutchik insgesamt acht Grundemotionen: Freude, Vertrauen, Angst, Überraschung, Traurigkeit, Ekel, Ärger und Vorfreude. Laut ihm sind diese Grundemotionen die Basis für alle anderen Emotionen und können unterschiedliche Intensitäten haben. Sie sind in der Abbildung in einem radförmigen Diagramm angeordnet, wobei sich entgegengesetzte Emotionen gegenüberstehen, wie zum Beispiel Freude und Traurigkeit.
Zusätzlich zu den Grundemotionen gibt es auch sekundäre Emotionen (siehe außen zwischen den „Kegeln" in der Abbildung), die durch die Kombination von Grundemotionen entstehen können (z.B. Freude und

Vertrauen = Liebe). Diese Sekundäremotionen können auftreten, wenn ein Reiz gleichzeitig zwei unterschiedliche kognitive Einschätzungen auslöst. Jede Emotion hat auch eine Intensitätsskala (intensiv innen, schwächer nach außen hin), die die Bedeutung und den Umgang mit diesen Emotionen verdeutlicht.

Das „Feeling Wheel" oder auch **Gefühlsrad von Gloria Willcox** besteht aus einem inneren Kreis mit sechs Sektoren und zwei äußeren konzentrischen Kreisen. Die inneren sechs Sektoren beruhen auf sechs primären Gefühlen: wütend, traurig, ängstlich, freudig, kraftvoll und friedvoll. Die äußeren Kreise listen verschiedene sekundäre Gefühle, die mit den primären Gefühlen zusammenhängen. Auch in dieser Variante geht es darum, Gefühle zu erkennen und sie so „besprechbar" zu machen.

Die **„Emotion Wheel Icebreaker Vorlage"** von Anna Dvonirkova für die Remote-Zusammenarbeit von Teams auf dem Miro-Board ist ein weiterer Impuls für eine Einsatzmöglichkeit. Sie finden den Link zu dieser Vorlage bei den Quellen.

Quellen

- Emotion Wheel Icebreaker Vorlage: https://miro.com/de/templates/emotion-wheel-icebreaker/ (abgerufen am 10.10.2023) www.youtube.com/watch?v=LYLj6lsewFQ (abgerufen am 04.10.2023)
- https://transaktionsanalyse.online/das-gefuehlsrad/(abgerufen am 04.10.2023)
- https://lexikon.stangl.eu/35414/gottman-feeling-wheel (abgerufen am 10.10.2023)
- Willcox, Gloria (1982): The Feeling Wheel. In: TAJ Vol. 12, No. 4 (abgerufen am 04.10.2023)
- https://www.junfermann.de/_files_media/ejournals/10733.pdf (abgerufen am 04.10.2023)
- https://eilert-akademie.com/produkt/gefuehlsrad/ (abgerufen am 04.10.2023)

Körperübungen zur Stimmungsverbesserung

Orientierung

Ziele
- Entspannung bewusst herstellen
- Vorhandene Ressource des Körpers nutzen
- Kennenlernen der Zusammenhänge zwischen Körperhaltung und Stimmung

Zeit
- 30 Minuten

Material
- Ggf. Kartenset „Ich schaf(f) das!"

Erläuterungen

Embodiment ist ein Konzept in der Psychologie, das sich mit der Wechselwirkung zwischen Körper und Geist befasst. Dahinter steht die Idee, dass unsere körperliche Verfassung und Sinneswahrnehmungen einen erheblichen Einfluss auf unsere geistige und emotionale Verfassung haben. Diese Verbindung zwischen Körper und Geist spielt eine entscheidende Rolle bei der Stimmungsverbesserung.

Ein grundlegendes Prinzip des Embodiment ist, dass unsere Körperhaltung und -bewegung unsere Emotionen beeinflussen können. Dies ist als „Körper-Geist-Interaktion" bekannt. Zum Beispiel kann das einfache Aktivieren eines Lächelns, selbst wenn es anfänglich erzwungen wirkt, tatsächlich dazu führen, dass sich unsere Stimmung aufhellt. Dies liegt daran, dass unsere Körperhaltungen und -bewegungen bestimmte neurologische Prozesse auslösen, die die Freisetzung von Glückshormonen wie Endorphinen und Serotonin fördern. In der Umsetzung entfalten verschiedene Anwendungen eine Wirkung:

- Körperhaltung beeinflusst Emotionen.
- Bewegung setzt Glückshormone frei.
- Angenehme Sinnesreize heben die Stimmung.
- Achtsamkeit und Meditation beruhigen den Geist.
- Soziale Interaktionen wirken sich auf die Stimmung aus.
- Positive Selbstwahrnehmung fördert Selbstwertgefühl und emotionales Wohlbefinden.

Beispiele für Körperübungen

- **Übung 1: Kopf hoch und Brust raus**
Strecken Sie die Wirbelsäule und richten Sie sie gerade auf. So als ob Sie bei einer Marionette am Kopfmittelpunkt am Faden ziehen. Dadurch richtet sich der Körper auf, die Schultern gehen nach hinten und die Brust geht nach vorne. **Wirkung:** Durch die aufrechte Haltung können Sie besser atmen. Der Blick geht nach vorne und wir haben das Gefühl, präsenter zu sein.

- **Übung 2: Schüttel dich frei**
Stellen Sie sich breitbeinig hin und schütteln Sie alle Ihre Sorgen, Ängste und Nöte ab. Fangen Sie gerne beim rechten Arm an und gehen Sie dann Körperteil für Körperteil bewusst durch. **Wirkung:** Durch das Schütteln lockern sich die Verkrampfungen und Anspannungen im Körper. Die Bewegungen sorgen für Adrenalinabbau und helfen Ihnen auch gedanklich, wieder in die Bewegung zu kommen.

- **Übung 3: Schmetterlingsumarmung (Butterfly Hug)**
Legen Sie die Arme über Kreuz auf die Schultern und nehmen Sie sich selbst in den Arm. Tappen Sie dabei auch noch abwechselnd auf die Schultern. Das verstärkt zusätzlich die Beruhigung. **Wirkung:** Diese Form der Selbstberührung beruhigt und stabilisiert Sie emotional.

- **Übung 4: Lächeln**
Setzen Sie ganz bewusst ein Lächeln auf. Sie können dazu auch einen Bleistift zwischen die Zähne nehmen. Lächeln Sie sich vielleicht sogar selbst im Spiegel an. Sie sollten diesen Zustand mindestens 60 Sekunden halten. Diese Übung können Sie wunderbar kombinieren mit der Übung 1 „Kopf hoch und Brust raus“. **Wirkung:** Ihr Lächeln wird im Gehirn positiv bewertet und Neurotransmitter regen die Produktion von stimmungsaufhellenden Hormonen an. Aus dem gestellten Lächeln wird ein echtes Lächeln.

- **Übung 5: Kleine Kopfmassage**
Massieren Sie mit den Fingern sanft oder je nach eigenem Empfinden mit mehr oder weniger Druck Ihre Kopfhaut. Machen Sie dies langsam und genießen Sie die Berührung. Starten Sie bei der Stirn und den Schläfen und gehen Sie bis in den Nacken.

Wirkung: Die Kopfmassage regt die Durchblutung und Lymphfunktion an. Sie löst Verspannungen und sorgt für Wohlbefinden.

In den Quellen finden Sie noch die ein oder andere weitere Übung.

Vorgehen

Führen Sie kurz in die Hintergründe des methodischen Ansatzes ein und gehen Sie dann gleich in die Praxis über. Laden Sie Ihre Teilnehmenden ein, aktiv mitzumachen. Empfehlenswert ist es auch, kurz innezuhalten und die Empfindungen aus der Übung zu reflektieren.

Intro-Vorschlag

„Haben Sie schon mal darauf geachtet, wie Ihre Körperhaltung ist, wenn Sie sich schlecht fühlen? Oder wie Ihre Körperhaltung ist, wenn Sie glücklich sind? Ich möchte Ihnen dazu einen kleinen Comic zeigen:

Abb.: Embodiment

Was bedeutet dies für uns in Bezug auf unsere Emotionen? Unsere Emotionen werden sichtbar und spürbar durch unseren Körper. Wir sprechen hierbei vom Embodiment. Es geht darum, sich die Wechselwirkung zwischen Kopf und Körper bewusst zu machen und zu nutzen. Das bedeutet, dass wir uns durch Veränderung unserer Körperhaltung mental in einen besseren Zustand versetzen können. Lassen Sie uns daher diese Möglichkeiten nutzen und ein paar Übungen dazu ausprobieren.

Starten möchte ich mit Ihrem vielleicht zukünftigen Morgenritual: Kopf hoch und Brust raus. Stehen Sie doch bitte alle einmal auf und machen Sie diese Übung ganz praktisch mit. Richten Sie Ihren Oberkörper auf, indem Sie die Wirbelsäule strecken und heben Sie leicht Ihr Kinn an. Die Schulter leicht zurück, die Brust heraus. Spüren Sie jetzt mal in sich hinein. Was nehmen Sie wahr? In welchen Situationen aus Ihrem Alltag sind Sie in einer solchen Haltung?"

Methodischer Hinweis

Diese Übungen sorgen für Bewegung und eignen sich auch gut für den Einsatz nach den Pausen. Sie können auch später im Seminar noch weitere kleine Körperübungen einbringen.

Quellen

- www.youtube.com/watch?v=1eOTCsYtrQY&t=18s (abger. am 15.10.2023)
- https://dorsch.hogrefe.com/stichwort/embodiment (abgerufen am 15.10.2023)
- Croos-Müller, Claudia (2020): Ich schaf(f) das! Kartenset. München, Kösel Verlag.

Meine Hot Buttons

Orientierung

Ziele

- Kennen der eigenen Hot Buttons
- Strategien zum Schutz entwickeln
- Verbesserung der emotionalen Steuerung

Zeit

- 30-45 Minuten je nach Umsetzung

Material

- Arbeitsblatt oder Flipchart mit der Vorgehensweise

Erläuterungen

Ein Hot Button ist eine Art von Verhalten, auf das wir besonders emotional und oft übertrieben reagieren. Diese Reaktionen sind individuell und können dazu führen, dass wir in Konflikte geraten, ohne zu verstehen, warum wir so empfindlich reagieren. Es ist wichtig, zu erkennen, dass andere Menschen in der Regel unsere Hot Buttons nicht absichtlich drücken.

Beispiele für Hot Buttons sind vielfältig: Einige Menschen reagieren ungeduldig, wenn etwas aus ihrem Empfinden heraus zu langatmig beschrieben wird, während andere auf ausführlicheren Erklärungen bestehen. Manche fühlen sich unwohl bei distanziertem Verhalten, weil sie es als Misstrauen oder sogar Feindseligkeit interpretieren. Andere reagieren stark auf Ungerechtigkeiten oder Sticheleien, während einige solche Dinge leichter nehmen oder sogar übersehen.

Abb.: Hot Button

Hot Buttons entziehen uns die Kontrolle über unser Verhalten. Wir neigen dazu, die Schuld beim Gegenüber zu suchen und fühlen uns z.B. nicht gewürdigt oder nicht anerkannt. Unsere Reaktionen sind dann oft unbewusst und haben mehr mit unseren eigenen Gefühlen zu tun als mit dem Verhalten anderer.

Um Hot Buttons zu bewältigen, ist ein Perspektivwechsel hilfreich. Das bedeutet, sich in die Lage der anderen zu versetzen und alternative Erklärungen für ihr Verhalten zuzulassen. Dies kann zu einer positiveren Bewertung des Verhaltens führen, was wiederum zu angemesseneren Gefühlen und Reaktionen führt.

Es ist wichtig, zu erkennen, dass wir die Kontrolle über unser eigenes Verhalten haben, aber nicht über das Verhalten anderer. Durch das Verständnis unserer Hot Buttons und durch einen Perspektivwechsel können wir konstruktiver auf herausfordernde Situationen reagieren.

Beruhigung und zukünftiger Schutz

Wie kann nun eine schrittweise Beruhigung bzw. auch die Entwicklung eines zukünftigen Schutzes des Hot Buttons aussehen?

1. Identifikation des Hot Buttons

Wann haben Sie zuletzt übertrieben emotional auf etwas reagiert? Schauen Sie sich den Hot Button genauer an. Was ist konkret passiert? Welchen Satz oder welche Geste hat die Person Ihnen gegenüber gemacht? Welcher Wert wurde verletzt? Kennen Sie Ihre Reaktion noch aus anderen Situationen? Welche Emotion steigt in Ihnen hoch? Welche Empfindungen (hilflos, ausgeliefert, unter Druck gesetzt etc.) erleben Sie in der Situation?

Download: Umgang mit Hot Buttons

2. Perspektivwechsel vornehmen

Wenn Sie jetzt aus der sogenannten Metaebene auf das Ereignis schauen, wie sehen Sie sich? Wie nehmen Sie die andere Person wahr? Wie würde eine dritte Person die Szene beschreiben? Was könnte der Grund für das Verhalten der anderen Person sein? Was hat das Verhalten mit der anderen Person zu tun (und nicht mit Ihnen)? Was sagt das Verhalten über die Person aus?

3. Strategien im Umgang mit dem Hot Button entwickeln

Was könnten Strategien sein, damit diese Person Ihren Hot Button nicht drücken kann? Sprechen Sie vielleicht das Verhalten offen bei der Person an und erfahren Sie so mehr. Sollte es doch passieren, was wären angemessene Reaktionen in der Situation? Welchen Standardsatz können Sie für solche Fälle nutzen, um erst mal auf Distanz zu gehen?

4. Ausprobieren und Implementieren

Testen Sie verschiedene Ansätze für sich aus und prüfen Sie für sich, welcher Impuls Ihnen am besten hilft, in der Balance zu bleiben.

Vorgehen

Führen Sie kurz in die Übung ein und stellen Sie das Vorgehen vor.

Umsetzungsvariante 1

Die Teilnehmenden arbeiten an ihren persönlichen Hot Buttons und wer möchte, stellt am Ende seinen Hot Button und die Strategie zum Schutz vor.

Umsetzungsvariante 2

Um schnell in die Praxis und die Übung zu kommen, sammeln Sie mit den Teilnehmenden deren Trigger-Sätze. Jede Person schreibt einen Satz auf eine Moderationskarte. Anschließend werden wie im Kugellager ein Innenkreis und ein Außenkreis gebildet. Die Teilnehmenden stehen sich jetzt als Paare gegenüber. Die jeweilige Person im Innenkreis sagt ihren Satz und die Person im Außenkreis gibt eine Antwort dazu. Dann „rotieren" alle im Außenkreis einen Platz weiter. Hier können Sie je nach Zeitbudget beliebig viele Runden durchführen lassen. So erhält jede Person verschiedene Antwortstrategien zu ihrem Satz. Es kann dann noch jeder sagen, welche Antwort sein Favorit ist. Anschließend wird gewechselt und die andere Hälfte der Teilnehmenden bekommt Antworten zu ihren Sätzen. Diese Übung ist sehr dynamisch und lebendig.

Intro- Vorschlag

„Kennen Sie das auch? Da sagt eine Person etwas zu Ihnen und Sie sind in null Komma nichts auf 180. Manchmal reicht auch nur eine Geste oder Be-

wegung aus. Die meisten Menschen habe ihre individuellen ‚Hot Buttons'. Die Knöpfe, die andere oft unbewusst drücken und die bei einem selbst für heftige Reaktionen sorgen. Wenn es uns nicht gelingt, uns in solchen Situationen zu schützen, kann es kurz- oder langfristig zu Konflikten kommen. Es lohnt sich daher, sich mal die Zeit zu nehmen und die eigenen Hot Buttons zu identifizieren und Strategien für den Schutz des Hot Buttons zu entwickeln, damit wir zukünftig angemessen reagieren können."

Methodischer Hinweis

Je nach Gruppe können auch Ansätze von Methoden aus der Schlagfertigkeit verwendet werden. Sie helfen ggf. dabei, schneller in die Antwortfähigkeit zu kommen.

Selbstverantwortung

Selbstverantwortung im Sinne von Resilienz bedeutet die Fähigkeit und Bereitschaft, für sein eigenes Wohlbefinden, seine psychische Gesundheit und sein Leben insgesamt Verantwortung zu übernehmen. Selbstverantwortung beinhaltet die Anerkennung der eigenen Bedürfnisse, die Pflege von Selbstfürsorge und die Entwicklung von Bewältigungsstrategien. Selbstverantwortung ist ein wesentlicher Bestandteil der psychischen Widerstandsfähigkeit, da sie Menschen befähigt, aktiv auf Veränderungen und Schwierigkeiten zu reagieren, anstatt sich von ihnen überwältigen zu lassen.

Möhren der Verführung

Orientierung

Ziele

- Lernen, sich klarer abzugrenzen
- Für die eigenen Bedürfnisse einstehen
- Mehr Souveränität erlangen in Bezug aufs „Neinsagen"
- Die Fähigkeit entwickeln, Verführung und Manipulation zu erkennen und widerstehen zu können

Zeit

- 30 Minuten

Material

- Mehrere Bund Möhren
- Lebensmittelstift zur Beschriftung der Möhren
- Wahlweise ein Arbeitsblatt mit Möhrenbildern

Erläuterungen

Wer kennt nicht aus seinem persönlichen oder beruflichen Alltag die Frage: „Kannst Du mal …" Es geht um Situationen, in denen sich andere

Unterstützung von uns wünschen. Oft sind es aber genau diese kleinen Hilfestellungen, die uns die Konzentration auf für uns wichtige Aufgaben kosten. Aus verschiedensten Gründen sagen wir dann „Ja" anstatt „Nein". Selbst wenn es uns gelingt, „Nein" zu sagen, kommt ein Nachsatz vom Gegenüber wie z.B.: „Aber nur Du kannst das so gut machen." Schon fühlen wir uns geschmeichelt und erfüllen selbstverständlich den Wunsch. Was in Konsequenz bedeuten kann, dass wir eigene Aufgaben liegen lassen oder uns genervt und gestresst fühlen, da alles zu viel ist. Es geht dabei um die unterschiedlichsten Arten der Verführung und Manipulation, die unser Handeln beeinflussen. Sicherlich kennen Sie das Esel-Möhren-Prinzip aus der Motivationstheorie: Ein Esel bekommt eine Möhre vorgehängt und trabt hinterher, bekommt die Möhre aber nie zu fassen. Wo lassen wir uns durch Außeneinflüsse im Sinne des Vorhaltens einer Möhre verführen? Was passiert, wenn wir nicht „Ja" sagen, sondern „Nein"? Werden wir als egoistisch wahrgenommen? Für ein klares, bewusstes „Nein" lohnt es sich, sich der Manipulationsfallen bewusst zu werden. Einige Beispiele zur Verdeutlichung:

- Die **moralische Verpflichtung**, die sich oft subtil manifestiert, kann aus unserem familiären Umfeld oder von Personen, die wir als Autoritäten betrachten, stammen. Oft entsteht das Gefühl, dass wir dieser Verpflichtung nicht entkommen können. Wir verspüren Druck und beginnen uns schuldig zu fühlen oder haben das Gefühl, jemanden im Stich zu lassen. „Das liegt in deiner Verantwortung, das ist deine Pflicht. Das gehört sich so, das ist Familientradition."

Abb.: Möhre der moralischen Verpflichtung

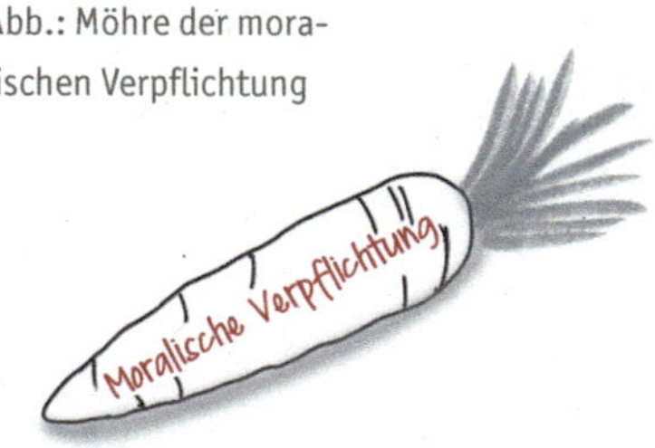

- Die **Druckmittel der Zugehörigkeit**: „Du musst unbedingt dabei sein, was denken sonst die anderen von dir? Bist du vielleicht feige?", „Wenn du nicht mitmachst, wirst du ausgeschlossen!" Diese Art von Druck begegnet uns oft in Gruppen, insbesondere in Cliquen. Besonders für Jugendliche kann es eine große Herausforderung sein, sich diesem Zwang zu widersetzen und die Angst vor Ausgrenzung zu überwinden. Denken wir hierbei auch an den Resilienzfaktor Netzwerkorientierung. Überprüfen Sie, welche Qualität Ihr Netzwerk hat. Wo erlebe ich Zugehörigkeit als stützenden und wertvollen Faktor und nicht in Form von Druck?

- Die **„Nur-du-Möhre"**: „Niemand hat deine Fähigkeiten. Ohne deine Hilfe wird es schwierig. Dein Beitrag ist so wichtig, weil ich weiß, dass ich auf dich zählen kann. Wenn du nicht einspringst, wird es problematisch ..." In dieser Situation wird Lob als Mittel eingesetzt, um Zustimmung zu gewinnen, und schafft somit eine Abhängigkeit von der Anerkennung und Bestätigung anderer. Lob kann ein starkes

Werkzeug sein, um Menschen zu motivieren und ihr Selbstwertgefühl zu stärken. Es ist jedoch wichtig, die Balance zwischen authentischem Lob und der Verwendung von Lob als Druckmittel oder Manipulationsinstrument zu erkennen. In diesem Fall wird das Lob verwendet, um eine Person dazu zu bringen, eine bestimmte Handlung auszuführen, die sie möglicherweise nicht tun möchte. Das kann zu einer ungesunden Abhängigkeit von der Anerkennung anderer führen, da die Person das Gefühl hat, nur dann wertvoll oder geschätzt zu sein, wenn sie bestimmte Aufgaben erfüllt.

Vorgehen Laden Sie bei dieser Übung zum Fantasieren ein. Stellen Sie sich vor, Sie wären in Ihrer Küche und die Verführung liegt in der Form einer Möhre vor Ihnen. Gehen Sie nun die folgenden Schritte durch:

1. **Vorbereitung:** Stellen Sie sich vor, Sie legen die Möhre auf Ihr Schneidebrett und ein Schälmesser dazu. Im Seminar beschriften Sie dann die Möhre mit einem Lebensmittelstift mit dem Namen einer Verführung.

2. **Selbstreflexion:** Beginnen Sie die Übung, indem Sie über die Idee nachdenken, dass die Möhren auf dem Teller eine Form von Verführung oder Manipulation darstellen. Denken Sie daran, dass diese Übung symbolisch ist und auf die Alltagssituationen übertragbar ist, in denen Sie möglicherweise verführt oder manipuliert werden könnten.

3. **Analogie erstellen:** Betrachten Sie die Möhren als die „Verführung" oder „Manipulation" in Ihrem Leben. Stellen Sie sich vor, dass sie auf eine Weise dargeboten werden, die Sie verleiten möchte.

4. **Widerstehen:** Nehmen Sie symbolisch ein Messer und beginnen Sie, eine der Möhren zu schälen. Während Sie dies tun, denken Sie darüber nach, wie Sie in der Lage sind, die äußere Schicht der Verführung oder Manipulation zu durchdringen, um die wahre Natur der Situation zu erkennen.

5. **Reflexion:** Nachdem Sie die Möhre geschält haben, betrachten Sie die Ergebnisse. Beachten Sie, wie die äußere Schicht die wahre Natur der Möhre verdeckt hat, ähnlich wie Verführung oder Manipulation in der Realität die Wahrheit verschleiern können. Schauen Sie, ob Ihr „Ja" zu einer Bitte oder Anfrage für Sie ein ehrliches „Ja" ist oder ob es ein „Ja" ist, um Konflikte und Ärger zu vermeiden. Denken Sie immer daran, dass Sie dafür einen Preis zahlen.

6. **Übertragung auf das Leben:** Denken Sie darüber nach, wie Sie diese Fähigkeit, die äußere Schicht zu durchdringen, auf Ihr tägliches Leben

übertragen können. Wie können Sie bessere Entscheidungen treffen und Manipulationsversuchen widerstehen? Handeln Sie authentisch auf Basis Ihrer eigenen Grenzen und Bedürfnisse. Sagen Sie bewusst „Ja“ oder „Nein“ und kommunizieren Sie dieses entsprechend.

7. **Wiederholung:** Wiederholen Sie diesen Prozess mit den verbleibenden Möhren auf dem Teller und versuchen Sie, neue Erkenntnisse und Einsichten zu gewinnen.

Diese Übung soll symbolisch die Fähigkeit stärken, Verführung und Manipulation zu erkennen und ihnen widerstehen zu können. Denken Sie daran, dass es sich um eine metaphorische Übung handelt, die auf reale Situationen in Ihrem Leben angewendet werden kann, in denen Sie Ihre Resilienz gegenüber Manipulation stärken möchten. Achten Sie künftig darauf, welche „Möhre“ Sie annehmen bzw. in welche Sie reinbeißen.

Intro-Vorschlag

„Ich habe für jeden von Ihnen ein Bund Möhren mitgebracht. Sicherlich denken Sie sich jetzt ‚Okay, was soll das bedeuten?‘. Kennen Sie das Esel-Möhren-Prinzip aus der Motivationstheorie? Der Esel bekommt eine Möhre vorgehängt und trabt hinterher, bekommt die Möhre aber nie zu fassen.
In diesem Fall sprechen wir von Manipulation. Wir bekommen in unserem Leben oft verschiedene ‚Möhren‘ vorgehalten, die uns manipulieren und die uns dazu verführen, statt ‚Nein‘ dann doch aus verschiedensten Gründen ‚Ja‘ zu sagen. Ich möchte mit Ihnen diese Möhren genauer ansehen und ‚sezieren‘, sodass Sie sich in Zukunft vor dieser Manipulation schützen können. An einem Beispiel, der ‚Nur-du-Möhre‘ stelle ich Ihnen das Vorgehen vor und nehme Sie mit auf eine Fantasiereise.“ (Nutzen Sie die obigen Ausführungen zur Umsetzung.)

Methodische Hinweise

Die Art der Umsetzung der Übung können Sie vielfältig gestalten, was auch von Ihren jeweiligen Möglichkeiten abhängt. Geben Sie beispielsweise ein Live-Online Seminar, können Sie Ihre Teilnehmenden vorab ein Bund Möhren kaufen lassen und in der Session in die Küche schicken und tatsächlich das Küchenwerkzeug holen lassen, wie oben bei der Fantasiereise beschrieben. Sie können aber auch Lebensmittelstifte nutzen und die Möhren ganz individuell beschriften lassen. Den Abschluss kann ein Austausch im Plenum darüber bilden, welche Möhren die Teilnehmenden für sich erkannt haben. Jeder stellt dann eine seiner Möhren vor. Die Metapher mit der Möhre bleibt bei den Teilnehmenden gut in Erinnerung und schützt somit langfristig vor den Manipulationen des Alltags.

Download: Vorlage Möhren der Verführung

Statt der echten Möhren können die Teilnehmenden auch ein Arbeitsblatt mit Abbildungen von Möhren beschriften. Diese Variante verzichtet auf die haptische Komponente und die Übung wird weniger stark im Gedächtnis verankert. Dafür ist sie aber je nach Setting einfacher umzusetzen.

Quelle

- Die Übung ist angelehnt an einen Newsletter-Artikel von Beate Wiemann, wo Sie ihr Titel „Möhre ohne Anspruch" gegeben hat: https://dranbleiben.coach/

Meine vielen „Selbsts" im Sinne der Selbstverantwortung

Orientierung

Ziele

- Bewusstmachen und Reflexion der verschiedenen Anteile des Selbst
- Freude am Wortspiel „Selbst" und positive Verankerung
- „Sich selbst" in den Mittelpunkt stellen

Zeit

- 30 Minuten

Material

- Arbeitsblatt, Flipchart oder PowerPoint-Folie mit den Fragen oder mit den Begrifflichkeiten, je nach Umsetzungsvariante
- Moderationskarten

Erläuterungen

Das Präfix „Selbst-" wird in der deutschen Sprache oft verwendet, um den Fokus auf die persönliche Verantwortung, Handlungsfähigkeit und Selbstachtung in verschiedenen Lebensbereichen zu betonen. Die folgende Übung lädt dazu ein, sich intensiv damit auseinanderzusetzen. Gleichzeitig zeigen Sie damit die verschiedenen Aspekte der Selbstverantwortung auf.

Hier finden Sie eine kurze Auflistung von Begriffen und deren Definition, ohne Anspruch auf Vollständigkeit:

Selbstbewusstsein: Sich selbst und seine Bedürfnisse gut zu kennen, sowohl physisch als auch emotional, und sich der eigenen Stärken und Schwächen bewusst zu sein.

Selbstvertrauen: Das Vertrauen in die eigenen Fähigkeiten, Urteile und Entscheidungen. Es ist ein wichtiger Aspekt des Selbstbewusstseins.

Selbstreflexion: Die Fähigkeit, regelmäßig über das eigene Verhalten und die eigenen Entscheidungen nachzudenken, um persönliches Wachstum und positive Veränderungen zu fördern.

Selbstkontrolle: Die Fähigkeit, Impulse zu beherrschen und bewusste Entscheidungen zu treffen, anstatt impulsiv zu handeln.

Selbstakzeptanz: Die Bereitschaft, sich selbst ohne Urteile oder Vorbehalte anzunehmen und zu lieben, unabhängig von Makeln oder Unterschieden.

Selbstmotivation: Die Fähigkeit, sich selbst zu motivieren und langfristige Ziele zu setzen, um persönliche Erfolge zu erreichen.

Selbstlenkung: Aktiv Verantwortung für sein Handeln und seine Entscheidungen zu übernehmen, anstatt die Schuld auf andere oder äußere Umstände zu schieben.

Selbstdisziplin: Selbstdisziplin bezieht sich auf die Fähigkeit, sich selbst zu organisieren und langfristige Ziele zu verfolgen, selbst wenn dies mit Anstrengung und Verzicht verbunden ist.

Selbstpflege: Die Priorisierung von physischer und psychischer Gesundheit durch gesunde Lebensgewohnheiten, Achtsamkeit und Stressbewältigung.

Selbstinitiative (Eigeninitiative): Die Bereitschaft, proaktiv nach Lösungen zu suchen und Herausforderungen anzugehen, anstatt passiv zu bleiben oder auf Rettung von außen zu hoffen.

Downloads: Begriffliste „Selbst" mit Platz für eigene Definitionen oder mit Reflexionsfragen

Selbstverantwortung: Man ist der Gestalter seines eigenen Lebens und lässt sich nicht nur von äußeren Einflüssen treiben. Selbstverantwortung ist ein Schlüssel zur persönlichen Entwicklung, zur Überwindung von Schwierigkeiten und zur Erreichung von Zielen.

Zwei Umsetzungsvarianten

Es gibt zwei Umsetzungsvarianten. Für die erste benötigen Sie ein Arbeitsblatt, auf dem die Begrifflichkeiten stehen. Lassen Sie die Teilnehmenden die Definitionen dazu selbst erarbeiten, um so später im Plenum in den Austausch dazu zu gehen bzw. die Bedeutung für die eigene Resilienzentwicklung herauszustellen.

In der zweiten Variante geben Sie die Definitionen vor und die Teilnehmenden reflektieren unter verschiedenen Fragestellungen die Bedeutung der Begriffe in Bezug auf die eigene Resilienzentwicklung und die Umsetzungsgestaltung im Alltag. Dadurch binden Sie immer wieder die Handlungsebene mit ein.

Abb.: Beispielfragen zum Selbstbewusstsein in Variante 2

Vorgehen

Sammeln Sie mit den Teilnehmenden im Plenum verschiedene Begriffe mit der Vorsilbe „Selbst-" und ergänzen Sie, falls wichtige Aspekte fehlen. Teilen Sie die Begrifflichkeiten auf drei oder vier Arbeitsgruppen auf. Jede Gruppe erarbeitet die Definitionen und deren Bedeutung in Bezug auf Resilienz. Anschließend erfolgt die Vorstellung im Plenum und es wird gemeinsam ein Fazit aus der Übung gezogen.

Intro-Vorschlag

„Wir haben bei den sieben Resilienzfaktoren einen ganz wichtigen Faktor dabei: die Selbstverantwortung. Doch welche Aspekte zählen dazu? Ich möchte mit Ihnen im Sinne eines Wortspiels sammeln, welche Begriffe Sie kennen, die in Zusammenhang mit Ihnen stehen und die mit der Vorsilbe „Selbst-" beginnen. Ich schreibe die Begriffe hier mit und Sie erarbeiten danach die Definitionen der Begriffe und deren Zusammenhang in Bezug auf Resilienz."

Methodischer Hinweis

Im Fokus steht die Auseinandersetzung mit den verschiedenen Aspekten in Bezug auf die Selbstverantwortung. Es geht nicht um Vollständigkeit, sondern um die Reflexion und auch die Differenzierung der Begrifflichkeiten zur Stärkung des eigenen Selbst und damit der Verantwortungsübernahme.

Denkstress abbauen – „Stop Overthinking“

Orientierung

Ziele
- Erkennen, dass Gedankenschleifen blockieren
- Eigene Gedankenschleifen loslassen lernen
- Hintergründe von „Overthinking“ kennen

Zeit
- 20 Minuten

Material
- Ggf. ein STOP-Schild zur Visualisierungsverstärkung
- Flipchart zum Mitschreiben der Methoden

Erläuterungen

Unsere aktuellen Herausforderungen und Belastungen sorgen dafür, dass viele Menschen über viele verschiedene Aktualitäten und deren Auswirkungen auf ihr Leben nachdenken. Ein analysierendes Nachdenken in Richtung Lösung ist positiv. Wenn das Nachdenken aber in nicht endendes Grübeln umschlägt, dafür sorgt, dass wir nicht mehr in die Umsetzung kommen, und uns vielleicht sogar unseren Schlaf raubt, dann wird es kritisch. Hierbei sprechen wir dann auch vom sogenannten „Overthinking“.

Vorgehen

Erläutern Sie, was Overthinking bedeutet, was die Ursachen dafür sind und welche Risiken es birgt. Stellen Sie im Anschluss je nach Zeit und eigenem Kenntnisstand verschiedene Impulse zur Unterbrechung des Grübelns vor. Laden Sie die Teilnehmenden zum Schluss zum aktiven Mitmachen bei den Übungen ein.

Hintergründe zu Overthinking

Intro-Vorschlag

„Wer von Ihnen kennt es nicht, dass Sie abends nicht einschlafen können, weil Ihnen noch 1000 Gedanken durch den Kopf gehen oder Sie mitten in der Nacht wach werden, weil Sie sich Sorgen machen? Sie haben das Gefühl, dass Sie nicht aus dem Gedankenkarussell aussteigen können. Je nachdem, wie intensiv Ihr Gedankenkarussell ist, können Sie mit verschiedenen Methoden der Aufmerksamkeitslenkung aussteigen. Doch bevor ich Ihnen einige davon vorstelle, möchte ich mit Ihnen ein wenig tiefer in das Thema einsteigen. Worüber sprechen wir, wenn wir von Overthinking sprechen und worin liegen die Gefahren für uns? Was macht den Unterschied zwischen Selbstreflexion und

Abb.: Overthinking

Overthinking aus? Was passiert nachts, wenn wir plötzlich wach werden und warum sind wir dann weniger optimistisch?"

Definition von Overthinking

Overthinking, auch als Grübeln oder Überdenken bekannt, beschreibt einen Zustand, in dem sich eine Person in Gedanken intensiv und zwanghaft mit einer bestimmten Situation oder einem Problem auseinandersetzt. Diese Denkweise erweist sich oft als wenig produktiv und kann eine Reihe von negativen Konsequenzen nach sich ziehen, darunter Stress, Angst, Schlafprobleme und eine generelle Beeinträchtigung des mentalen Wohlbefindens.

Merkmale von Overthinking

- Das Denken gerät außer Kontrolle.
- Es ist das Gegenteil von Problemlösung und führt zu endlosem Nachdenken ohne Fortschritt.
- Ständiges Infragestellen bereits getroffener Entscheidungen („Vielleicht wäre es doch besser gewesen, wenn ...", „Vielleicht hätte ich doch ...")
- Innere Ambivalenz und quälende Gedanken
- Versuch, Gedanken anderer Menschen zu lesen oder die Zukunft vorherzusagen

Ursachen von Overthinking

- **Angst und Unsicherheit:** Die Angst vor negativen Folgen oder Unsicherheit treibt Menschen dazu, vermehrt über Situationen nachzudenken.
- **Perfektionismus:** Perfektionisten tendieren dazu, alles bis ins Detail zu analysieren, um Perfektion zu erreichen.
- **Vergangenheitstraumata:** Traumatische Erfahrungen führen oft zu anhaltendem Grübeln über die Vergangenheit und Sorgen über die Zukunft.
- **Entscheidungsangst:** Schwierigkeiten bei der Entscheidungsfindung führen zu übermäßigem Nachdenken über Optionen.
- **Stress und Druck:** Hohe Anforderungen und verschiedenste Arten von Druck in den unterschiedlichen Lebensbereichen.
- **Keine ausreichende emotionale Regulation:** Schwierigkeiten bei der Kontrolle von Emotionen führen oft zu übermäßigem Denken.
- **Negative Selbstgespräche:** Selbstzweifel und negative Gedanken fördern das endlose Grübeln über Fehler und Mängel.
- **Informationsüberflutung:** Die Überfülle an Informationen in der modernen Welt kann überfordern.
- **Kognitive Veranlagung:** Einige Menschen denken von Natur aus intensiver über Dinge nach.

Herausforderung des nächtlichen Grübelns

Nächtliches Grübeln und Schlafprobleme sind weit verbreitet und belastend. Hintergrund ist, dass etwa gegen 03:00 Uhr nachts die Körpertemperatur heruntergefahren wird und die Produktion des Schlafhormons Melatonin steigt. Parallel dazu sinken unsere Cortisol- und Serotoninwerte. Uns fehlt somit die Anti-Stress-Wirkung des Cortisols sowie das Glückshormon Serotonin. Die Hormonbalance, die wir für den Schlaf benötigen, gerät durcheinander und wir wachen auf. In dieser Phase findet, basierend auf dem Hormondurcheinander, eine verzerrte Wahrnehmung der Welt statt, die als „depressive kognitive Triade" beschrieben wird, bestehend aus einem negativen Selbstbild, einem negativen Weltbild und einer negativen Sicht auf die Zukunft. Sie sehen sich selbst und Ihre Stärken kritischer, fühlen sich von den Herausforderungen überfordert und blicken dadurch negativer in die Zukunft. Wichtig ist es, sich bewusst zu sein, dass es der hormonelle Status ist, der Ihre Welt düsterer macht. Stoppen Sie diese Gedanken und sagen Sie sich beispielsweise den Satz: „STOPP! Nicht jetzt, morgen ist die Zeit dafür." So sorgen Sie für eine Unterbrechung und bleiben nicht in dem Gedankenkarussell gefangen. Sie können auch aufstehen und sich Notizen dazu machen, was Ihre nächsten Schritte in Richtung konkreter Lösungen sind, um dann wieder besser einzuschlafen. Weiterführende Informationen finden Sie auch noch im Netz unter „Wolfsstunde", wie die Schlafforscher diese nächtliche Zeitspanne nennen.

Fazit: Die Ursachen von Overthinking variieren von Person zu Person und können eine Kombination dieser Faktoren beinhalten. Das Erkennen der individuellen Ursachen ist der erste Schritt zur Bewältigung dieses Verhaltens.

Selbstreflexion vs. Overthinking

Overthinking ist ein destruktives Denkmuster, bei dem intensives, quälendes Grübeln zu keiner Lösung führt. Es unterscheidet sich deutlich von gesunder Selbstreflexion, die auf Erkenntnisgewinn abzielt.

Overthinking	Selbstreflexion
▸ Nachdenken über Dinge, die außerhalb der eigenen Kontrolle liegen ▸ Blockiert das Vorankommen ▸ Erzeugt negative Emotionen ▸ Bringt weder die Situation noch die Persönlichkeit voran	▸ Hat den Erkenntnisgewinn zum Ziel ▸ Positiver Lerneffekt

Erste Hilfe gegen Overthinking

Im Umgang mit Overthinking gibt es verschiedenste Lösungsansätze. Hier ein paar Beispiele:

- **Trennen Sie Gedanken von Realität:** Erkennen Sie, dass Gedanken nicht immer der Wahrheit entsprechen. Überlegungen können oft irreführend sein. Die Unterscheidung zwischen Gedanken und Fakten hilft, Overthinking zu stoppen.

- **Sprechen Sie mit anderen:** Suchen Sie Gesprächspartner in der Familie, unter Freunden oder Kollegen. Dialoge helfen, Gedanken zu strukturieren und verschiedene Perspektiven einzubeziehen, um sich auf Lösungen zu konzentrieren.

- **Schreiben Sie die Gedanken auf:** Das Festhalten Ihrer Gedanken auf Papier hilft Ihnen, sie loszulassen und sie besser zu strukturieren. Es ermöglicht Ihnen, aus einer weniger befangenen Perspektive auf sie zu schauen, anstatt in Ihrem eigenen Kopf gefangen zu sein.

- **Entkräften Sie das Worst-Case-Szenario:** Erwägen Sie, wie wahrscheinlich und schlimm das schlimmste Szenario tatsächlich ist. Fragen Sie sich, ob diese Gedanken wirklich dazu beitragen, Ihr Problem zu lösen. Nutzen Sie solche Fragen, um Ihre Sorgen und Ängste zu hinterfragen und zu schwächen.

- **Stärken Sie Ihr Selbstbewusstsein:** Ein starkes Selbstbewusstsein bremst Overthinking, da Sie weniger unsicher sind und sich weniger um Kleinigkeiten sorgen. Selbstvertrauen bringt innere Ruhe.

- **5-Minuten-Fokus der Wahrnehmung:** Konzentrieren Sie sich 5 Minuten lang auf alles, was Sie mit Ihren Sinnen wahrnehmen können. „Was kann ich hören? Was kann ich sehen? Was kann ich riechen? Was kann ich schmecken? Was fühle ich gerade?" Atmen Sie dabei tief ein und aus.

- **Nutzen Sie einen Gedanken-Stopp:** Üben Sie, Overthinking zu unterbrechen, indem Sie laut „Stopp!" sagen, wenn Sie sich zu lange in Gedanken verlieren. Dies hilft, sich aus dem Gedankenkarussell zu befreien.

In Situationen, in denen Grübeln schon zur Gewohnheit geworden ist, eignen sich oft Strategien, die uns ablenken und unsere Aufmerksamkeit auf andere Aspekte ausrichten.

Intro-Vorschlag

„Nun möchte ich Sie einladen eine erste Übung zu machen, den ‚Gedanken-Stopp'.

***Schritt 1:** Nehmen Sie den negativen Gedanken wahr, den Sie haben.*

***Schritt 2:** Sagen Sie innerlich ‚Stopp!'. Verstärken Sie die Aussage, indem Sie sich ein großes Stoppschild vorstellen. Verändern Sie parallel Ihre Körperhaltung. Stellen Sie sich aufrecht hin und strecken Sie die Arme, so als ob Sie jemanden stoppen wollen.*

***Schritt 3:** Distanzieren Sie sich von dem Gedanken, indem Sie den Gedanken hinterfragen: ‚Ist es ‚real' was ich denke?' Atmen Sie dabei tief ein und aus. Fokussieren Sie sich auf mögliche Lösungsansätze: ‚Wo habe ich Einfluss und wie kann ich für die Umsetzung sorgen?'"*

Methodische Hinweise

Sie entscheiden, wie viel Zeit Sie investieren wollen und wie viele Übungen Sie vorstellen. Eine Empfehlung wäre, die Übungen am Flipchart mitzuschreiben und zwei bis drei davon praktisch auszuprobieren.

Eine tiefergreifende Bearbeitung der Thematik kann durch Emotionscoaching oder Therapie erfolgen. Es gilt, den Schritt aus der Komfortzone zu wagen und klarer hinzuschauen, welche Emotionen hochkommen und welche Bedürfnisse verletzt wurden, um wieder in die Aktivität und zur Lösung zu kommen.

Quellen

- https://www.die-inkognito-philosophin.de/blog/gedankenkarussell (abgerufen am 17.09.2023)
- https://www.ardalpha.de/wissen/psychologie/gruebeln-stoppen-gruebelzwang-gedankenkarussell-gedanken-nachdenken-100.html (abgerufen am 19.09.2023)
- www.youtube.com/watch?v=M2qBCjrNNMs (abgerufen am 17.09.2023)
- Adams, Tony J. (2023): Wie man aufhört, zu viel nachzudenken. Kindle-Ausgabe. Nova Mundo Publishing.

Netzwerkorientierung

Die Bedeutung von Netzwerken sowohl beruflich wie auch privat ist vielfältig.

- **Beruflich** ermöglichen Netzwerke den Austausch von Informationen, Kontakten und Ressourcen. Neue Jobmöglichkeiten, Geschäftschancen oder berufliche Unterstützung können gefunden werden. Netzwerke können auch dazu beitragen, den eigenen Ruf zu verbessern und die Karriere voranzutreiben.

- **Privat** dienen Netzwerke dem Aufbau und der Pflege sozialer Beziehungen. Sie ermöglichen den Austausch von Unterstützung, Rat, Wissen und Freundschaft. Netzwerke können dabei helfen, sich mit anderen Menschen zu verbinden, ein Gefühl der Zugehörigkeit zu entwickeln und soziale Isolation zu verhindern.

In der Resilienzforschung wird betont, dass ein gut ausgebautes und unterstützendes soziales Netzwerk eine zentrale Ressource für die psychische Widerstandsfähigkeit darstellt. Dadurch wird die Belastung, die von äußeren Stressoren ausgeht, abgefedert und die individuelle Widerstandsfähigkeit gestärkt. Durch den Austausch mit anderen können neue Perspektiven und Lösungsansätze eröffnet werden.

Bei den folgenden Übungen geht es um die Entwicklung von Netzwerken und um deren Qualität im Sinne des Nehmens und Gebens. Dies kann manchmal auch bedeuten, Personen, Organisationen oder ganze Netzwerke zu verlassen, die dem eigenen Wohlbefinden nicht guttun. Gerade die technologischen Entwicklungen im Sinne von virtuellen Verknüpfungen stellen hier neue Herausforderungen dar.

Netzwerk-Radar-Sichtung

Orientierung

Ziele
- Betrachtung der verschiedenen Lebensnetzwerke
- Überprüfung der Qualitäten im Netzwerk anhand verschiedener Kriterien
- Qualitative Weiterentwicklung und Ausbau des eigenen Netzwerkes

Zeit
- 90 Minuten

Material
- Arbeitsblatt mit Visualisierung und den Erläuterungen
- Flipchart, Pinnwand oder PowerPoint für die Erläuterungen der Übung
- Stift und evtl. Klebezettel oder z.B. ModPeople von Neuland

Erläuterungen

Bei dieser Übung steht vor allem die Qualität des eigenen Netzwerkes in Bezug auf Vorhandensein und Art der Ressourcen im Netzwerk im Vordergrund. Gerade in Situationen, in denen wir Unterstützung benötigen, ist es gut zu wissen, wer die Menschen um uns herum sind und wie sie agieren und uns unterstützen können. Es bedeutet aber auch, Zeit in Netzwerke zu geben, denn nur, wenn wir diese pflegen, erhalten wir den erforderlichen Support. Manchmal muss man sich aber auch von Netzwerken verabschieden, da sie einem nicht guttun oder der Aufwand nicht im Verhältnis zum Nutzen steht. Das klingt sehr hart, doch es lohnt sich, mal genauer hinzuschauen und gut für das eigene Fallnetz zu sorgen. Ziel dieser Übung ist es, zu erkennen, was das eigene Netzwerk auszeichnet, welche Bezugspersonen eine Ressource darstellen und welche Form der Unterstützung dies für die Teilnehmenden bedeutet.

Vorgehen

Stellen Sie zuerst die Bedeutung von sozialen und beruflichen Netzwerken in Bezug auf die psychische Gesundheit dar. Sie können mit einem vorgefertigten Arbeitsblatt arbeiten oder die Teilnehmenden am Flipchart die nachstehende Zeichnung (siehe Folgeseite) anfertigen lassen.

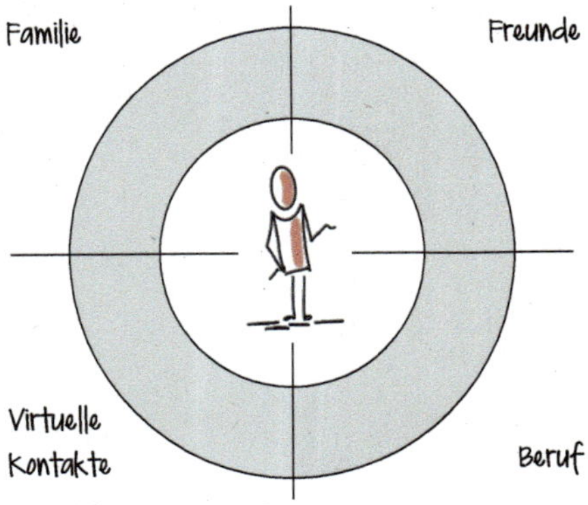

Im ersten Schritt werden die für die Teilnehmenden wichtigsten Kontakte in den jeweiligen Quadranten des Netzwerk-Radars gesammelt. Sie können direkt eingezeichnet oder z.B. auf Klebezetteln angeheftet werden. Hierbei kann mithilfe der Kreise bereits in Bezug auf Nähe bzw. Distanz zu den Kontakten differenziert werden. Sollte der Kontakt zu einer Person oder Organisation in mehreren Bereichen stattfinden, kann der Zettel bzw. die Einzeichnung gern gedoppelt werden.

Download: Vorlage Netzwerk-Radar-Sichtung

Zur Reflexion sind folgende Fragen geeignet:

- Wie ist das Verhältnis, bezogen auf Nähe bzw. Distanz? Zeichnen Sie entsprechend dazu den **Abstand** zur Person größer oder kleiner ein.
- Welche Intensität hat die Beziehung? Verwenden Sie je nach Intensität ein bis drei **Pluszeichen**, um es deutlich zu machen.
- Welcher Kontakt zieht Ihnen Energie? Verwenden Sie je nach Intensität ein bis drei **Minuszeichen** zur Definition.

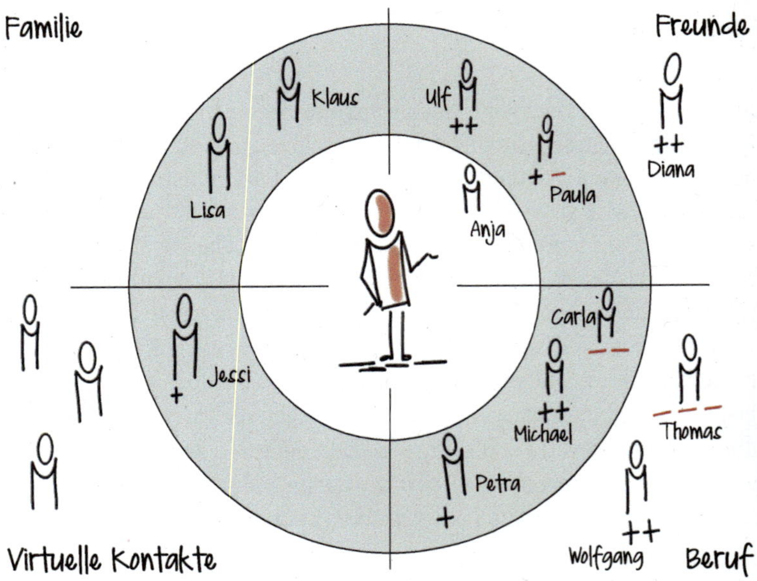

Abb.: Bearbeitungsbeispiel Netzwerk-Radar-Sichtung

Nun schauen wir uns nach der ersten Einschätzung die Personen – in unserem Muster z.B. Paula – genauer an. Dazu erstellen wir ein „Beziehungskonto“ mit verschiedenen Kategorien (siehe Tabelle rechts).

Paula 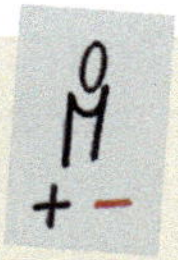

Ressourcen	Energiefresser	Veränderung
- humorvoll - kreativ - nimmt sich Zeit	- benötigt Zeit - kommt nicht auf den Punkt - sprunghaft	- Paula im Austausch die eigene Wahrnehmung spiegeln - die Ressourcenaspekte bewusster nutzen

Tabelle: Beziehungskonto

Entsprechend der Kategorien wird dann jede einzelne Person genauer betrachtet. Auf Basis dieser Auswertung kann anschließend eine Entscheidung getroffen werden, ob ich vielleicht mit einer Person mehr auf Distanz gehen möchte oder den Kontakt intensivieren will. Wie sich das anfühlt, kann durch das Verschieben der Figuren (Klebezettel) auf dem Papier ausprobiert werden. Falls die Figuren eingezeichnet wurden, dürfen die Teilnehmenden das Papier auch gern zerschneiden und die Personen auf einem anderen Blatt neu anordnen.

Zum Abschluss bietet es sich an, die Übung mit den folgenden Fragen zu reflektieren:

- Was hat sich durch die Übung verändert?
- Was ist Ihnen klar geworden?
- Wo werden Sie aktiv Veränderungen vornehmen und welche werden es sein?
- Was braucht es vielleicht noch an neuen Kontakten im Netzwerk?

Intro-Vorschlag

„Haben Sie sich schon mal Gedanken über Ihre Beziehungsnetzwerke gemacht? In Situationen, in denen wir uns nicht wohlfühlen, an unsere Grenzen stoßen und auf verschiedenste Weise Unterstützung benötigen, ist es entscheidend, zu wissen, wer für uns ein wichtiger Ansprechpartner ist. Aber auch generell unter dem Aspekt Bindung und Zugehörigkeit ist es wichtig, zu wissen, wo und wie wir verortet sind. Studien haben gezeigt, dass emotionale Unterstützung, soziale Interaktion und Integration wesentlich dazu beitragen, Stress zu bewältigen, das allgemeine Wohlbefinden zu verbessern und ein Gefühl der Zugehörigkeit und des Unterstütztseins zu schaffen. Denken wir noch mal an die Kauai-Studie, bei der genau dieser Aspekt ein wichtiger Faktor für die Entwicklung der Kinder war. Es geht dabei um das Bindungsbedürfnis, das menschliche Bedürfnis nach emotionaler Nähe,

Sicherheit und Geborgenheit. Es geht um das Verlangen nach stabilen und unterstützenden Beziehungen zu anderen Menschen. Vielen ist gar nicht bewusst, dass in unserer Gesellschaft Vereinsamung weit verbreitet ist. Ursachen sind beispielsweise die Zunahme von Ein-Personen-Haushalten, hohe Mobilität, sowie die Nutzung moderner Technologien, die vermehrt zu virtueller anstelle von persönlicher Kommunikation führt. Lassen Sie uns daher etwas für Ihre Gesundheit tun und Ihr Netzwerk näher betrachten. Dazu stelle ich Ihnen die Methode ‚Netzwerk-Radar-Sichtung' und die Vorgehensweise kurz vor. Sie haben dann 20 Minuten Zeit, für sich eine erste Betrachtung Ihres Netzwerkes vorzunehmen. Nach der Einzelarbeit tauschen wir uns im Plenum dazu aus. Gehen Sie nicht davon aus, dass Sie in der zur Verfügung stehenden Zeit alles bis in die Tiefe bearbeitet bekommen. Fokussieren Sie sich daher auf die für Sie wichtigsten Personen. Haben Sie noch Fragen? Dann wünsche ich Ihnen viel Freude bei der Umsetzung."

Methodische Hinweise

Eine Variante für die Erstellung des Beziehungskontos kann die Differenzierung nach unterschiedlichen Funktionen von sozialer Unterstützung sein. Hierbei wird unterschieden nach emotionaler, instrumenteller sowie informationeller Unterstützung. In der nebenstehenden Tabelle finden Sie eine kurze Darstellung der unterschiedlichen Aspekte.

Bei Anwendung dieser Kategorien auf die Kontakte der Teilnehmenden können folgende Fragen genutzt werden:

- Welche Unterstützungsleistung kann ich von wem erwarten?
- Wer wäre meine Ansprechperson für die jeweiligen Themen?
- Wer kann mich emotional auffangen?
- Welche Kompetenz oder Funktion hat die Person, wenn es um die informationelle Unterstützung geht?
- Wer unterstützt mich praktisch und instrumentell in meinem Alltag?

Die Analyse kann generell bezogen auf eine Person durchgeführt werden. Es ist aber auch möglich, diese Auswertung auf die jeweilige belastende Situation als Ganzes anzuwenden. Für die Teilnehmenden kann das gegebenenfalls einfacher umzusetzen sein. Hierbei kann auch eine zurückliegende Belastungssituation nochmals reflektiert werden.

Quellen

- https://www.neuland.com/collections/moderationskarten-stick-it/products/modpeople-stick-it-150-blatt-6-farbig-sortiert (abgerufen am 29.06.2023)
- https://leitbegriffe.bzga.de/alphabetisches-verzeichnis/soziale-unterstuetzung/ (abgerufen am 30.06.2023)

Funktion von sozialer Unterstützung	Beispiele	Möglicher Nutzen
Emotionale Unterstützung	▸ Diskussion von Gefühlen ▸ Gespräche über Sorgen/Ängste ▸ Bestätigung von Sympathie und Zuneigung ▸ Akzeptieren einer Person	▸ Verringert die wahrgenommene Bedrohlichkeit kritischer Lebensereignisse ▸ Stärkt das Selbstbewusstsein ▸ Verbesserung von Bewältigungsstrategien
Instrumentelle Unterstützung	▸ Verfügbarkeit von Geld/Haushaltsgütern/Werkzeug/Transport ▸ Hilfe bei der Kinderbetreuung ▸ Unterstützung im Haushalt	▸ Trägt zur Lösung praktischer Probleme bei ▸ Erlaubt mehr Zeit für Erholung ▸ Unterstützt weitere Bewältigungsstrategien
Informationelle Unterstützung	▸ Information über Ressourcen ▸ Vorschlag von alternativen und effektiven Handlungsstrategien	▸ Steigert den Anteil verfügbarer nützlicher Informationen ▸ Verbessert die Erreichbarkeit erforderlicher Unterstützung ▸ Ermöglicht eine effektive Bewältigung
Freundschaftliche Unterstützung	▸ Partner für gemeinsame Aktivitäten (Sport, Theater, Kino, Partys, Reisen etc.)	▸ Positiver Affekt ▸ Entlastung und Erholung von Pflichten und Anforderungen ▸ Positive Ablenkung
Bestätigung (Feedback, soziale Vergleiche)	▸ Bietet Orientierung an Normen und Werten ▸ Feedback zum individuellen Status im Vergleich zur jeweiligen Population	▸ Verringert die subjektive Wahrnehmung eigener Abweichung ▸ Steigert Akzeptanz eigener Einstellungen und Gefühle ▸ Bietet die Möglichkeit vorteilhafter Vergleiche (Selbstwert)

Tabelle: Unterschiedliche Funktionen von sozialer Unterstützung nach Wills & Shinar (2000) Quelle: https://leitbegriffe.bzga.de/alphabetisches-verzeichnis/soziale-unterstuetzung/ (abgerufen am 30.06.2023)

- https://lir-mainz.de/2020-resilienzfoerderung-soziale-unterstuetzung (abgerufen am 30.06.2023)
- Amann, Ella Gabriele; Egger, Anna (2019): Micro-Inputs Resilienz. 2. Auflage. Bonn, managerSeminare.

Berufliche Vernetzungs- und Kommunikationsmatrix

Orientierung

Ziele

- Sichtbarkeit der Häufigkeit von Kontakten im Team und an den Schnittstellen
- Förderung des Kontaktes im Miteinander
- Verbesserung des Wohlfühlfaktors im Miteinander

Zeit

- 50 Minuten

Material

- Arbeitsblatt mit Visualisierung und den Erläuterungen
- Post-its, Kärtchen oder ModPeople, Stick-It von Neuland
- Feedback-Karten

Erläuterungen

Gerade im beruflichen Umfeld hat in der letzten Zeit eine starke Veränderung in Bezug auf persönliche Kontakte stattgefunden. Immer wieder höre ich in Präsenzveranstaltungen „Schön, dass wir uns mal persönlich kennenlernen". Im Besonderem kennen sich gerade Mitarbeitende, die neu in einem Unternehmen starten, oft nicht mehr untereinander. Die Tendenz zum Homeoffice und das Arbeiten in internationalen Kontexten führt ferner dazu, dass sich Kollegen und Kolleginnen zwar namentlich kennen, doch noch nie gesehen oder persönlich ein Wort miteinander gesprochen haben.

Hintergrund dieser Übung ist es, das Miteinander zu stärken und bewusst das Zugehen auf Kolleginnen und Kollegen zu fördern. Fachlich können Sie auf die verschiedenen Studien des Markt- und Meinungsforschungsinstituts Gallup zu den Themen Zusammenarbeit, Kommunikation und Gesundheit verweisen. Die wichtigste Langzeitstudie, die seit 2001 erstellt wird, ermittelt jährlich anhand von zwölf Fragen zum Arbeitsplatz und -umfeld (Q12®) den sogenannten Engagement Index für Deutschland. Die Studie zeigt den Grad der emotionalen Bindung von Mitarbeitenden in Unternehmen und deren Engagement und Motivation bei der Arbeit auf. Der Engagement Index bezieht sich auf das durch die Führungskraft positiv geprägte Arbeitsumfeld. Gerade der Faktor der emotionalen Bindung hat sich in den letzten Jahren extrem verschlechtert, was die Wechselbereitschaft der Mitarbeitenden fördert. Sicherlich ein Zeichen unserer Zeit, wenn wir an die aktuell vielfältigen Belastungen wie Pandemie, Krieg, Klimawandel und vieles mehr denken. Der Wechsel des Arbeitsplatzes wird gerade auch unter dem Aspekt des sich zuspitzenden Arbeitskräftemangels einfacher. Umso wichtiger ist es, eine Atmosphäre des Vertrauens zu schaffen und ein gutes Zusammenspiel im Team zu gestalten.

Intro-Vorschlag

„Die meisten von Ihnen verbringen in der Woche viel Zeit bei der Arbeit. Umso wichtiger ist es, in einem guten Kontakt miteinander zu sein. Wir sprechen hier auch vom sogenannten Wohlfühlfaktor, der viel Einfluss auf unsere Gesundheit nimmt. Mit der Übung, zu der ich Sie einlade, möchte ich Ihre Sensibilität im Umgang miteinander schärfen und aktiv für eine Verbesserung der Kommunikation sorgen. Abschließend werde ich bzw. werden Sie die Übung mit einem ‚Endooxad-Kick' für sich durchführen. Was das ist? Lassen Sie sich überraschen."

Vorgehen

In der Analyse des beruflichen Netzwerkes werden die Namen der Personen, die einem nahestehen bzw. mit denen man in Kontakt ist, auf einem Klebezettel oder auf einem Arbeitsblatt notiert. Je nach der eigenen Funktion und Aufgabe im Unternehmen können dies mehr oder weniger Personen sein.

Im zweiten Schritt geht es um die **Kommunikationshäufigkeit** und um den **Wohlfühlfaktor** im Umgang miteinander. Vergeben Sie bei der Kommunikationshäufigkeit 1-3 Punkte: 1 steht für wenig Kontakt und 3 für regelmäßigen und häufigen Kontakt mit der betreffenden Person. Beim Wohlfühlfaktor steht die 1 für eher neutral und die 3 für eine angenehme Atmosphäre im Austausch.

Um später den Kommunikationsindex zu berechnen, findet vorher noch eine dritte Bewertung statt, und zwar die der **Qualität** der Kommunikation, die besonders wichtig für das Umsetzen von Aufgaben sowie für die Arbeitsatmosphäre im Team ist. Die Qualität bewerten Sie auf einer Skala von 1 (niedrig) bis 3 (hoch). Was ist unter Qualtität der Kommunikation zu verstehen? Hier geht es um die inhaltliche Wertigkeit des Gespräches. Konnte ich aufgrund des Gespräches meine Ziele erreichen oder Aufgaben qualifizierter bewältigen? Habe ich etwas über die Person und ihre Arbeitsweise erfahren, was unsere Zusammenarbeit langfristig fördert? Kennzeichen einer guten Kommunikation sind Transparenz, Vertrauen und Offenheit für andere Meinungen. Es geht um eine wertschätzende Grundhaltung, Fragekompetenz und die Fähigkeit des aktiven Zuhörens.

Download: Vernetzungs- und Kommunikationsmatrix

Zum Schluss erfolgt die Indexberechnung der Kommunikation. Die Formel für die drei Faktoren lautet:

(Häufigkeit + Wohlfühlfaktor) x **Qualität** = Kommunikationsindex

Um es nachvollziehbar zu machen, kommt hier ein Beispiel:

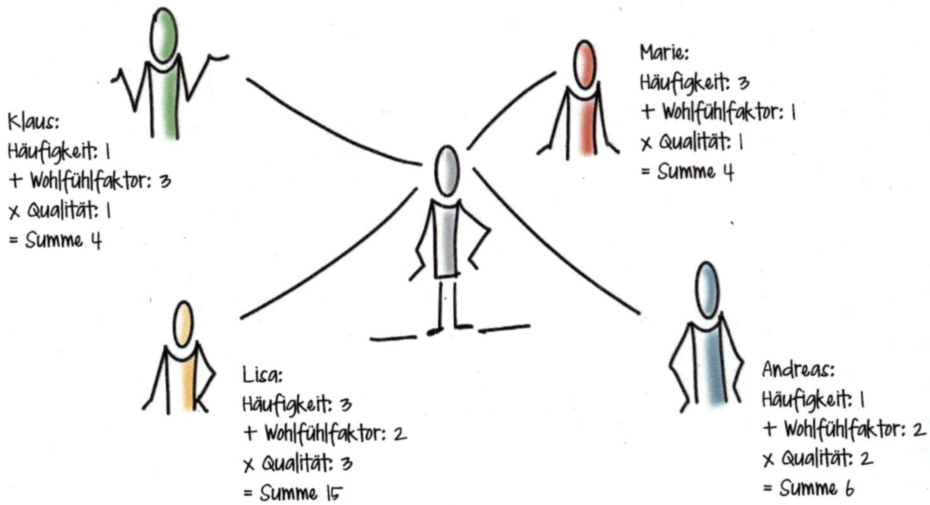

Abb.: Beispiel Vernetzungs- und Kommunikationsmatrix

Für den nächsten Reflexionsschritt zur Veränderung der Vernetzungs- und Kommunikationsmatrix sind folgende Fragen hilfreich:

- Bei welchem Kontakt möchte ich etwas verändern?
- Wie sähe für mich eine sinnvolle Veränderung aus?
- Was genau möchte ich in unserer Zusammenarbeit verändern?
- Wofür schätze ich die Person?
- Wie drücke ich Wertschätzung aus?
- Was sorgt für mich für einen Wohlfühlmoment im Kontakt?
- Wie gestalte ich die Veränderung?
- Was wäre ein guter Moment, Anlass oder Kontext, um für Veränderung zu sorgen?
- Wie spreche ich das Thema an?
- Wann will ich starten?

Geben Sie den Teilnehmenden, nachdem Sie die Fragen vorgestellt haben, noch einmal Zeit, sich zu überlegen, bei welchem Kontakt sie aktiv werden wollen und was der nächste konkrete Schritt sein wird.

Die Übung wird damit abgerundet, dass jeder persönliches Feedback gibt und auch erhält. Das bedeutet, für jeden Teilnehmenden sind mindestens zwei Feedback-Karten im Postkartenformat vorbereitet.

Download: Feedback-Karten

Jeder Teilnehmer bekommt zwei Karten und schreibt oben unter dem Punkt „Feedback für:" seinen Namen. Anschließend werden die Karten eingesammelt und jeder zieht aus dem Stapel zwei Feedback-Karten. Sollte der eigene Namen gezogen werden, wandert diese Karte zurück in den Stapel und es wird eine neue Karte gezogen. Auf beiden gezogenen Karten sollten verschiedene Namen notiert sein. Nun haben die Teilnehmenden Zeit, aufzuschreiben, was sie an der Person schätzen, für die sie Feedback geben. Ein Beispiel kann sein „Humorvoll, klare verständliche und zielgerichtete Kommunikation, immer verlässlich in den Terminen, hilfsbereit wenn Fragen aufkommen". Am Ende wird die Karte noch unter dem Punkt „von:" vom Verfasser unterschrieben. Haben alle Teilnehmenden ihre Karten vollständig ausgefüllt, bitten Sie alle, aufzustehen. Nun sucht sich jeder seine zwei Personen, für die er das Feedback geschrieben hat. Die Inhalte auf den Karten sollen im persönlichen Gespräch genannt und dann die Karte überreicht werden. So hat jeder nach der Übung zwei Karten mit einem Feedback. Ist mal eine Person im Gespräch und eine teilnehmende Person hat gerade kein Gegenüber, so bitten Sie die Person, auf die anderen zu achten. Sie soll beobachten, was sie wahrnimmt, wenn die Karten vorgelesen und überreicht werden.

Nachdem alle Karten überreicht wurden, machen Sie noch kurz eine Feedback-Runde. Gern kann das in lockerer Atmosphäre im Stehen erfolgen. Die Fragestellungen dazu können lauten:

- Wie haben Sie den Feedback-Prozess empfunden?
- Was war für Sie unerwartet oder überraschend?
- Wie einfach oder schwierig war es, Feedback zu geben oder zu erhalten?
- Was haben Sie wahrgenommen, wenn Sie Zeit zur Beobachtung hatten?
- Können Sie sich vorstellen, diese Übung in Ihrer Abteilung/in Ihrem Team durchzuführen?

Zum Schluss lösen Sie noch auf, was Sie mit dem **Endooxad**-Kick meinten. Dieser steht für die ausgesprochene Wertschätzung, die sich die Teilnehmenden entgegengebracht haben und bedeutet:

Erhöhung des Wohlbefindens = **En**dorphin-Ausschüttung
Verbesserung der Konzentration = **Do**pamin-Ausschüttung
Stärkung der Beziehung = **Ox**ytocin-Ausschüttung
Steigerung der Leistungskraft = **Ad**renalin-Ausschüttung

Methodische Hinweise

Je nach Teilnehmerkreis sollte die Übung am späten ersten Tag oder nach der Mittagspause am zweiten Tag durchgeführt werden. So haben sich die Teilnehmenden, die sich vermutlich vorher noch nicht kannten, schon ein wenig im Kontakt in den Übungen kennengelernt, was wichtig ist für das Feedback. Diese Übung ist besonders wertvoll und es ist den Teilnehmenden die Freude anzusehen, wenn sie ihre Karten überreicht bekommen. Oft ergeben sich daraus neue Gespräche und es erfolgt eine Stärkung des eigenen Selbstbewusstseins und der Zusammenarbeit. Es fällt den Teilnehmenden danach leichter, aufeinander zuzugehen und den Austausch zu suchen.

Sie können hier auch noch eine dritte Feedback-Karte verteilen. Diese Karte kann dann beispielsweise für eine Person aus der Matrixaufgabe ausgefüllt werden. So können die Teilnehmenden gleich im Seminar ihre Kontakte verbessern und in Aktion treten.

Aus der Praxis erhalte ich immer wieder Rückmeldungen, dass Mitarbeitende nach Jahren noch ihre Feedback-Karte am Schreibtisch aufbewahren. Oft kommen gerade auch Führungskräfte nach der Übung auf mich zu und fragen, ob ich ihnen den Bogen zur Erstellung der Feedback-Karten zusenden kann. Ein Zeichen, dass diese Übung eine große Wirkung hat.

Quellen

- Die Grundidee für die Übung gab der Online-Impuls von Dr. Anne Katrin Matyssek aus dem BGM-Booster 2022.
- https://www.gallup.com/de/472028/bericht-zum-engagement-index-deutschland.aspx?thank-you-report-form=1 (abgerufen am 03.07.2023)

Freude im Miteinander mit der ABC-Methode

Orientierung

Ziele
- Mehr Kreativität im Miteinander
- Lockerheit im Training steigern

Zeit
- 20 Minuten

Material
- Flipchart und Moderationsstifte

Erläuterungen

Die ABC-Liste wurde von Vera Birkenbihl, einer anerkannten Sachbuchautorin und Managementtrainerin, entwickelt. Es handelt sich dabei um ein Denk- und Kreativitätswerkzeug, welches für alle Bereiche des Lebens eingesetzt werden kann. Diese Methode bringt Leichtigkeit in die Seminare und kann schnell vorbereitet werden. Ein weiterer Vorteil ist, dass sie sowohl in Präsenz als auch in Online-Trainings genutzt werden kann. Wie wirkt die ABC-Methode? Durch das Wandern der Augen über das Alphabet, auf der Suche nach Assoziationen zu jedem Buchstaben, fallen unserem Gehirn automatisch Begrifflichkeiten ein. Das Wissen wird dabei aus dem Unterbewusstsein in das Bewusstsein transportiert.

Vorgehen

Bereiten Sie drei Flipcharts folgendermaßen vor: Schreiben Sie an den linken Rand von oben nach unten das Alphabet von A bis Z. Dann stellen Sie Ihre Frage zur Thematik Netzwerkorientierung vor. Hier ein paar Vorschläge:

- Was macht mir Freude im Kontakt mit Freunden oder Arbeitskollegen?
- Was sorgt für ein positives Miteinander?
- Welche Eigenschaften sollten Menschen haben, mit denen ich mich wohlfühle?
- In welchen Situationen habe ich mein Netzwerk als hilfreich empfunden?
- Für welche Hilfestellungen aus meinem Netzwerk bin ich dankbar?
- Wann gehe ich aktiv auf andere Menschen zu? Was muss gegeben sein?
- Womit kann ich Menschen in meinem Umfeld eine Freude machen? Womit mache ich es bereits?

Entsprechend der Fragestellung werden jetzt in Kleingruppen Antworten zu jedem Buchstaben gesucht. Es dürfen auch Buchstaben ausgelassen werden oder der Buchstabe darf sich bei schwierigen Fällen auch im Wort befinden. Je nachdem, wie Sie es gestalten und wie viel Zeit Sie geben, können auch für jeden Buchstaben mehrere Antworten notiert werden. Hier könnte je nach Fragestellung das Ziel sein „Wer die meisten Antworten gefunden hat, gewinnt". Es muss bei der Suche nach den Begrifflichkeiten nicht alphabetisch vorgegangen werden. Im Gegenteil, so wie die Assoziationen kommen, so ist es am sinnvollsten.

Intro-Vorschlag

„Wer hat von Ihnen schon mal von der ABC-Methode gehört? Einige kennen sie als Lern- und Merktechnik, insbesondere beim Erlernen von Sprachen. Doch sie eignet sich hervorragend auch für andere Lebensfragen. Heute möchte ich auf diese kreative und gehirngerechte Art und Weise mit Ihnen den Faktor der Netzwerkorientierung beleuchten. Dazu habe ich Ihnen drei Flipcharts mit verschiedenen Fragestellungen vorbereitet. Sie sollen in Bezug auf die Fragestellung zu jedem Buchstaben eine Idee entwickeln. Sie brauchen nicht der Reihe nach vorzugehen, sondern können entsprechend Ihrer Assoziationen springen.

Ich gebe Ihnen hier mal ein Beispiel für die Fragestellung: In welchen Situationen habe ich mein Netzwerk als hilfreich empfunden? Hier könnte eine mögliche Antwort für den Buchstaben D z.B. die ‚Doktorarbeit' sein. Oder vielleicht bei B ‚Besprechungsvorbereitungen'. Gibt es von Ihrer Seite noch Fragen dazu? Dann stellen Sie sich jetzt zu dem Flipchart, mit dessen Fragestellung Sie gern arbeiten möchten. Verteilen Sie sich möglichst gleichmäßig auf drei Fragen. Für die Umsetzung der Übung haben Sie 10 Minuten Zeit. Danach schauen wir uns die Ergebnisse im Plenum gemeinsam an. Ich wünsche Ihnen viel Spaß dabei."

Methodischer Hinweis

Aus Erfahrung dauert die Bearbeitung der Liste zwischen 10 und 15 Minuten. Die Gruppen entwickeln häufig den Ehrgeiz, alle Buchstaben mit einer Begrifflichkeit zu füllen. Diese Übung eignet sich für die Nachmittagsstunden, in denen weniger Energie vorhanden ist.

Quellen

- https://www.birkenbihl.com/birkenbihl-denkt-de/ (abgerufen am 04.07.2023)
- https://akademie-fuer-lernmethoden.de/lernmethoden/birkenbihls-lieblinge/abc-methode/ (abgerufen am 04.07.2023)
- https://akademie-fuer-lernmethoden.de/lerntipps_vom_experten/experiment-mit-abc-lernmethode-mit-verblueffendem-ergebnis/ (abgerufen am 04.07.2023)

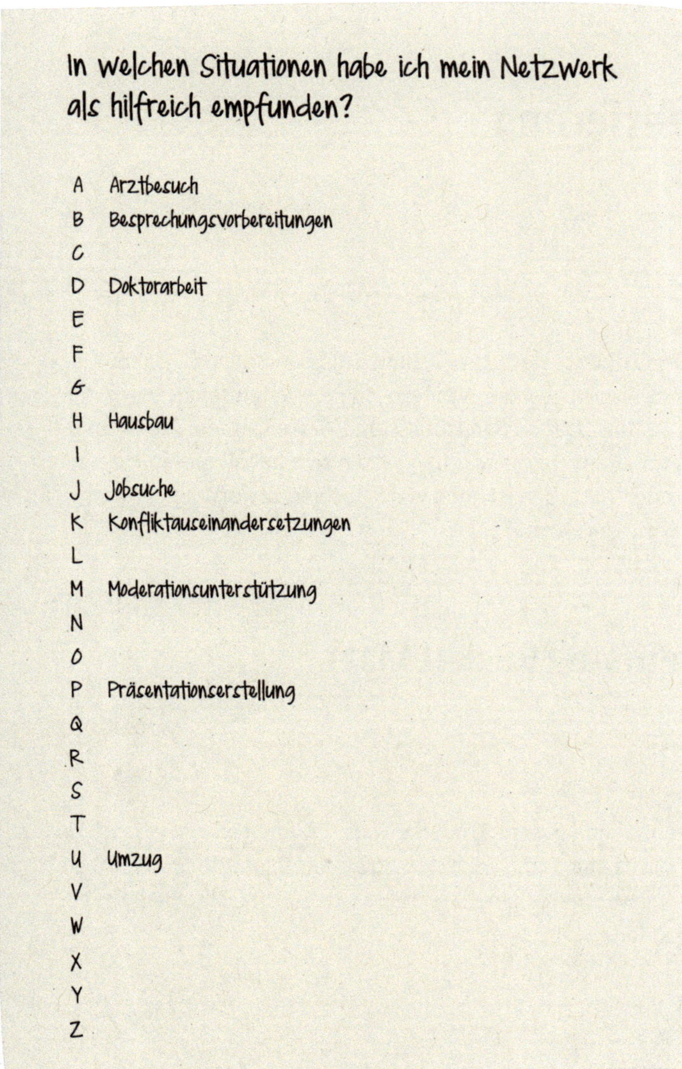

In welchen Situationen habe ich mein Netzwerk als hilfreich empfunden?

A Arztbesuch
B Besprechungsvorbereitungen
C
D Doktorarbeit
E
F
G
H Hausbau
I
J Jobsuche
K Konfliktauseinandersetzungen
L
M Moderationsunterstützung
N
O
P Präsentationserstellung
Q
R
S
T
U Umzug
V
W
X
Y
Z

Abb.: Beispielumsetzung der ABC-Methode

Zukunftsorientierung

Die eigene Zukunft gestalten, Träume zulassen und aktiv damit umgehen, keine Grenzen setzen, sondern Möglichkeiten schaffen, wissen, was wichtig ist, die eigenen Bedürfnisse und Werte kennen: Die Übungen zum Faktor Zukunftsorientierung setzen sich mit all diesen Parametern auseinander. Natürlich ist auch viel Selbstverantwortung gefragt, wenn es dann um die Umsetzung geht.

Löffelliste (Bucket List)

Orientierung

Ziele

- Auseinandersetzung mit den eigenen Träumen und Wünschen
- Kleine und große Wünsche des Alltags in das Bewusstsein rufen
- Sich verdeutlichen, dass es niemals zu spät ist, etwas zu verändern

Zeit

- 30 Minuten

Material

- Ein besonderes Blatt Papier in Form eines Einkaufszettels oder einer To-do-Liste
- Löffel in unterschiedlichen Designs
- Trailer zum Film „Das Beste kommt zum Schluss"

Erläuterungen

Die Übung „Löffelliste" hat zum Ziel, das zu notieren, was wichtig ist im Leben, bevor man sprichwörtlich „den Löffel abgibt". Es geht darum, sich bewusst zu werden, wie schnell die Zeit vergeht und wie oft wir in unserem Alltagsstress nicht darauf achten, unsere Wünsche und Träume umzusetzen. Es gibt ja bekanntlich immer etwas, das wichtiger ist. Unsere Wünsche geraten in Vergessenheit oder wir stellen sie selbst zurück und setzen andere Prioritäten.

Bei der Erstellung der „Löffelliste“ geht es oft gar nicht darum, dass es riesige Dinge sind, die wir mal tun wollen. Oft sind es die kleinen Aktivitäten, auf die wir auch später gern zurückblicken. Mit der Löffelliste darf Leichtigkeit in unseren Alltag kommen, was sich oft viele Teilnehmende im Seminar sehr wünschen.

Vorgehen

Bauen Sie als Vorbereitung für die Übung einen Stuhlkreis auf und legen Sie einige Löffel, möglichst in verschiedenen Designs, in die Mitte. Zeigen Sie den Teilnehmenden zu Beginn eine kurze Videosequenz. Der Einstieg mit dem Film „Das Beste kommt zum Schluss“ mit Jack Nicholson und Morgan Freeman in den Hauptrollen ist humorvoll, bissig und berührend zugleich. Der Dialog zwischen den beiden Schauspielern zeigt verschiedene Facetten des Themas auf. Wählen Sie einen Ausschnitt aus dem Video, der Ihnen am meisten zusagt. Ich wähle häufig den Ausschnitt, in dem die Liste erwähnt wird und der ein wenig von den Aktivitäten zeigt, die die Schauspieler bei der Umsetzung der Liste erleben. So kann ich direkt zum Thema überleiten. Ein Videoausschnitt aus der Serie „Der Club der roten Bänder“ bietet sich ebenfalls an (siehe Link in den Quellen).

Danach übergeben Sie jeder Person ein besonderes Papier und fordern sie auf, ihre ganz persönliche Löffelliste zu verfassen. Am Ende sollten alle Teilnehmenden kurz je einen für sie wichtigen Punkt ihrer Löffelliste im Plenum vorstellen.

Intro-Vorschlag

„Ich habe hier etwas für Sie aufgebaut. Bevor ich mehr dazu sage, zeige ich Ihnen einen humorvoll bissigen und gleichzeitig berührenden Ausschnitt aus dem Film ‚Das Beste kommt zum Schluss‘. (Zeigen Sie jetzt den Ausschnitt.) *Wie hat Ihnen der Ausschnitt gefallen? Wer von Ihnen hat den Film bereits gesehen?* (Schauen Sie, was die Teilnehmenden zurückmelden und gehen Sie dann weiter vor.) *In dem Film dreht sich vieles um die ‚Löffelliste‘ oder auch ‚Bucket List‘. Doch hinter der Bucket List verbirgt sich noch viel mehr. Es geht um die eigene Lebensgestaltung, um verpasste Chancen und Möglichkeiten. Es geht um Achtsamkeit bei dem, was wir tun, und darum, wie wir unsere Prioritäten setzen. Es geht um Spaß und darum, das Leben zu erleben und sich Wünsche und Sehnsüchte zu erfüllen. Und jetzt geht es um Ihre Wünsche und Sehnsüchte. Ich habe Notizzettel für Ihre Bucket List mitgebracht. Nehmen Sie sich 10 Minuten Zeit und starten Sie mit Ihren Wünschen. Was wollen Sie noch erleben? Danach lade ich Sie dazu ein, dass jeder einen Wunsch aus seiner Liste kurz im Plenum vorstellt. Ich bin gespannt.“*

Methodische Hinweise

Gestalten Sie die Übung humorvoll und mit viel Freude am Detail. Nehmen Sie beispielsweise wie oben beschrieben verschiedene Löffel mit und legen Sie diese zum Einstieg in die Mitte des Kreises. Wählen Sie vielleicht auch ein besonderes Papier aus, was wie ein Notizzettel für den wöchentlichen Einkauf oder wie eine To-do-Liste aussieht. Es darf bei dieser Übung gern auch ohne Grenzen gedacht werden, denn es handelt sich um Wünsche.

Bei einem Online-Training können Sie z.B. diese Übung als Aufgabe vorab versenden und die Teilnehmenden bitten, sich drei Löffel zu schnappen, eine maximal eine Minute lange Videoaufzeichnung zu erstellen und diese auf eine gemeinsame Plattform einzustellen. Stellen Sie dazu ein Beispielvideo von Ihnen vorab zur Verfügung. Im Seminar selbst reflektieren Sie diese Übung dann nur noch gemeinsam im Plenum.

Wenn Sie sich unterschiedliche Lebensgeschichten von Menschen anschauen, die einschneidende Erlebnisse hatten, dann stellen Sie fest, dass der ein oder andere genau solch eine Liste für sich erstellt und vieles umgesetzt hat. Ein bekanntes Beispiel, zu dem es auch Filmdokumentationen gibt, ist Gaby Köster.

Sie können der Liste aber auch einen anderen Rahmen bzw. Titel geben, wie zum Beispiel „Was will ich in diesem Urlaub unbedingt machen?", „Was will ich bis zu meinem XX. Geburtstag erlebt haben?". Sie sind hier frei in der Umsetzung.

Die Übung soll die Teilnehmenden dazu anregen, sich Aktivitäten vorzunehmen und diese bewusst zu gestalten und umzusetzen.

Quellen

- Trailer zum Film „Das Beste kommt zum Schluss": www.youtube.com/watch?v=toLnj5x0J1M (abgerufen am 23.02.2024)
- Zur Serie „Der Club der roten Bänder": https://www.rtl.de/videos/leo-findet-seine-alte-bucket-list-aus-der-kindheit-5a26e7fba2ea5049a378f5aa.html (abgerufen am 19.07.2023)
- https://www.rtl.de/cms/herbst-bucket-list-fuer-einen-perfekten-start-in-die-gemuetliche-zeit-4838620.html (abgerufen am 19.07.2023)

Retrospektiven

Orientierung

Ziele
- Persönlichkeitsentwicklung durch Reflexion eigener Erfahrungen
- Jahresrückblick und -ausblick in der Selbstreflexion oder als offener Dialog im Team
- Eigene Positionierung im Verhältnis zum Weltgeschehen betrachten

Zeit
- In Einzelarbeit: ca. 30 Minuten
- Im Team: je nach Wahl der Retrospektive 60-120 Minuten

Material
- Arbeitsblatt zur Übung
- Farbig sortierte Moderationskarten
- Pinnwand

Erläuterungen

Retrospektiven können die Zusammenarbeit in Teams verbessern und zur Steigerung der Effektivität und Effizienz beitragen. Langfristig geht es darum, aus den Erfahrungen Verbesserungsmaßnahmen für die Zukunft zu entwickeln. In vielen Projektteams finden Retrospektiven regelmäßig statt. Durch den gezielt gestalteten Austausch zu verschiedenen Fragestellungen wird der Prozess gesteuert. Wichtig ist dabei, stets die Vertraulichkeit zu wahren und gegebenenfalls die Moderation von einer neutralen Person durchführen zu lassen. Wenn die Arbeitsatmosphäre stimmig ist, kann durch den offenen Austausch das Konfliktpotenzial im Team gesenkt werden, was die Basis für ein wertschätzendes Miteinander bildet.

Am Ende dieses Abschnittes finden Sie eine kurze Auflistung verschiedener Retrospektiven. Ich stelle Ihnen für diese Übung eine Retrospektive als Beispiel vor. Sie kann sowohl von Einzelperson als auch von Teams genutzt werden.

Rückblick vs. Vorausschau

Mithilfe dieser Retrospektive wird auf das vergangene Jahr zurückgeblickt und auf das nächste Jahr vorausgeschaut. Der gerade abgeschlossene

Abschnitt wird unter verschiedenen Aspekten beleuchtet und basierend darauf wird in die Zukunft geblickt.

Für die Retrospektive benötigen Sie lediglich das Arbeitsblatt (für die Einzelretrospektive) oder eine Pinnwand mit der Vorlage (für die Arbeit im Team).

Da häufig „die Welt" Einfluss auf unsere Entwicklung und Lebensgestaltung nimmt, werden unter der Fragestellung „Was ist zu der Zeit in der Welt passiert?" außerhalb der Kreise sämtliche Ereignisse gesammelt. Nehmen wir das Jahr 2020 als Beispiel, dann waren dies Corona, Reise- und Kontaktbeschränkungen, Einstieg in Beruf oder Studium in digitaler Form, Homeoffice als Verordnung und vieles mehr. Für den Ausblick, im Beispiel das Folgejahr 2021, werden Prognosen für die Zukunft abgegeben oder Ereignisse notiert, die bereits angekündigt sind oder sich abzeichnen. Damit wird der weitere Ausblick auf die Zukunft in einen Rahmen gesetzt.

Download: Vorlage Rückblick vs. Vorausschau

Auf der nächsten Ebene, „mein Leben", einen Kreis weiter nach innen, wird der Fokus stärker auf die Einzelperson bzw. das Team gelegt. Die Einflüsse der äußeren Welt können sich im persönlichen Kontext unterschiedlich auswirken. Bei einer Teamretrospektive sieht das Team, was sich in dieser Zeit innerhalb des Teams verändert hat. In unserem Beispieljahr 2020 kann dies bezogen auf die Trainerrolle z.B. bedeuten: Umstellung von Präsenz- auf digitales Training, Weiterbildung zum/r digitalen Trainer/in, weniger Reisezeiten, veränderte Herausforderungen durch die Verknüpfung mit anderen Rollenbildern, wie z.B. Elternteil. Für den Ausblick werden Wünsche notiert; Dinge, die Sie noch umsetzen möchten und die sich aus den Dingen ergeben, die in der Rückschau notiert wurden.

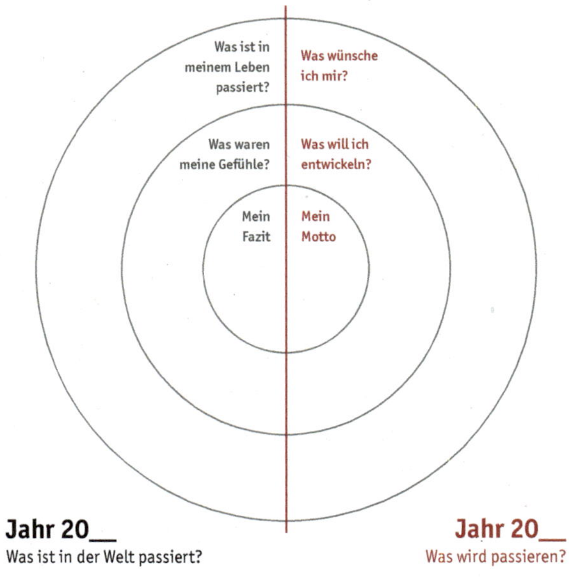

Ein ganz wichtiger Bereich in der Retrospektive sind die Gefühle. Hier werden oft Veränderungen sichtbar und deutlich. Blicke ich zuversichtlich oder ängstlich in die Zukunft? In der Auswertung im Team wird hier häufig transparent, wie unterschiedlich die Empfindungen im Umgang mit den Herausforderungen sind. Verhaltensweisen werden deutlich. Denn wer beispielsweise ängstlich ist, agiert anders als eine Person, die zuversichtlich ist. Hier notieren Sie dann beim Ausblick, welche Gefühle Sie in Zukunft mit passenden Rahmenbedingungen zu sich einladen möchten.

Im Mittelkreis „mein Fazit“ geht es um die Bilanz aus der Rückschau, die kurz und knapp auf den Punkt gebracht wird. In Bezug auf das neue Jahr steht im Innenkreis das Motto, unter das ich das nächste Jahr stelle bzw. in welcher Form das Team miteinander agieren will.

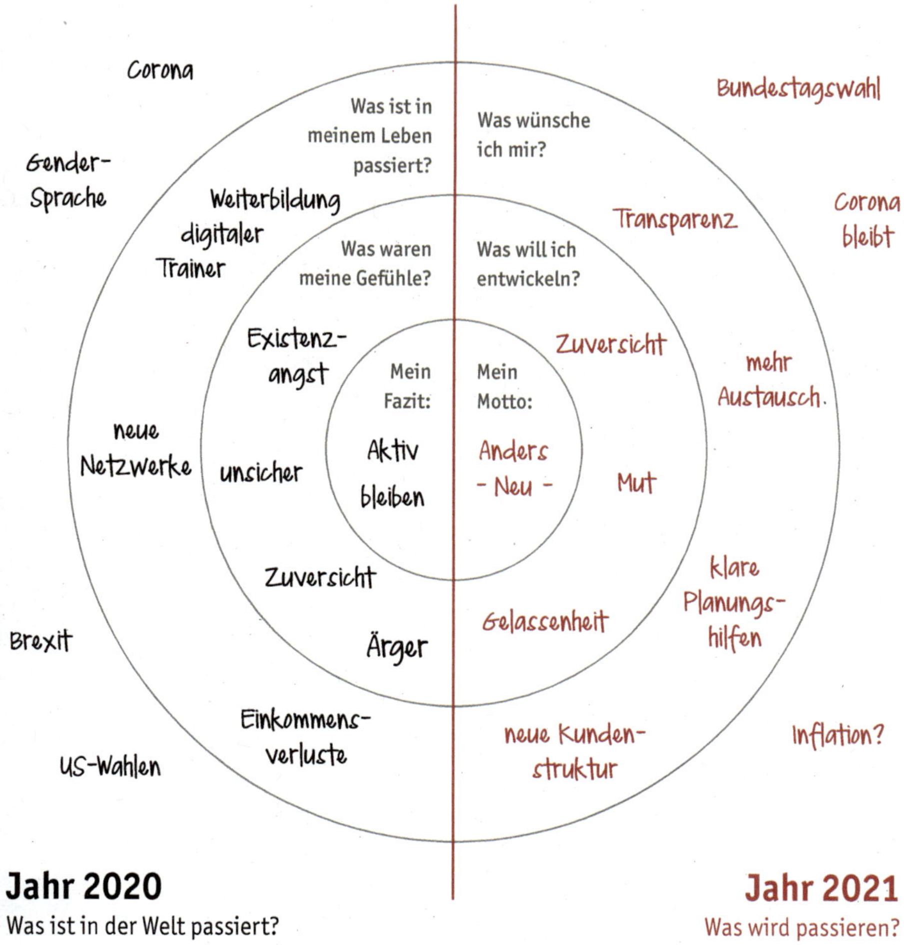

Abb.: Bearbeitungsbeispiel Rückblick vs. Vorausschau

Vorgehen

Stellen Sie kurz die einzelnen Bereiche der Vorlage vor. Verwenden Sie gern auch Ihre Beispiele. Je nachdem, wie Sie die Übung umsetzen, steht entweder die Einzelperson oder das Team im Fokus. Geben Sie ein internes Seminar, können Sie Rückschau und Ausblick auch unter Firmenentwicklungspunkten betrachten. Das folgende Moderationsbeispiel bezieht sich auf die Einzelarbeit.

Intro-Vorschlag Einzelarbeit

„Retrospektive bedeutet, sich etwas rückblickend anzuschauen. Aus dem Bereich des Projektmanagements gibt es unter den agilen Methoden viele Herangehensweisen. Vielleicht arbeiten Sie auch in Ihrem Alltag bereits mit diesem Ansatz. Heute stelle ich Ihnen eine Methode vor, die für Ihre Einzelreflexion geeignet ist. Es geht darum, unter verschiedenen Fragestellungen einen Blick auf das vergangene Jahr zu werfen und unter Berücksichtigung des Rückblickes die Planung bzw. Überlegungen für das nächste Jahr vorzunehmen. Ich gehe mit Ihnen anhand von meinen eigenen Beispielen die Fragen kurz durch. So bekommen Sie einen Impuls, was ich damit meine. (Stellen Sie kurz die Fragen mit Beispielen von Ihnen vor.) *Damit Sie es für sich ausprobieren können gebe ich Ihnen das Arbeitsblatt dazu. Nehmen Sie sich 15 Minuten Zeit für Ihre Bearbeitung. Im Anschluss an die Übung würde ich gern Inhalte auf der Pinnwand mit Ihnen teilen. Dazu nutzen wir dann Moderationskarten in den unterschiedlichen Farben für die jeweiligen Fragestellungen. Starten Sie jetzt gern mit Ihrer Einzelreflexion und ich leite Sie danach weiter durch den Prozess. Es geht in Ihrer Einzelreflexion nicht darum, alles fertig auszufüllen. Sie sollen für sich den methodischen Ansatz kennenlernen."*

Methodische Hinweise

Ihr Setting entscheidet, wie Sie vorgehen. Liegt der Fokus im Seminar auf der Einzelperson, wird die Übung eher in Einzelarbeit durchgeführt. Bei der Bearbeitung im Team empfehle ich, zunächst ungefähr 10 Minuten für die Einzelreflexion zu geben und dann die Ergebnisse im Team zu betrachten. Hilfreich ist hier eine Visualisierung mithilfe einer Pinnwand und mit Moderationskarten. Damit sich die Bereiche auch optisch unterscheiden, nutzen Sie hier am besten unterschiedliche Farben für die jeweiligen Fragestellungen in den Kreisen. Selbst wenn dann mal ein Kreis ein wenig zu klein sein sollte, können Sie die Antworten noch gut zuordnen. Die Überschriften bzw. Fragestellungen auf der Vorlage müssen bei der Umsetzung als Teamarbeit noch mit angeglichen werden („wir" bzw. „unser").

Eine kleine Randbemerkung: Denken wir an die Flutkatastrophe 2021 in Nordrhein-Westfalen und Rheinland-Pfalz, dann wird deutlich, wie unterschiedlich dieselben Rahmenbedingungen bei den einzelnen Personen Einfluss auf die anderen weiteren Kreise nehmen. Daher ist es immer wichtig, den Rahmen mit in die weiteren Überlegungen einzubeziehen.

Weitere Retrospektiven

Es gibt noch verschiedene weitere Formen von Retrospektiven. Je nach Häufigkeit und je nach Umfang des Teams dauern die Umsetzungen zwischen einer und drei Stunden. Hier stelle ich Ihnen kurz die bekanntesten klassischen Methoden vor.

Start-Stop-Continue

Bei dieser Methode gilt es, drei Fragen zu beantworten. Die Umsetzung erfolgt hier am besten mit Moderationskarten, die unter der jeweiligen Frage angepinnt werden und zu denen dann der Austausch erfolgt. Bei der virtuellen Zusammenarbeit eignet sich ein entsprechendes Tool (z.B. aus dem Portfolio von Microsoft 365).

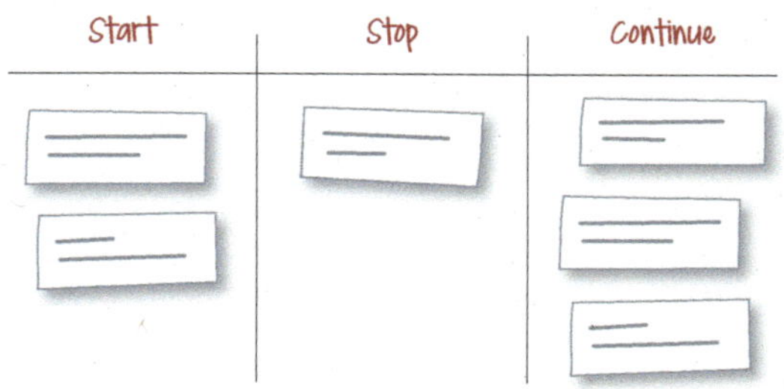

Abb.: Start-Stop-Continue

- **Start:** Was wollen wir besser machen?
- **Stop:** Was lief nicht gut?
- **Continue:** Was behalten wir bei?

4L-Retrospektive

Die 4L stehen für die englischen Begriffe für die vier Fragebereiche. Es werden die positiven wie negativen Aspekte einer Sache beleuchtet. Raum für neue Ideen und Impulse gibt das Feld „Longed for".

- **Liked:** Was lief gut?
- **Learned:** Was haben wir gelernt?
- **Lacked:** Was hat gefehlt?
- **Longed for:** Was hätten wir uns gewünscht?

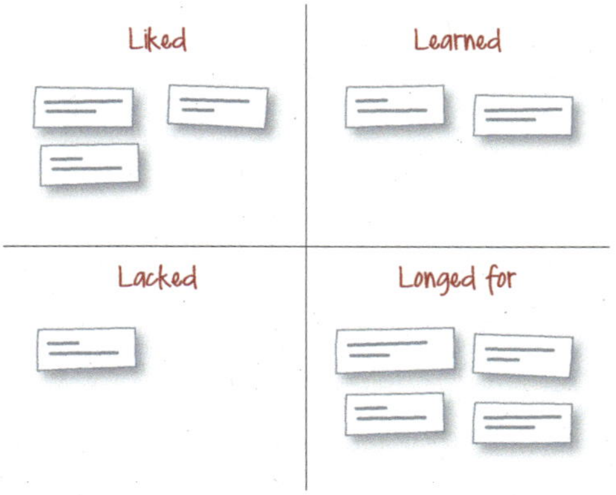

Abb.: 4L-Retrospektive

Starfish-Retrospektive

Die Starfish-Retrospektive weicht in ihrer Darstellung vom üblichen Kasten- und Tabellen-Denken ab und lädt die Teilnehmenden daher zu einer neuen Perspektive ein. Die Fragestellungen sind vielfältiger. In der Umsetzung trägt jedes Teammitglied seine Gedanken bzw. Aspekte in jeden Bereich ein. Zum Ende werden daraus Maßnahmen für die Zukunft abgeleitet.

- **Start doing:** Was wollen wir Neues machen?
- **Stop doing:** Was hat sich nicht bewährt?
- **Keep doing:** Was wollen wir beibehalten?
- **More of:** Was wollen wir häufiger tun?
- **Less of:** Was wollen wir reduzieren?

Abb.: Starfish

Quelle

- https://agilescrumgroup.de/retrospektive-formen-mit-beispielen-und-ideen/ (abgerufen am: 23.07.2023)

Werte – mein innerer Handlungskompass

Orientierung

Ziele
- Herauskristallisieren der eigenen Werte
- Werte priorisieren
- Erkennen der eigenen wertebasierten Handlungsmuster

Zeit
- 60 bis 90 Minuten

Material
- Je 10 Moderationskarten pro Person
- Papier und Stift für die Notizen der Teilnehmenden
- Flipchart für Wertesammlung

Erläuterungen

Werte sind unser Kompass im Leben. Sie helfen uns dabei, Entscheidungen zu treffen. Je mehr Klarheit wir über unsere eigenen Werte haben, desto eher können wir Entscheidungen treffen. Werte haben eine gewisse Stabilität in unseren Entscheidungsprozessen, jedoch variiert unsere Prioritätensetzung entsprechend unseren Lebensphasen. Diese Übung basiert auf den Entscheidungsüberlegungen „Weg von" bzw. „Hin zu". Die

Übung kann separat oder in Verbindung mit dem Thema Entscheidungsfindung (Seite 151 ff) durchgeführt werden.

Vorgehen und Intro-Vorschläge

Führen Sie kurz in die Übung ein und leiten Sie die Teilnehmenden dann wie im Folgenden beschrieben, oder mit einem eigenen Beispiel von Ihnen, Schritt für Schritt durch die Übung.

„Wenn es um die Planung unserer Zukunft geht, sind Werte unsere oft unbewussten Entscheidungshelfer. Wenn ich Sie jedoch spontan fragen würde ‚Was sind Ihre Werte und wie nehmen diese Einfluss auf Ihr Leben?', so können dies viele Menschen nicht beantworten. Auf die Frage ‚Was ist Ihnen wichtig?', bekomme ich hingegen schnell Antworten wie Sicherheit, Familie, Unabhängigkeit etc. genannt. Mit der nachfolgenden Übung möchte ich Ihre Werte mehr in Ihr Bewusstsein holen und Ihnen heute dazu Zeit geben, sich damit auseinanderzusetzen. Ich werde Ihnen gleich zwei Fragen stellen und Sie bitten, dazu Ihre dahinterstehende Geschichte kurz aufzuschreiben."

Bitten Sie die Teilnehmenden, sich einen Platz im Raum zu suchen, an dem sie sich wohlfühlen und die Möglichkeit haben, bequem Notizen zu machen. Ferner sollte jeder Papier und Stift vor sich liegen haben. Im Hintergrund lassen Sie zudem leise Meditationsmusik laufen. Es sollte sich um Musik handeln, die unaufdringlich ist und als angenehm empfunden wird.

„Doch gehen wir der Reihenfolge nach. Suchen Sie sich einen Platz im Raum, wo Sie sich gleich auch ein paar Notizen machen können. Stift und Papier legen Sie dazu bitte bereit."

Nachdem die Teilnehmenden Platz genommen haben, leiten Sie die Übung mit der ersten Fragestellung wie folgt ein:

„Stellen Sie sich eine Situation in Ihrem Leben vor, in der Sie gegangen sind, obwohl alle anderen geblieben sind. (Den Satz wiederholen Sie bitte.) *Eine Situation, in der andere Ihnen vielleicht sogar gesagt haben: Bleib doch, ist doch gerade schön hier. Oder wo andere nicht verstehen konnten, dass Sie gegangen sind. Die Situation kann aus Ihrem privaten Lebensrahmen stammen oder auch aus dem beruflichen Umfeld. Vielleicht war es eine Feier, die Sie verlassen haben und andere sind geblieben. Vielleicht war es eine interessante, herausfordernde berufliche Position und Sie haben sie verlassen. Nehmen Sie sich 10 Minuten Zeit und schreiben Sie diese Situation bzw. Ihre Überlegungen zur Situation auf. Was war es, dass Sie dazu bewegt hat, zu gehen? Was war vielleicht der Impuls, der zu Ihrer Entscheidung geführt hat? Was hat Sie berührt, sodass Sie die Entscheidung getroffen haben, zu gehen? Bitte notieren Sie es in Prosaform, sprich wie eine Kurzgeschichte."*

Warten Sie die 10 Minuten ab und schauen Sie, wie es den Teilnehmenden gelingt, ihre Lebenssituation niederschreiben. Unterstützen Sie gegebenenfalls einzelne Teilnehmende. Nach Ablauf der Zeit sprechen Sie die Gruppe an und stellen die zweite Frage.

„Die zweite Frage, die ich Ihnen jetzt stellen möchte, lautet: Stellen Sie sich eine Lebenssituation vor, in der Sie geblieben sind, obwohl andere gegangen sind. Was war es, was Sie veranlasst hat, zu bleiben? Warum sind Sie geblieben? Bitte nehmen Sie sich 10 Minuten Zeit und schreiben es in Prosaform auf."

Nach diesem Schritt fragen Sie kurz in die Runde, wie leicht bzw. schwer es den Teilnehmenden gefallen ist, ihre Story niederzuschreiben. Was waren vielleicht erste Empfindungen beim Bearbeiten der Aufgabe? Fassen Sie diesen Aspekt aber kurz, da es im nächsten Schritt in die Vertiefung geht.

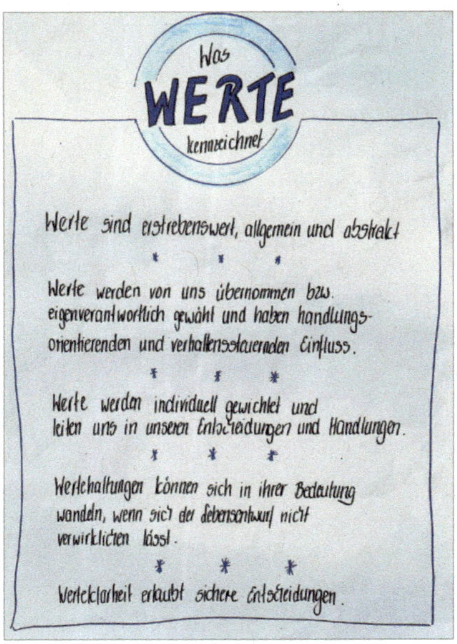

Abb.: Flipchart zur Thematik „Werte"

Geben Sie an dieser Stelle Informationen zu Werten und leiten Sie so zur Kernthematik über. Was kennzeichnet Werte? Was bedeuten Werte für unsere Entscheidungsprozesse? Sammeln Sie gern auch Wertebegriffe am Flipchart.

Im Anschluss sollen die Teilnehmenden ihre Texte durchschauen und maximal zehn Werte, die handlungsleitend waren, auf Moderationskarten schreiben. Dabei soll pro Karte nur ein Wert notiert werden. Falls dieser Schritt den Teilnehmenden schwerfällt, können sie hier bereits in Zweier-Teams zusammenarbeiten.

Im nächsten Schritt erfolgt eine Demo mit Ihnen und einer Teilnehmenden. Fragen Sie in die Runde: *„Wer von Ihnen wäre bereit, mit mir den nächsten Schritt durchzuführen, den Sie anschließend in Zweier-Teams umsetzen?"*

Lassen Sie sich jetzt die Werte vorstellen, die die Teilnehmende herausgearbeitet hat. Dabei hinterfragen Sie jeden Wert z.B. so: *„Was meinen Sie mit Sicherheit? Was bedeutet für Sie Sicherheit? Woran machen Sie für sich fest, dass Sie sich sicher fühlen?"* Nachdem der erste Wert erläutert wurde, wird der nächste Wert bearbeitet. Dann muss die Teilnehmende zwischen den zwei Werten priorisieren. Welcher Wert ist wichtiger? Welcher Wert steht an erster Stelle? So wird im Anschluss dann mit allen weiteren Werten verfahren. Führen Sie diese Anleitung je nach Teilnehmerzahl durch: Bei gerader Teilnehmerzahl wird das Vorgehen nur an maximal drei Werten demonstriert, danach können die Teilnehmenden in Paaren weiterarbeiten. Bei ungerader Teilnehmerzahl können im Demo-Modus auch alle Werte der oder des Freiwilligen bis zum Ende durchgesprochen werden. Am Ende der Demonstration bzw. der Partnerarbeit liegen die maximal zehn Moderationskarten auf dem Boden oder auf dem Tisch, und zwar in einer Reihenfolge. Die Teilnehmenden schreiben die Nummern der Priorisierung auf die Karten und machen sich ein Foto oder behalten die Moderationskarten. Pro Person stehen bei der Teamarbeit 15-20 Minuten zur Verfügung. Achten Sie hier parallel auf die Zeiten.

Methodische Hinweise

Es kann sein, dass sich die Teilnehmenden zu Beginn mit den Fragestellungen ein wenig schwertun. Hier hilft es, Beispiele zu geben, damit sie einen Impuls bekommen und wissen, was Sie meinen. Ich verwende gern Entscheidungssituationen aus meinem Leben und zeige daran auf, wie meine Werte Einfluss auf meine Entscheidungen genommen haben bzw. wie ich meine Werte im Alltag umsetze. Sie können aber auch in die Runde der Teilnehmenden fragen, ob jemand dort bereits einen Impuls hat, wie er oder sie die Fragestellungen versteht. Je nach Alter, beruflichem Hintergrund und persönlicher Beschäftigung mit der Thematik erlebe ich die Übung sehr unterschiedlich. Bauen Sie daher zeitliche Puffer für die Umsetzung ein.

Die bewusste Hinleitung zur Thematik (Werteentwicklung, Werte und Wertungen, wie und wo sie in unserem Leben Einfluss nehmen) hilft den Teilnehmenden, den Kern der Übung zu verstehen und ihre eigenen Werte zu identifizieren. Sammeln Sie daher auch unbedingt gemeinsam Werte am Flipchart. Dadurch fällt es einigen Teilnehmenden leichter, für ihre Situation Werte zu definieren. Je nach Setting können Sie auch Wertekarten mitbringen, die Sie beispielsweise selbst erstellt haben. Es gibt aber auch verschiedene Anbieter, die fertige Produkte zur Verfügung stellen (siehe Quellen). Wählen Sie jene Umsetzung, die für Sie am praktikabelsten erscheint.

Quellen

- www.youtube.com/watch?v=NHAdn0chmPs (abger. am 23.07.2023)
- www.youtube.com/watch?v=A8Wi4CSBHFQ (abger. am 23.07.2023)
- www.youtube.com/watch?v=bQK5DJbfUKw (abger. am 23.07.2023)
- www.youtube.com/watch?v=7ZQo_oCZvYg (abger. am 23.07.2023)
- Erpenbeck, John; Spiegel, Peter (2019): Wertungen, Werte – Das Buch der gezielten Werteentwicklung von Persönlichkeiten. Berlin, Springer Verlag.
- Gerrickens, Peter; Verstege, Marijke; van Dun, Zjev (2004): Werte- und Normenspiel. Spielbox mit 144 Karten. Gerrickens Training & Advies.
- https://www.hallowerte.com/shop/hallo-werte/ (abger. am 23.07.2023)

Stichwortverzeichnis

4L-Retrospektive ... 307
4-Mat-System ... 66
5-A-Strategie ... 142
9-Punkte-Strategie ... 123
10-10-10-Methode ... 174
24-Stunden-Tortendiagramm ... 204

A

ABC des Wohlbefindens ... 212
ABC-Methode ... 297
Abkühltechniken ... 144
Achtsamkeit ... 231
Akzeptanz ... 37, 88, 236
Akzeptanz entwickeln ... 238
Allgemeines Adaptionssyndrom ... 102
Alternativrad ... 169
Asynchrones Arbeiten ... 69

B

Bandura, Albert ... 134
BANI ... 17, 95
Bedürfnisse ... 138
Benjamin-Franklin-Liste ... 168
Berlin-Ressourcenliste ... 216
Berufliches Netzwerk ... 292
Best-Case-/Worst-Case-Analyse ... 172
Bewertungsmatrix ... 171
Beziehungskonto ... 289
Bucket List ... 300

C

Change ... 95
Change-Kurve ... 97
Circle of Influence ... 145

D

Denksysteme ... 155
Dreiertakt ... 189

E

Embodiment ... 267
Emotionale Intelligenz ... 261
Emotionskontrolle ... 134
Emotionsregulation ... 41
Endooxad ... 295
Entscheidertypen ... 159
Entscheidungen ... 151, 164
Entscheidungsbaum ... 170
Entscheidungsmethoden ... 167
Entspannungsübungen ... 201
Entwicklungsquadrat ... 119
Erlernte Hilflosigkeit ... 60
Erwartungen an das Seminar ... 65
Esel und Brunnen ... 237

F

Fallberatung ... 255
Feedback-Karten ... 295
Forschung ... 22

G

Gefühlsprotokoll ... 264
Gefühlsrad ... 261
Genügsame und Maximierer ... 160
Gesundheitskontinuum ... 55
Glück ... 224
Grübeln ... 283

H
Heuristiken 157
Hot Buttons 270

I
Innere Antreiber 111

K
Kauai-Studie 22, 85
Kausalanalyse 52
Kegel der Emotionen 265
Kennenlern-Übung 73
Kohärenzgefühl 56
Kommunikationsindex 294
Kommunikationsmatrix 292
Kopfstandmethode 246
Körperübungen 209, 213, 267
Krisen-ABC 210
Krise, psychosoziale 52
Krise, vier Phasen der 53

L
Lazarus, Richard 102
Lebensrad 206
Lerntypen 66
Live-Online-Seminar 186
Löffelliste 300
Lösungsorientierung 39, 89, 246
Love it, change it, or leave it 148

M
Maximierer und Genügsame 159
Meditation 241
Möhren der Verführung 274
Moralische Verpflichtung 275
Mottoziele 49
Münzwurf 167

N
Netzwerkorientierung 46, 91, 286
Netzwerk-Radar-Sichtung 287
NeuroGraphik® 178
Not-to-do-Liste 243

O
Optimismus 33, 87, 224
Optimisten-Energieriegel 231
Organisationale Resilienz 26
Overthinking 281

P
Perspektivwechsel 131, 173
Phasen des emotionalen Erlebens 95
Präsenz vs. digital 68
Prävention 23
Pro-Contra-Liste 167

R
RAAT 18
Rechts-links-Stimulation 213
Resilienzbaum 175
Resilienzdefinition 19, 79
Resilienzfaktoren 33, 87, 198
Resilienz im Arbeitskontext 25
Resilienzmodelle 28
Resilienz-Schutzschild 218
Ressourcen 215
Retrospektiven 303
Risikofaktoren 58
Rollen 106
Rückblick vs. Vorausschau 303

S
Salutogenese 55
Schulz von Thun, Friedemann 119
Schutzfaktoren 58
Selbst 278
Selbstregulation 41, 89, 130, 261
Selbstregulation, Rezept zur 140
Selbstregulationskreislauf 136
Selbsttest 112, 134, 160, 197
Selbstverantwortung 44, 90, 274, 278
Selbstwirksamkeit 59
Selye, Hans 102
Soziale Unterstützung 291
SSEE 98
Starfish-Retrospektive 307
Start-Stop-Continue 307

Stay and pay 149
Stress 56, 100, 203
Stressabbau 141, 213
Stressampel 104
Stressoren 105, 123
Stressverstärker 111
Synchrones Arbeiten 69
System 1 und 2 155
Systemischen Fragen 249

T
Transaktionale Stresstheorie 102

U
Überdurchschnittlichkeitssyndrom 35
Überraschungspaket 188

V
Vernetzungsmatrix 292
VUCA 16, 98

W
Werte 308
Wertequadrat 119
Widerstandsressourcen 56
Wohlformulierte Ziele 50
Wohlfühlorte 193
Worst Case 172

Z
Zeitreisemethode 174
Zielorientierung 51
Zitronenexperiment 215
Zukunftsorientierung 47, 92, 300

Noch mehr Coaching-Kompetenz

Tanja Honka
Workbook Achtsamkeit
Praktischer und fundierter Leitfaden zur Gestaltung von Achtsamkeitstrainings

Leseprobe

ISBN 978-3-949611-25-4
304 S., 49,90 EUR
www.managerseminare.de/tb/tb-12167

Evelin Fräntzel, Dieter Johannsen
Burnout-Prävention – Das KartenSet
50 Bildkarten für die kreative Arbeit im Coaching, Training, in der Aus- und Weiterbildung, Therapie und Supervision

Leseprobe

50 Karten auf strapazierfähigem Karton
(22 x 15 cm)
39,90 EUR
www.managerseminare.de/tb/tb-12149

Martin Gudacker
Achtung Glaubenssatz
Wie Sie in Ihrem Coaching mit einer wirksamen Methode tiefgreifende Veränderungen erreichen

Leseprobe

ISBN 978-3-949611-02-5
320 S., 49,90 EUR
www.managerseminare.de/tb/tb-12112

Evelyn Albrecht (Hrsg.)
Die besten Online-Coaching-Methoden
Professionelle Coachs verraten ihre erfolgreichsten Coaching-Tools für Online-Business-Coaching

Leseprobe

ISBN 978-3-949611-07-0
334 S., 49,90 EUR
www.managerseminare.de/tb/tb-12118